NF文庫
ノンフィクション

日本海軍ロジスティクスの戦い

給糧艦「間宮」から見た補給戦のすべて

高森直史

潮書房光人新社

まえがきにかえて

日本海軍のロジスティクスを考察する一書として

呉市の中心部の東上手にある呉海軍墓地は明治中期に設置された海軍将兵等の戦没者墓地であったが、昭和四十年ごろから大東亜戦争で国に殉じた海軍関係者の英霊を合祀する慰霊碑が生存者、遺族等関係者によって逐次建立されていき、戦没艦艇、前線部隊等合わせて八十八基ある。

それぞれの慰霊碑の背景には、当然固有の戦闘や被害があり、また乗組員や部隊の規模に大小の差があるが、人数の多寡に関係なく尊い英霊には変わりがない。戦艦大和の碑は犠牲者の数からも大きく、年一回の追悼式での参拝者も目立って多い。

私は折りに触れてこの海軍墓地に行く。海軍関係の執筆の関係で確認することが生じたときなどが多い。銘板等に記された記録等はそれぞれゆかりの人たちによって熟慮された文言だけに、戦闘の日時や海域、部隊組織（乗組員数等）などを確認するには最も信頼できるところも多い。データ収集のため、と言ってしまうと不遜に聞こえそうであるが、自分の立場で確かな事績を書き残すことで英霊に報いることになるかもしれないという想いもある。その多くの慰霊碑の一つに「特務艦間宮戦没者慰霊碑」がある。

平成十五年の夏のこと、新たな単行本の執筆にかかっていて、調べることが生じて呉海軍墓地へ行った。猛暑の午後だったが、福岡から来たという五十歳前後に見える夫婦がいて、「あそこに特務艦間宮とありますが、特務艦とは何をするフネですか?」と、大和慰霊碑の左上のいちばん高いところにある碑を指さして訊《き》かれた。特務艦も間宮もあまり知られていなかったようである。

このときはその福岡の人に、特務艦とは、とか、間宮の任務について簡単に説明したが、どの程度わかってもらったかはわからない。

ここ五、六年前から間宮がにわかに知られるようになった。NHKがシリーズ番組『歴史秘話ヒストリア』で「間宮」を取り上げたこともその要因のようだ。『お菓子が戦地にやってきた～海軍のアイドル・給糧艦「間宮」～』のことは項をあらためて記したい。

「間宮」と言えば「間宮羊羹」が代名詞のように〝羊羹を作っていたフネ〟と思われそうであるが、この特別任務を帯びたフネ（特務艦）の建造と運用には日本海軍の後方支援（ロジスティクス）の実態が良否を問わず包含されていると思う。

大正十三年七月十五日の竣工から昭和十九年十二月二十一日の米潜水艦の雷撃による沈没まで、戦時をふくめるとしても約二十年という艦命は大東亜戦争ではむしろ長いほうに属する。戦争末期ではあるが、出来上がって三日目に沈んだ空母（信濃）もある。間宮は日本海軍の弱点とも言える後方支援軽視の思想（?）の中で生き延びた大型艦としては長いほうに属するとも言える。その間宮を通じて、日本海軍の後方支援の実態と反省を考察してみることとした。

軍事学上では、「後方支援」は「兵站」と称することが多く、「ロジスティクス（Logistics）」が広く使われるようになるのは戦後のことのようである。陸上自衛隊では現在も「兵站」は言葉として汎用していると陸上自衛官から聞いている。

いまでは「ロジスティクス」は略して「ロジ」とも称されるほど企業内でも一般用語化しているが、社会や企業で「ロジ」という場合は対象物がかなり限定されている場合が多い。民間には物流だけを「ロジ」と思っている人もいて、話が合わないことがある。社会生活に必要なものをいかに円滑に供給するか、という点においては「物流」はたしかにそのかなめではあるが、そのためのプロジェクト、実動、評価、改善……とつづく一連の〝作戦〟こそ軍隊的ロジスティクスにほかならない。

本書では、日本海軍のロジスティクはどのようなものだったのか、あまり目立たない存在だった主計部門の〝後方支援〟の実態について給糧艦間宮を具体例に考えてみた。

著者

日本海軍ロジスティクスの戦い――目次

第五章　海上自衛隊の〝給糧艦〟（補給艦）

写真提供／著者・齋藤義朗・橋田篤廣・「丸」編集部

日本海軍ロジスティクスの戦い

——給糧艦「間宮」から見た補給戦のすべて

第一章　海軍給糧艦間宮の生涯

呉海軍墓地、給糧艦間宮戦没者慰霊碑の前で

序文でふれた呉海軍墓地の近況から話を展開したい。

呉市が所管する長迫公園・呉海軍墓地は明治二十三年に「帝国海軍呉海軍墓地」として当時の日本海軍が海軍軍人の墓地として設置したものだった。そのため現在も明治、大正期の墓碑銘もあり、なかには第一次世界大戦に関係する同盟国イギリス海軍兵士の霊を祀る墓標（東側）も混在している。「混在」という言い方は不自然であるが、海軍墓地の成り立ちを知るうえでも大事な歴史である。英国人水兵の墓標が第二次大戦を通じて元のままに残っていることに日英同盟時代の歴史の面影もあり、日本人の武士道的精神が呉海軍墓地にもあるようでうれしく（？）なる。

給糧艦間宮の戦没者慰霊碑はこの海軍墓地の入口から近くのいちばん高い場所にある。戦後の慰霊碑建立は、この長迫公園が呉市に移管された昭和四十年代後期から遺族や生存乗組

呉海軍墓地間宮慰霊碑

員等有縁者によって進められていったものである。各慰霊碑の建立位置は公園入口に近い西側から順次設置されていったようで、呉市が設置した墓地見取図にある番号①は昭和四十九年四月建立の重巡洋艦最上で、順次東方へ、また上方へ建てられていったことが便宜的に付された番号でも見ることができる。番号⑮の戦艦大和は公園内の低地で、やはり大きい。

間宮の碑の建立は昭和五十八年十一月となっているが、番号は⑦で全八十八基（艦艇数九十二隻）の中では早いほうに属する。それでも①の重巡最上碑の建立から十年近くたっているのはそれぞれの碑の建設にかかわる関係者の年月をかけた労苦が察せられる。慰霊碑設置委員会の発足から関係者への呼びかけ、資金集め、呉市、呉海軍墓地保存委員会との折衝、建立場所の調整等、間宮だけでないが、戦後三十数年たってからのことである、一基一基に直面した課題があったに違いない。その後は拍車がかかったように各慰霊碑建立時期は縮まっていったこともそれぞれの銘文内容から読み取れる。慰霊碑の大小がかならずしも艦艇や部隊の大小を表すものではなく、位置決めの基準もないように見えるが、うまく調整されてあるとも感じる。

毎年、秋の彼岸のころ、呉海軍墓地顕彰保存会が主催する海軍墓地合同追悼式が行なわれており、平成三十年九月二十三日の追悼式はその四十八回目だった。

しかし、遺族や関係者の高齢化もあって年々参列者の数が漸減しつつあるのは仕方ない。いつも大阪、神戸付近から数家族来ていた重巡熊野の慰霊碑前は無人だったり、世代の移り変わりも感じられる。戦艦大和のように乗組員の多い艦艇は当然遺族も多いが、この先どのように継がれていくのか、考えたりする。

その反対に、呉市の公立高校等の多数の生徒がボランティアとして毎年清掃、事前準備、当日の会場案内等に参加しているのに心が和まされる。学校当局の情操教育の一環なのだろうが、いまどき（というのはおかしいが）の教育としてりっぱな指導である。かならずや、生徒たちの精神的財産として将来役立つに違いないと心強く感じたりする。昨年は、途中で小走りに坂道を駆けている二人の男子高校生を見かけたので、この時間にこの方向へ急ぐ高校生の行く先は海軍墓地に違いないと車を止めて呼びかけたら、一瞬警戒（？）の面持ちで二人は顔を見合わせていたが、こちらの誘いに応じてくれたので墓地入口まで同乗してもらった。旧呉鎮守府庁舎（現在は海上自衛隊呉地方総監部）近くの県立宮原高等学校生徒だったが、この高校は、戦前は広島県立呉第二中学校（二中は現在の三津田高校）が前身で、三津田高校と並び戦前は海軍関係者の子弟が多かった。

平成三十年度の呉海軍墓地合同追悼式は九月二十三日で、本稿執筆のこともあって朝早くから現地へ行った。じつは……というのは大げさであるが、前日の午後にも行ってみた。当日は来られなくてもその前にお参りするという縁者もあるかもしれないという念の入った計画だったが、前日行ってみたらやはり慰霊碑の前に、供えたばかりと思われる花があった。銘板の名前を確認したり、ついでに掃除もしておこうと脇にある道具庫を開けたら記帳用の名簿があったので見ると九月二十二日の日付で臼杵市野津町 故・中村明 長男〇〇〇、妻〇〇、大分市城原 孫〇〇、大分市中戸次 孫〇〇〇〇」とあった(献花者の名前も記したいところだが、いまどきの個人情報問題があるといけないと考え、名を伏せた)。

松山市から来た遺族があることがわかった。そのほかにも日をさかのぼってみると、少ないものの、年に数名の間宮慰霊碑への焼香や献花をつづけている人たちがあることもわかった。二分冊の記帳簿に近年同じ名前が多いのは訪れる人が限定されてきたからだろう。

二十三日の当日、ほかの艦艇、部隊の慰霊碑もまわりながら、距離を置いて〝間宮〟に注意していると三、四人の姿が見えたので碑の近くへ行った。

老若男女で、人数は六人。追悼式の日に来る人たちだから聞かずとも間宮戦没者にゆかり深い人たちであることは尋ねるまでもない。自己紹介し、聴くと愛媛県松山市古川南に住むという元間宮乗組員の長女とそのご主人、もうひと家族とみられる四人は昨日の記帳で見覚えのある大分県臼杵市と大分市からの人たちだった。

「昨日も来てお線香を上げ、うしろの銘板の錆を落として少し綺麗にしておきました」と言いながら、間宮のことを一冊の本にしたいので今日ここに来ればわかることがあるのではと、来た目的を話すと六人の方々から感謝の意を表された。

ただ、遺族といっても間宮とともに没した海軍軍属であれば逆に取材しにくいところがある。軍人遺族でもそのときの状況の詳細はわからない。生還できて、その人が生前、間宮での勤務や戦闘状況を家族に語り伝えたというのであれば有効な取材になるが、なんといっても年月が経ちすぎている。又聞きの話では真実性も薄れる。

この日は遠方からの遺族やゆかりの人に会えただけでもよかった。松山の家族、大分の家族はおたがいに以前から顔見知りのようで、世代は替わっても子供や孫どうしでも親しい間柄であることも察せられた。

決まった日ではないが呉に近い東広島市（八本松）からときおり焼香に来る人があるのも記帳された名簿をめくっているうちにわかった。「元乗組員上利武長男」と記してある。広島市西区に住む人も年に何回か訪れるのだろう。数ページおきに同じ名前が見られることから年二回くらい呉海軍墓地に来ているようである。

臼杵、松山の縁故の人たちとは短い時間だったが話が出来た。先年放送されたＮＨＫ番組『歴史秘話ヒストリア』の『お菓子が戦地にやってきた～海軍のアイドル・給糧艦「間宮」～』も皆観ていて場所柄暗くなりがちな会話にならなかったのはよかった。臼杵から来たご遺族との話で、戦没者は中村明という人だと聞き、中村明様なら兵庫出身になっていますが、と前日から覚えていた名前の県別区分を言うと、現在遺族の多くは大分にいるが、父親中村明氏は海軍入隊時は兵庫県籍だったこと、兵庫の七十一名の筆頭近くに名があるので士官だったのでは？　と問うと、機関特務中尉だったこともわかった。下士官・兵から特務士官に

間宮乗組員遺族の方々と（2018.9.23）

なるのは五百人に一人くらいの難関で、中村中尉が優秀だったに違いないことを話すと、

「そんなことは、はじめて聞きました。いいお話を聞きました。呉に来てよかった～」

と嬉しそうだった。墓碑や慰霊碑からいろいろな話題に広がることもある。

日本海軍給糧艦間宮の南方海域での戦没は昭和十九年十二月二十一日未明と記録されている。戦記によっては間宮の〝命日〟を十二月二十日としているものが多いが、米潜水艦の雷撃を受けてほぼ航行不能になった日時が二十日の夜八時四十六分だったとされているので「二十日命日」はそれから来たものだろう。慰霊碑裏面には詳細な艦歴の末尾に艦命が尽きた日を「昭和十九年十二月二十一日」としてあり、過去の記帳簿には「二十一日」に訪れている縁故者が多いようである。「間宮会」（生存者・遺族会）ではそのように定めてあるのだろう。

戦没模様を伝える手記には戦死者数等に多少違いがあるのもある。これは実体験者や現場近くの部隊にいた関係者の記憶や思い込み、あるいは時を経てあらたな事実が確認されて修

正されたものもあるのだろうからあまり問題にすべきことではないだろう。たとえば、古い

『水交』誌（水交会刊、昭和三十一年十二月）に寄せられた某機関参謀の記述は被雷地点もき

わめて詳細であるが、「艦長以下三百二十六名の乗員は艦と運命をともにした」となってい

て、つぎに記す戦没者数とはいくらか違う。それも本章の最後「間宮の戦闘と最期」の項で

紹介したい。

九月の合同追悼式の三ヵ月後の平成三十年十二月二十一日にも間宮慰霊碑へ行ってみた。無人だったが前記の東広島市の人の名前が記帳されていて、この日の日付が併記されていた。やはり十二月二十一日を〝命日〟としている遺族が多いようだ。来た人とはすれ違いだったようだ。

慰霊碑の後方にある大きな銘板には「艦長 海軍少将加瀬三郎以下四百四十名」と刻字され、戦没乗組員の名前が都道府県別に刻字されている。

その都道府県別の員数をカウントした。多い順に並べると、いちばん多いのは七十六名の広島県出身で、つづいて兵庫（七十一名）、大阪（五十六名）、愛知（四十九名）、山口（三十四名）、岐阜（二十八名）、岡山（二十六名）、和歌山（二十五名）、三重（二十四名）、島根（二十二名）…（以下省略）…と中国、関西、中部地方の出身者が多いのは間宮が輸送する物資の調達や搭載には呉海軍基地が利便性があったからと推定できる。ちなみに、間宮は連合艦隊司令部に直属しているが、通常の帰港や停泊が多い基地は呉だったことからも採用する兵

員の出身地に特色があるのがわかる。沖縄にも三名の名前が見える。艦長の加瀬三郎大佐は東京出身となっている。

なお、蛇足になるが、銘板に書かれた都道府県別の員数を合計すると四百四十名ではなく四百六十四名になる。間宮もたびたび出動で数回の大打撃を受けており死傷者も出ているのでその犠牲者や、最後の出動での直接的な戦死のほか、ほぼ同じ戦闘の関連で亡くなった乗組員も加えてあるのだと考えればそれ以上の詮索はしなくてよいのではないだろうか。

乗組員の出身地の内訳は一部割愛したが、では、間宮にはどのような経歴を持つ士官、下士官・兵たちが乗っていたのだろうか。銘板には階級、配置や職種まで書かれてはいない。多数いたはずの民間人も銘板を見る限りでは区分できない。いろは順や五十音順ではないことから階級や職務の先任順らしいことだけはわかる。

本稿では給糧艦間宮に終始した記述をしているが、間宮に類する海軍艦船（分類上の特務艦）にはほかにどんなものがあったのかにもふれておきたい。

これまで、日本海軍の艦艇といえば戦艦、巡洋艦などの大型艦や勇敢な駆逐艦の陰に隠れて目立たなかったが、「特務艦」として分類される大小の艦船が沢山あったことに近年の注目も寄せられるようになった。『世界の艦船』（海人社）二〇一八年十二月号増刊「日本海軍特務艦史」はその好個の史料となる貴重な写真を満載した集成版で、その中には当然、給糧艦間宮もあるが、特務艦船として区分された日本海軍艦艇が多数あるので、あらためて第二章「ロジスティクス思想・東西の違い」の中でそのいくつかを取り上げたい。

間宮戦没者とはどのような人たちだったのか

ずいぶん古い週刊誌になるが、昭和五十年（一九七五年）十月十一日発行の『週刊読売』に「ノンフィクション・戦争と人間」というシリーズもので『連合艦隊全員から最も愛された給糧艦「間宮」の寂しい最期』という特別記事がある。

このシリーズは大東亜戦争でよく知られる戦闘や悲惨な記録の陰に隠れてあまり知られていない陸海軍の実話を掘り出して記そうという企画だったようで、「戦争と人間㉗」（㉗は27回目か？）という副タイトルが付いているのもそういう意味らしい。近代戦争の背景にある〝割に合わないとはわかっていながらもなさねばならない、あまり評価されることのない仕事〟という意味ともとれる。給糧艦間宮に象徴される昭和期の陸海軍の後方支援とはそんなものだったかもしれない。終戦から三十年後（昭和五十年）といえば大東亜戦争の戦記はかなり整理され、公開される記録は広く知られるようになったが、まだ埋もれた〈戦記〉もたくさんあるはずだ――『週刊読売』の間宮の記録もそういうときに書かれたようだった。

注：大東亜戦争の詳細を全三十三巻で綴った公刊戦史『戦史叢書』（旧防衛研究所戦史室編纂・朝雲新聞社刊）が発行されたのは昭和五十五年であり、また、この大書は一般では今でも見ることが容易でない。

自分の海上自衛隊勤務歴と照合しながら振り返ると、前記の『週刊読売』の記事が書かれた昭和五十年ごろはこのような〝地味〟なウラ話に近い海軍史にはあまり話題性はなかったのかもしれない。あるいは私の無関心か週刊誌記事にうとかったことによるのかもしれない。

念のため、定年退職時に防衛省から貰った自分の勤務記録表抄本で、自分がそのころどこで何をしていたか確認してみた。勤務記録表抄本は自分の勤務歴だけでなく、歴史背景までよくわかり、現役時代よりも退職後、海軍関係の執筆をするようになってから活用できることが多いのに気づいた。とくに、勤務上の先輩、上司や指揮官だった旧海軍出身の人たちに接したり直接談話を聞いたりしたときの時期や場所を再確認しやすいという利点がある。

昭和五十年夏、私は旧海軍で言えば主計科士官の中堅になろうという経理補給幹部の三等海佐になりたてで、青森県むつ市大湊にある海上自衛隊大湊補給所勤務から、近く新設される、昔の海軍で言えば海軍経理学校に近い海上自衛隊第四術科学校の開校準備委員として舞鶴への異動が令された時期だった。

十月一日が海上自衛隊教育機関の一つとして第四術科学校が開設された日で、そのころは開校準備に忙しくその数日前発売の週刊誌など見るゆとりがなかったのかもしれないが、それは言い訳にすぎない。旧海軍の経理学校をモデルとして新校を起こそうというときに、その経理学校に大いに関係ある記事を見落とすようでは情けない。そういうときだからこそ情報収集にもぬかりないように留意しなくてはいけなかったが、学校長以下、職員の誰も『週刊読売』に気付かなかったようで、校内会議や職員どうしの話題にもならなかった。

とくに私は、第四術科学校の開校に合わせて栄養・給食管理教育を担当する給養科の科長教官として配置指定されたばかりだから海軍の食糧（糧食）管理や補給に関する資料収集に欠くとは職務怠慢ともいえるくらい今でも忸怩《じくじ》たる思いがする。この週刊誌記事を知っていたら海軍経理学校の教育や、学生として入校してくる関係隊員への教育資料として活用していたはずである。『週刊読売』の記事を知るのは二十五年後のことで、その情報提供主は兵庫県の片田舎に住む拙著の一読者だった。そのことはページを替えて記しておくことにしたい。

『週刊読売』の記事は六ページにわたり、週刊誌の特集シリーズものとしても長いほうである。間宮の補給能力、南方前線部隊への物資輸送実績等がわかりやすく記され、米海軍潜水艦の魚雷攻撃を受けあっけなく終焉を迎える。

〝一人の生存者も救出できず〟と見出しの付いた記述では、

「間宮被雷の報を受けた南西方面艦隊司令部の緊急救難命令で第十七号海防艦と水雷艇が間宮遭難地点に急行したが、一人の生存者も救出し得なかったという」

と結んである。ここだけ読むと「一人も残らず戦死した」と受けとってしまう。「……という」というところに確認したことではないという含みを持たせてあるが、そこまで詮索しなかった。

しかし、近年になって生存者が数名あったこと

慰霊碑後方に立つ建立者石塔

がわかった。

二〇一五年十二月二日に放送されたNHK『歴史秘話ヒストリア』の番組づくりに協力したときのこと、ディレクターから「間宮乗組員だった愛媛の人にも取材してきました」と聞いて少なからず驚いた。最後の出動での生還者が数名あって、番組でその人の体験も語ってもらうことになっているという。旧知の長崎県庁主任学芸員齋藤義朗氏に訊くと、NHKスタッフに同行して取材にも立ち会ったという。

その後、さらに調べてみると生存者は少ないが、六名とするものや五名とする資料もあるのがわかった。人数さえはっきりしないというのはこの種の特務艦に多い当時の乗組員の人事管理データに不確かなものがあるからだろう。戦争の裏面になるが、とくに日本の陸海軍では生存した者を隠密に隔離したり収容先を秘匿したり、名前をおおやけにしないという悪習もあったようである。欧米と異なる倫理や死生観が大東亜戦争で醸成されたものかどうかわからないが、捕虜（俘虜）の心得（陸軍の「戦陣訓」）のようなものがつくられたせいかもしれない。

昭和五十三年十月発行の『一億人の昭和史―日本の戦史』（毎日新聞社）にシンガポール陥落のとき、降伏している敵軍（英陸軍）とタバコをあたえて愉しそうに（？）談笑している日本陸軍兵士との写真がある。日本兵と腕まくりした英軍兵士の写真はとても敵・味方とは思えないピクニック風景のように見える。キャプションに「昨日の敵は今日の友、なごやかな交歓風景が」とあるが、〝特別〟な風景をとらえたものにしても写真を見るとホッとする。戦況が怪しくなるにつれ、捕虜扱いも険悪になった。そうかといって、米映画『戦場にかける橋』のような日本陸軍を悪者にしたフィクションを作られては日本人として腹が立つ。二十年前、近所に陸軍士官学校卒の人（大正十一年生まれ）がいて、自衛隊ＯＢの懇親会でその元陸将補が持参した陸士卒業アルバムを見せてもらったら見覚えある写真があった。それが毎日新聞社刊に掲載のものと同じだった。その人の年齢から、シンガポールが陥落した昭和十七年二月は見習士官時期なので自分が体験した前線風景ではなく、戦争を鼓舞する意味でアルバムに入れた写真だったのだろう。

シンガポール陥落直後の写真で、日本兵とイギリス兵が煙草を交換し合う和やかな風景。こういう風景もやがて見られなくなる

戦争中の乗組員数は確認がむずかしいという話のきっかけをつくるのにすこし脱線して捕虜の話に及んだが、間宮乗組員の内訳の話にもどる。

とくに間宮の場合は基本要目として公表されている定員数以外に多数の乗艦者がいた。海軍だから乗組員はすべて軍人将兵であるという先入観を持つと誤りになる。

間宮戦没者慰霊碑のためにもそのことを書いておきたくてまわりくどくなった。

戦艦大和が最後の出撃となった沖縄特攻（昭和二十年四月六日）では司令部要員もふくめ乗組員総数は三千三百三十二名（三千三百三十三名とも）とされているが、この中には確認されているだけでも六名の非軍人がいた。割烹手、洗濯手、理髪手、裁縫手等、海軍が雇員、傭人として個人契約で同乗していた民間人である。

大和は戦闘艦なので艦長以下ほぼ総員軍人であるが、それでも前記のような軍属が艦と運命をともにしている。ドラマだったが、『戦艦大和のカレイライス』（平成二十六年十一月五日放送）というNHK広島製作の番組づくりに料理や主計兵の服装、勤務風景等の監修で協力したこともある。このドラマは軍属として一時的に軍艦で勤務していた若い民間人の割烹手を主役にしたものだった。戦争の陰にあってあまり知られない軍属の民間人にスポットを当てた、とディレクターから制作の意図を聞いた。

間宮の場合は大和の数十倍の民間人が艦内で勤務していた。戦闘艦ではなく糧食、物資を補給支援する海軍のフネであり、艦内で製造する食品も多いため民間人の知識技能が必要だったからである。

この、身分上は民間人の乗組員については少し詳しく書く必要があるが、それはあとにふれることにして、まず正規（？）の乗組員である下士官・兵について述べる。

間宮乗組員は、部隊へ糧食（軍用食糧等一切の意）を補給するのが主たる任務であるため海軍軍人としての身分では突出して主計関係者が多く、下士官・兵の大半は主計員だった。「主計員が大半だった」という言い方は曖昧であるが、乗組員三百七十名（最盛期の実数で、昭和十三年の戦時定員は二百八十四名というデータあり）の中の多数の軍属（雇員、傭人など、最多時は民間人約二百名とも）を除いた下士官・兵のうち六十名以上が主計科員だったと言えばわかりやすいかもしれない。戦艦大和の場合は乗組員総数が定員二千五百名という大所帯なので主計科員も百二十名前後いたとは言っても全体の約五パーセントにすぎない。

間宮の場合は自艦の主計業務よりも〝お客さん〟相手の仕事だから当然、専門員が多くなる。供給する糧食の調達から搭載、艦内保管、艦内製造、前進基地での配分計画、分配作業等、その研究や知識は高い専門性を要した。同乗する軍属も大半は主計科の所掌（専門とする職配置によって、機関科や運用科の所掌となる場合もある）なので、ようするに総乗組員の半数以上は〝主計科〟員だった。戦闘時、軍属には非常食運搬や運弾、救護など大事な任務はあたえられるが、戦闘技術はないので直接の戦力は期待できない。

フネ自体が心細い。モノを運ぶだけの輸送艦でもあるので装備も脆弱。十四センチ砲二門と連装機銃、単装機銃があるくらいで、八センチ高角砲は出動時以外は陸上基地に揚げて仕舞ってあるというくらいだから反撃力は低く、行動は護衛付きでなければ魚雷一発で沈むようなフネだった。

そういう特務艦の主計科兵員たちはどのような専門教育を受けていたのか、間宮と運命をともにした乗組員の内訳を想ううえでもうすこし海軍の人材育成のことを記しておきたい。

日本海軍の主計員に対する知識技能習得の基本は現在の海上自衛隊教育機関である海上自衛隊第四術科学校でも継承しているので、引き合いに出しながら説明する。

その前に、なぜ舞鶴にある海上自衛隊の教育機関を「第四術科学校」というのか、それなら第一とか第二術科学校というのがあるのだろうとか、そもそも術科学校とはどんな教育をしているのか、簡単に説明しておかなければならない。

「術科教育」という用語は一般社会では耳慣れないかもしれない。

そもそも「術科」とは何か、から説明しだすと、さらにその前に「術」とは……からはじめないといけなくなる。剣術には秘術とかもあったり、似たような武術でも武器を持たない柔術というのもある。忍術には火遁の術とか水遁の術のような特殊な技《わざ》があるらしい。妖術とか錬金術とか、怪しげな〝術〟もあるようだ。私が小学校で習ったのは〝算術〟で、怪しくはないが苦手だった。「技術」とはよく組み合わせた言葉ではある。

そんなまわりくどい話はこのくらいにしておきたい。筆者が幹部候補生のころ（昭和三十九年）、「くどい話はいけない」とくどくどと説教する元兵学校出身（七十五期）の学生隊幹事がいて辟易したことがある。〝反面教師〟にはなる。

だいたいにおいて海軍ではくどい話は嫌がられた。叱るときも短く、逆に尊敬できる人が多かった。信号でも簡潔である。「貴艦ハ△○スルヤ？」と来た問いに「ス」と返事するだけで十分だった。

海軍では専門職域で修得すべき固有の科目を海軍時代から「術科」と呼んでいた。

「術科」は海軍の造語だという確認はできないが、一般的用語ではなかった。一昔前の新聞に、江田島の第一術科学校を〝第一実課学校として紹介しているもの（昭和五十六年・長崎政治経済新聞など）もある。記者でも知らなかったらしい。近年になって警察庁機動隊でも職務執行に必要な技能や体育科目を「術科」と称するようになったくらい新しい（？）用語に類する。大辞典でもいまでこそ用語「術科」が採取されているが、『大辞林』でいえば、採取された第三版の発行は二〇〇六年十月だから、まだ一般には比較的新しい用語といえる。海兵団で新兵教育を受けた初年兵が部隊に配属されると、上司から「早く術科学校へ行けるようにしっかり勉強せい！とよくハッパをかけられたもんだよ」と昭和四十年代に海軍下士官出身の古参幹部から聞いたことがある。術科学校を修業してはじめて一人前の海軍兵として認められる、という意味だったようだ。

つまり、素養教育とか一般教養が一応所要の段階に達していると認められた隊員にさらに専門職域の知識技能を修得させるための集合教育機関を術科学校と称し、海軍時代では砲術学校、水雷学校、対潜学校、通信学校、航海学校、潜水学校（潜水艦乗組員の教育機関）、電測学校（電波探知等の教育機関）、気象学校、工機学校（機関科員の広範な分類ごとの教育機関で、兵学校と並びの海軍機関学校とは組織が異なる）、工作学校、衛生学校等などに分かれて教育した。海軍では、時期によって改編や教育内容の変遷があり、こういう術科教育機関の教育内容は複雑だったが、海上自衛隊では職域ごとに一元化されて名称も「術科学校」となった、と言えばいくらかわかりやすいかもしれない。

海軍では教育を非常に重視したこと、そういう高い教育を受けた下士官・兵たちが多くの艦船で運命をともにした、間宮戦没者慰霊碑に祀られているのはそういう人たちである――

ということを言いたくてすこし説明がくどくなってしまった。たしかにくどい話はあまりよくない。

経理学校は他の〝術科学校〟と組織が異なるところがあって、兵学校、機関学校と並びの主計科士官養成校として知名度が高いが、明治末期以降、会計、庶務、厨業（のちの衣糧）等を特技職とする主計科の下士官・兵の術科も同じ築地の校内で教育するようになり、とくに昭和十二年の見直しで教育課程等も大きく改革され、充実した。

兵学校、機関学校に並ぶ士官候補生としての経理学校生は「生徒」、その他の術科を学ぶ士官、下士官・兵は「学生」と区分して呼称することは他の教育機関も同じである。

話がまた複雑になってきたが、細かいことは読み飛ばしてもらっていい。給糧艦間宮の乗組員を構成する人材はどのようにして育成されていたのかを言いたくてすこしダラダラしたことを書いている。

海軍時代は、砲術学校など術科学校の普通科練習生として自分の職域の特技（特技職という）を修得した一等水兵等には特技章と言って制服の左腕に、砲術課程修了者であれば大砲をデザインしたワッペンのようなものが付き、一人前の水兵として周囲からも認められることになった。経理学校課程修業者にも当然〈ワッペン〉が付いた。

ついでに言うと、特技章が大砲や双眼鏡（信号）、舵輪（運用）はいかにも船乗りといったデザインで、またダビデが奏でるような優雅なハープをかたどった軍楽手の特技章はいいが、若手の主計兵のマークは食事担当だからといってデザインを包丁やメシしゃもじというわけにはいかず、倉庫番もあずかる任務から江戸時代の南京錠の鍵をデザインしたものが主計科厨業員（主厨）の特技章として明治以来、使われていた。

経理学校と聞くと、主として軍務の経理を中心としてデスクワークを教える学校のように思われそうであるが、そうではない。会計学院や簿記学校とはまったく違う。もともと（明治初期）経理学校前身の海軍会計学舎は会計官吏を養成する学校として発足したものだったが独自の教育機関に発展していった。

士官養成校としての〝海軍三校〟の一つであるとともに、主計を職域とする士官、下士官・兵に高度な術科を修得させるばかりでなく、精強な海軍軍人を育成する学校でもあったことは次頁の写真を見ただけでもわかるだろう。短艇撓漕訓練に適した墨田川を前にした地の利もさることながら、都心の便利な場所にあって高度な文化教育にも接する機会が多かった。料理教育にもその道のプロを講師として容易に招くことができた。昭和初期には、柔道では三船久蔵、剣道では中山博道のような当代一流の師範が招かれていた時期もある。「生

普通科特技章の例

徒」対象の講義や実技指導だろうが、文系科目の講師として横山大観画伯や作家の吉川英治を招聘した記録（秋元書房刊『海軍兵学校 海軍機関学校 海軍経理学校』）もある。

経理学校での下士官・兵を対象とする教育も修得科目は多い。

上＝墨田川に面する経理学校短艇ダビッド（短艇点検）後方に、跳上中の勝鬨橋も見える。
下＝茅ヶ崎での野戦（後方に江ノ島が見える）

衣糧課程でいえば、大正時代に厨業練習生と称していた、食事を担当する主計兵の教育科目にも厨業専門科目（糧食管理、調理実習、金銭・物品会計等）のほかに、英語、算術、拳銃射撃、短艇撓槽、体操、武技、体技など盛り沢山な科目があり、昭和期にさらに充実した勉学を経て再度、部隊に配属されていたことが教育科目から推察できる。

術科とは何かを説明するために、前に海上自衛隊での術科教育のことにすこしふれたが、海上自衛隊では海軍時代の複雑な術科教育制度を避けて専門術科別に大別されている。

草創期に開設した第一術科学校（江田島）は主として砲術・水雷・掃海・統率など、いわゆる戦力の表舞台である術科の教育、第二術科学校（横須賀）は機関・電機・応急工作等の術科、第三術科学校（下総）には航空機整備・電子機器を中心とする術科の教育機関があり、このほかに「学校」に近い術科教育組織として、パイロットをはじめ航空関係人材を教育する教育航空集団、潜水艦乗組員を育成する潜水艦教育訓練隊、医療分野では看護術を教育する海上自衛隊横須賀病院准看護学院等術科教育の場がいくつかに分かれる。

昔の経理学校に近いと前述した第四術科学校はその順番のとおり開設がいちばん遅く、昭和五十年十月で、海曹・海士に対する教育課程を経理、補給、給養（栄養・給食管理）、監理（マネージメント）に大別し、海士の初級課程と、海曹クラスの上級課程に分かれて専門教育を受ける。幹部学生課程は担当業務の総合的術科を学ぶ。海軍経理学校の昭和時代の教育制度と似たところと時代に添った教育システムが抱合されている。

呉海軍墓地の間宮戦没者慰霊碑の前に立って銘板に記された名前を見ながら想う。艦長以外は職務配置も階級も付記されていないから想像するほかないが、乗組士官、下士官・兵、軍属……合わせて四百四十名はどういう経歴の人たちだったのだろうか、と……。給糧艦の、とくに乗組人数の多い主計科の下士官・兵たちは後方支援艦としての腕の見せどころが主任務である。術科能力の高い者でなければ乗れない。士官（主計長、庶務主任、衣糧主任、掌経理長、掌衣糧長等）も主計科士官ならだれもが熱望するくらいのフネで、それは主計科業務を特技とする下士官（兵も）たちも同じだった。「間宮勤務」というのは主計員にとってそういう誇りだった。

主計科員だけではない。物資輸送に卓越した腕をふるうのは運用科員と言って船を操る、たとえは適切でないが、帆船時代の水夫の代表たちである。いまでも用語が残っている「掌帆」とか「掌帆長」、「ボースンチェア」などは帆船時代の大航海時代の英国海軍の名残りで、帆船では帆を操ることが水夫の〝特技〟だった。ボースンとは尊敬される水夫長であり、親方といったところである。そのボースンさまが座る椅子は特別で、ボースンチェアと呼んで一般の水夫が座れるものではなかった。

時代が変わって装備も変わったが甲板上の仕事は依然として天候や風向き次第。間宮の上甲板には前部に十五トン・デリック、後部には二十トン・デリックがあり、こういう重機を操るのも運用員である。運用の特技員なくしては海の上での作業ができない。

間宮といえば航走スピードが遅いのでも有名だった。ほかのフネから「貴艦ハ前進ナリヤ

後進ナリヤ　ハタマタ停止ナリヤ」と皮肉交じりの信号が来たと逸話があるくらいだったが、機関員はベテランだった。いくら機関員は優れていても蒸気ピストンを動かすボイラー燃料は石炭（豆炭）なので効率が悪い。石炭と重油を併用する混合燃料型（混焼レシプロ）の設計だったが、重油節約のため時代遅れの石炭専焼となった。

それだけでフネは動くわけではない。航海には海図を見たり、舵をとったり信号を発信・受信したり見張りも大事である。こういう働きをする特技員の多いグループが航海科だった。

間宮乗組員には広島県を筆頭に中国、関西、中部地方が多いと前に書いたが、間宮についての下士官・兵の補任（人事管理）は呉鎮守府が担当し、人選にはとくに力を入れていたと察せられる。北海道、沖縄等他県にも割り当て人数があり、担当鎮守府と人選を調整するというのは現在の海上自衛隊海曹士人事管理も同じ昔の鎮守府に該当する地方総監部の管理部人事課の所掌になっている。

乗組員数がはっきりしないと前述したが、主計科の下士官・兵は出動ごとに変動があるとは言いながらも乗艦者（海軍軍人）は概ね把握はされている。

よくわからないのが多数乗っていたという軍属である。

軍属とはわかりやすく言うと「軍人以外で軍隊に所属する民間人」であるが、当然、身分や任務に応じて待遇も違う。大別して士官待遇（奏任官相当）と下士官待遇（判任官相当）と一般兵並みの待遇があるが、士官待遇の軍属というのは文官（事務官、学校教官等）歯科医等で基本的には陸上で勤務する。

間宮の軍属はとくに食品製造にかかわる技術者（職人）が多かったと思われるが、いまでは身分や格付けなどはよくわからない。元海軍主計中佐で、戦後は陸上自衛隊を経て海上自衛隊に長く勤務した瀬間喬元海将補の著作の多くにも海軍時代の雇員・傭人等軍属に関する記述があるが、瀬間氏自身も、昭和八年ごろからたびたび軍属たちに接していながら、「どのような方法で募集し、どんな採用条件だったのか、どうもよくわからない」とか、部下となった軍属に「アンタ、娑婆ではどんなことをやってたのか？　と訊くわけにもいかず」とか、「軍属の入れ替わりは激しく……」ともあるが、「佐世保、呉などには民間人の雇用紹介所があり、ひとこと頼めばすぐに手配してくれた。周旋所任せだったが、いい人材を世話してくれた」などとある。

「支那事変のとき」「自分が中尉のとき」とあるから日中戦争の昭和十二年のことだろう。瀬間海軍主計中尉が海軍の出先機関にいたときのこと、陸軍の将校が離任の挨拶のため少し遠い部隊から訪ねて来た。陸軍将校が言うには、陸軍にも車がなく、歩いて数キロ進んだ所で通りかかった海軍のトラックが止まり、「どこまで行かれますか？」と言うので答えたら拾ってくれたのだそうで、陸軍将校は「陸軍では命令のないことは絶対しない」と、まず海軍は下級者でも融通の利く対応をしてくれるのに感激して瀬間中尉にお礼を述べたという。そのときのトラックの運転手は兵ではなく軍属だったという。

海軍でも軍属は艦艇ばかりではなく陸上にもいたことを紹介したく、瀬間元海軍主計中佐の古い著書（『素顔の帝国海軍』昭和四十九年刊、海文堂）から引いた。

しかし、それも時期や戦局の変動で人事対策には海軍当局も苦心があったことが察せられる。軍属はやはり戦力だった。それだけに、艦と運命をともにした軍属の人たちへの哀悼の念が募る。以前テレビ局のディレクターから「戦艦大和の最期となる出撃のとき、軍属は降りようと思えば降りられたのになぜ?」という質問を受けたことがある。瀬間喬氏の著書から「いろいろわけあってのことでしょうが、ま、海軍が好きだったというのがなによりの理由と考えておきたいですね」と答えたことがある。

間宮軍属の集合写真（一部）

ＮＨＫ製作の『お菓子が戦地にやってきた～海軍のアイドル・給糧艦「間宮」～』（平成二十七年十二月二日放送）で制作中に取材の対象になった二人の乗組員（山本定男氏、乗松金一氏）は話ぶりから軍属だったようで、番組での生存者や身内の人の話、海軍で撮った集合写真からも推定できる。

軍属にも制服がある。艦外や通勤時やあらたまったときに着用するよそ行きの制服と仕事着に分かれるが、正規の軍人と似ていて、制帽、制服もあり、階級章や特技章、精勤章がないだけで、一見、海軍下士官の姿に近い。〝カッコよかった〟のも応募の魅力だったようだ。呉海軍墓地で会った血縁の人たちに海軍に殉じた父親や祖父の方の詳しい経歴を訊いてもいまでは正確なことはわからないし、いまどきは個人情報問題もあって聞きにくいことが多い。間宮には多いときには軍属が二百人もいたともいうが、その任務、配置別内訳はわからない。主計科の仕事としてパン職人、和菓子・洋菓子職人が多かったことは生存者の話からも間違いない。

「佐世保には傭人等を斡旋する周旋所があって、そこに頼めばすぐにヒトを手配してくれた」と瀬間元中佐の著書から前記したが、軍属はいまでいえば身分は非常勤職員のようなものなので身分保障はどのようになっていたのかよくわからない。明治時代の軍属には、戦死したら靖国神社への合祀や金鵄勲章受章適用規定もあったようだが、昭和期の雇用契約は判然としない。ただ、職人でも国内での平均給与に比べかなりよかったことはまちがいない。当然なことではある。

瀬間氏があるとき、保健行軍で主計科員と佐世保の弓張岳へ登っていると中腹の鵜戸越でハイヤーで下りてくる客が見覚えのある他のフネの軍属に見えた。隣席には派手な着物姿の女性が乗っているようで、「軍属は羽振りがいいなと感じた」とこれも前記の著書にある。軍属は正規の下士官兵たちともいい友好関係にあった、と書かれたものが多い。「海軍が好きだったからでしょう」と戦艦大和の軍属のことでの質問に対する私の答えもそういうことに由来する。

給糧艦間宮「建造反対」の声の中で

ときは日露戦争が終結し、反省をこめて戦備の見直しが盛んになったころのこと、喪失した艦艇の補充もあって海軍力増強が当然、議論の趨勢になった。

しかし、航空母艦や航空機の開発をもって戦備を増強するという斬新な構想は沸騰せず、大型戦闘艦の増備が艦隊の主力であるというような考え方が大きかった。この時期の主力艦というのは戦艦と巡洋戦艦（装甲巡洋艦）で、巡洋艦は補助艦の部類だった。

名著とされる伊藤正徳氏（元軍事評論家）の『大海軍を想う』（文藝春秋社、昭和三十一年十二月刊）によると、伊藤氏が後日談として山本権兵衛（海軍大将・元海軍大臣・元総理大臣）に会談した大正十五年の談話によれば、山本は「これからの艦隊主力は、戦艦と巡洋戦艦（装甲巡洋艦）に替えて航空母艦と巡洋戦艦の連合にすべきだが、いまの若い連中にはその踏み切りがつかんのじゃ」と会談のたびに聞かされたという。伊藤氏は、「戦艦の廃止とは年寄りの寝言のように聞こえたが、「大和」「武蔵」の最期からも、あのとき（大正初期）、山本権兵衛案に添って多数の中型空母が建造されていたら昭和の海戦も一変していただろうと、山本権兵衛の先見の明に驚きを記している。

『大海軍を想う』カバー

戦備とか海上兵力の増強といえば当時としては「主力になる戦闘艦を増やせ」が正論のようだった。戦闘艦を支えるロジスティクス増強の着意などは薄い。建艦には造修能力がなければどうにもならない。呉海軍工廠が急速に発展したのはこの時期である。その後の呉が後方支援基地として広く整備され、糧食、燃料補給基地としても発展していく。戦艦長門の竣工が大正九年だったことからもそれがわかる。大型艦が就役すると需品も増える。昭和期に間宮が糧食、需品の搭載基地として呉が最も便利だったというのも海軍工廠の規模と港湾を隔てた場所にある広大な軍需部の位置にも結びついている。

しかしこの時期、軍拡は盛んでも艦隊を支援する大型特務艦の建造は二の次だった。その趨勢にあまり逆らえない立場を知りながら、片隅で補給の大事を建言していたのが主計畑の責任ある配置の者たちだった。いま始まったことではなく、日露戦争当時から主計科士官の要望であり、連綿とその具体策を講じていたのが思わぬ情勢から花を咲かせた。

井川一雄海軍主計少将といえば経理学校六期（大正六年卒業＝兵学校四十五期並び）で大東亜戦争中の代表的主計科士官であるが、昭和十年三月発行の『主計会報告』（海軍省内にあった任意研究会）に少佐当時に寄せた研究報告がある。

井川少佐は、「日露戦争では糧食も貯糧品（注：貯蔵性のある食糧）を以《も》って耐え忍ぶことができたと（当時の関係者は）言うが、それは海軍の古老たちの妄言に過ぎない。新鮮な食糧（生糧品）補給こそ大事である、として給糧艦の補充を訴えている。

井川少佐が引いているのは日露戦争のあと（明治末期？）に経理学校かどこかの研究報告書のつぎの一文である。原文は読みにくいが、そのまま転載する。主計畑では早くも日露戦争当時から糧食補給専門艦（給糧艦）の建造を早い時期から熱望していたことがわかる。

「戦役中（注：日露戦のこと）、糧食給与は各艦とも支弁し得る限りは生糧品を給与する方針を取り給糧艦及び運送船は内地より続々生糧品を輸送したり。然れども初めは同船の設備に足らざる所あるを免れざりしが故に艦隊全般の需要を充たすこと困難にして給糧船来着毎に先を争いて生糧品の配給を得ん事を努め後るるものは往々之を得ること能わざる状況なりき（中略）季節漸く炎暑に向かふに従ひ生糧品は腐敗し易く出動中の艦船にして給糧艦に会すること数日後るるものは腐敗品の外に得る事能はざることあり、依って給糧艦に於いては活牛を搭載し戦地に於いて解体することとなり之に依りて肉は新鮮のものを支給することを得たるも野菜類及び生麵麭（注：パン）は艦隊根拠地に前進し且つ暑気加わり海上濛気多きに伴ひ保存の益々困難なるを感ぜり」

解説するまでもないが、つぎのようなことである。

「日露戦での糧食は出来るだけ生鮮品を補給できるように内地から運んだが設備に不十分なところがあって艦隊全部を充たすことが出来なかった。（中略）給糧艦が着くと先を競ってもらいに来るので後れを取った艦船には行き渡らなった。おまけに暑い夏になると生鮮食品は腐りやすく、合流が数日遅れると腐敗品しか渡せないこともある。そこで、給糧艦では生きた牛を積んで、根拠地でこれを牛肉にして供給できたが、野菜類やパンは現地の暑さも加わってやはり保存に苦心した」

つまり、日露戦争を教訓として明治末期から主計関係者の間で給糧艦の必要性が沸き上がり、生きた牛など積んで戦争している場合じゃない、ちゃんとした後方支援艦の建造が大事だと訴えていたということである。「給糧艦」という言葉がすでにこのころ（明治期）あったこともわかる。明治初期から水船、石炭船等はあったが大型化した給炭艦、給油艦、給兵艦（兵員輸送艦）に並んで糧食補給艦を給糧艦と呼称したのだろう。

ついでに言うと、「糧食」という用語を海軍造語とするたしかな証拠はないが、明治初期に海軍では兵員の食材を総称して「糧食」、陸軍では「糧秣」と称した。「糧食」とは「食糧」（主に米・麦等主食の食材）と食料（糧食以外の一般食材）を総合した用語で、陸軍の「糧秣」は兵員の食材全体と軍馬の飼料（秣＝まぐさ）を意味する。軍馬はそのくらい大事だった。馬がいない現在の陸上自衛隊では一般隊員給食用の食材一切を「糧食」としたので陸海空とも同じ用語となっている。兵糧（兵粮とも）の文字は遠く律令時代からあったようで、平安鎌倉期以降の史料（「兵粮米」など）にも多く出てくる。兵食は戦力の基礎だった。「腹が減ってはいくさができぬ」がいつごろできた言葉か知らないが、ロジスティクスの基本ではある。「洋の東西を問わず」とよく言うからついでに調べたら、「腹が減っては……」と同義のことわざを英語では『The mill stands that wants water（旺文社『成語林』）と言うらしい。「水がなけりゃ水車は回らぬ」……遠回しに言うところがイギリス流である。

遠回しといえば、英語ではNature calls meとかNature is callingと言ったりするようだ。日本でも登山などで、女性は「お花摘みに行く」とか、大きいほうになると男は「キジ撃ち」などと隠語もあるから風雅（？）はやはり洋の東西は問わないのかもしれない。言葉も時代とともに変わりつつあるが……。

とんだ脇道にそれたが、食べ物と出しものは軍隊で連接する集団生活のマネージメントであり、とくに海の上でも今は垂れ流しは出来ない。昔はどうだったか、隊員の慰安艦とも言われた間宮ならさぞトイレも立派であったろうと思われそうなので当時の艦艇内トイレ（海軍では厠＝かわや）事情もよく調べていずれ書いておきたいと思っている。

主計畑が建造を渇望していた給糧艦が誕生したのは十四、五年あとの大正十三年だった。しかも、海軍当局が先送りしていた給糧艦建造をしぶしぶながら（？）も決めたきっかけは、ワシントン軍縮会議の結果（大正十年二月）「八八艦隊整備計画」が頓挫して建造中の戦艦や装甲巡洋艦が廃棄や建造中止に決まったあおりみたいなものだった。裏ワザ（？）で造ることになったのが工作艦など十数隻の特務艦だった。その中の給油艦六隻のうち一隻を給糧艦にしたものだった。いうなれば私生児もいいところ、赤ちゃんポストで取り上げられたような誕生だった。しかし、そのあとは大事に育てられるようになる。

注：「私生児」は今では社会的に使いにくい用語で、「非摘出児」と言ったりするが、それではわかりにくいのであえて俗称にした。

露と消えた「八八艦隊」にがっくりきている兵科将校たちは給糧艦など初めから期待してはいない。条約に不満な将校たちの騒ぎも大きかった。

参考／ワシントン条約による「八八艦隊計画」の主な変更

戦　艦　長門・陸奥：完工して就役。加賀：空母に改造。土佐：標的艦として実験後海中処分。紀伊・尾張・三号艦・四号艦：建造中止。

巡洋戦艦　天城：空母に改造予定が関東大震災で修復不可、廃艦。赤城：空母に改造。

重　巡　高雄・愛宕：建造中止。紀伊・尾張：建造中止。十三号艦～十六号艦建造中止。

※代替（？）艦艇等（駆逐艦、砲艦、潜水艦、潜水母艦、特務艦等）の詳細は省略。

加藤友三郎。広島出身の海軍大将、海軍大臣。酒にも強い

戦艦や巡洋艦が空母に改造されても条約に抵触しなかったのは、この時期航空母艦はまだ発展途上にあり、将来の運用は予測されていなかったからだろう。そのためか、軍縮条約での空母の規定には奇妙なもの（トン数と隻数、装備砲の口径、装備数等）が多い。空母の戦闘艦としての能力は低いと見られていた。巡洋艦として造っていた赤城、天城はその抜け道のようなことで改造した空母だった（天城は翌年の関東大震災で消滅）。

近年、当時の海軍大臣で軍縮条約をまとめた日本代表加藤友三郎大将への評価が高まっている。世界の趨勢と日本の国力を見極めて、それでもギリギリのところまで譲歩しながらも国防に力を注いだのがこの広島旧藩士出身の元海軍軍人だった。「八八艦隊計画」からワシントン軍縮条約締結、その後のロンドン条約に至る経緯は前記の伊藤正徳氏の著書に詳しい。給糧艦を考えるとき、軍縮会議が背景にあることも重なる。

給糧艦間宮の建造はワシントン軍縮会議と関係（？）が深いことをもう少し書いておきたい。加藤友三郎大将もまさか将来フネの中で海軍が羊羹を製造するとは夢にも思っていなかったに違いない。ちなみに、加藤友三郎は名うての酒豪。甘いものは嫌いだったという証拠はないが、「海軍のフネで菓子を作るなどもってのほか」などと野暮なことは言わなかったのがこの人の偉いところとは筆者の勝手な評価である。

大正十一年前後の話にもどる。

日本海軍にとって軍縮条約は痛手だったが、主計畑では〝思わぬ拾いモノ〟だった。タナボタのようなもの。その以前から給糧艦建造は夢物語のような期待薄ではあったが、夢を追って造船技術部門とかなり具体的な調整をしていたことがよかった。主計チームの熱意が実って、着工から竣工までわずか二年という短期間で実現を可能にした。

間宮が竣工するのは大正十三年七月、一方ではその翌月に巡洋戦艦土佐が廃棄処分に決まって試験射撃で海に消えた。試験射撃をする兵科士官（将校）たちの無念は憂さ晴らしの砲発射に変わったように見えた。その一ヵ月前の竣工を喜ぶ主計科士官……悲喜こもごもの大正期海軍だった。

大きな軍艦建造が出来なくなった海軍工廠、受注激減の造船業界の運営も同じで、軍縮に抵触しないトン数や種別のフネなら輸送艦でも何でもよかった。民営造船所には廃棄となった造りかけのフネの工費の保証も国が面倒を見なければならないから政府もあせっていた。

「そんなものを造るより戦闘艦にもっと金をかけろ」と言って給糧艦建造に猛反対していた兵科士官側も、ワシントン条約に抵触しない艦種（補助艦艇の一部）と小トン数なら反対できない。静観するほかなかった。

そのころの話は伝説的であるが、正直なところ、主計畑士官たちの喜びは異常なくらいだったらしい。悲願達成で小躍りしたいくらいうれしいが、兵科士官たちの手前それは見せられない。邪魔が入ると給糧艦建造まで頓挫しかねない。主計科士官たち、最近馬鹿に元気がいいな、と思われてもいけないと、表立って喜びをあらわすのも警戒して主計仲間の宴会まで自粛したと前出の瀬間喬元中佐も伝説的な話として先輩たちから聞いたと言っていた。又聞きのさらに又聞きではあるが、オーバーな話ではなさそうだ。

しかし、間宮の有効活用（運用）について具体的に考えるのは出来上がってから（大正十三年七月）の課題になった。急に決まったことであり、ドタバタの中で造ったこともあり、性能は抑えられている。貨物船タイプだから速力も出ない。後部上甲板のいい場所に立派（?）な牛小屋があるのは牛も飼うのだろうとの設計部門の思いやり（?）だった。それでも主計畑は文句言えない。造船技術については専門外だから口は出せなかった。

牛舎は一度も牛を乗せることなく、しばらくして食品生産場等として活用されるようになったから無駄ではなかったが、はじめての給糧艦であり、どういうものを運ぶかは設計段階になっても技術畑はもちろん、主計サイドでもわからなかったのではないかと思う。日清戦争直前の黄海海戦では戦艦松島に積んだ活牛二頭が清国戦艦鎮遠の放った三十センチ砲の直撃で〝戦死〟したことがあったが教訓として生かされなかったようだ。大正期になると冷蔵技術はかなり進んでいて、給糧艦として当然、冷蔵設備はあった。

ちなみに海軍艦艇の保冷設備の装備についていうと、イギリスの造船所ヴィッカース社に

潜水母艦 迅鯨5160トン。大正12年8月竣工、三菱長崎造船所

発注していた戦艦三笠が明治三十五年三月に横須賀に回航されたとき冷蔵庫が付いているので驚いたという話がある。冷媒（アンモニア、フロン、エーテル、炭酸ガスなど）も開発期（現在多く使われているR－22なども開発期と呼べるが）で国産艦への装備は遅れた。

大正期では冷凍冷蔵装置のある艦船は少なく、昭和七年に経理学校を卒業した瀬間喬氏が初めて乗ったのが潜水艦母艦迅鯨だったが、冷蔵庫があるのを見て嬉しかったと同氏の著書にある。艦艇への装備は昭和初期でも珍しいほうだった。

ついでにいうと「八八艦隊計画」が潰えて戦艦に装備予定だった機関を一部流用してできた潜水母艦がこの迅鯨（大正十二年就役・長崎三菱造船所＝姉妹艦が長鯨）である。軍縮条約の影響がこういうところにもあった。間宮も軍縮や関東大震災が絡んで機関部の設置が遅れるなど紆余曲折の末、建造中止になった巡洋戦艦（愛宕）の缶を転用した。

私の著書には、瀬間元主計中佐から同氏の生前に直接聞いたことをあちこち入れている。瀬間氏も経理学校卒業が昭和七年なので又聞きや言い伝えが多いことは承知のうえであるが、没される前、とくに昭和六十一年に私が海上幕僚監部衣糧班長、給与班長のとき数回話を聞かせてもらったこともあり、貴重な証言として大切にしている。

私の海上自衛隊勤務時代にはまだ旧海軍時代のことを聞ける大先輩が数名存命だった。終戦時に主計中佐や主計少佐、主計大尉だった人は実戦経験もあり、足や背中に戦傷を持つ人もいて、そういう人から聞く話は真実味がある。それを無駄にしたくないこともあって書くことも多い。

もう一人、角本國蔵元少佐という海軍主計科士官からも体験談を聞いたり教えを受けた。角本氏こそ短期間ながら給糧艦間宮の主計長として勤務したことのある人だったから、本稿では別途ページを割いて聞いたことを紹介したい。

ついに誕生、給糧艦間宮！

ここで、ワシントン軍縮会議による条約の余波で建造された給糧艦間宮の要目などを記しておかねばならない。

軍縮のあおりでできたとか条約の余波で建造されたとか、ややオーバーな書き方をしてきたが、もともと「八八艦隊計画」の中には後方支援艦（特務艦）として多数の大型給油艦の建造も考えられていた。その給油艦一番艦が能登呂（一万五千四百トン）で、商船、貨物船の建造には手慣れた神戸川崎造船所が受注し、大正八年十一月の起工で、わずか半年で進水、そのあとも同型艦の知床、襟裳等の給油艦を就役させた。艦隊整備計画には変更がある中で数社の造船所が給油艦の建造にあたったが、計画にあった八隻の給油艦の一隻を給糧艦に種別変更することになった。

「特務艦」という用語を何回も使いながら、その定義を紹介していなかったので、ここで改めて海軍の艦種分類で言う「特務艦」とは何かを簡単に記しておく。

日露戦争終結後、それまで主力艦船の運用を支えてきた大小雑多な船を整理することとなった。運送船、病院船、工作船の種別を制定したのが明治三十八年末で、そのあと大正五年五月に病院船を種別から切り離し、敷設船、工作船、運送船を「特務船」として類別を区分、さらに九年四月に特務船を「特務艦」と改称したとき、運送船も「運送艦」とした中で、給炭、給油、給兵等用途別に艦種名が付与された。

前記したように、この分類から間宮は誕生前から、給糧艦の名称は考えられていた。本章冒頭部での福

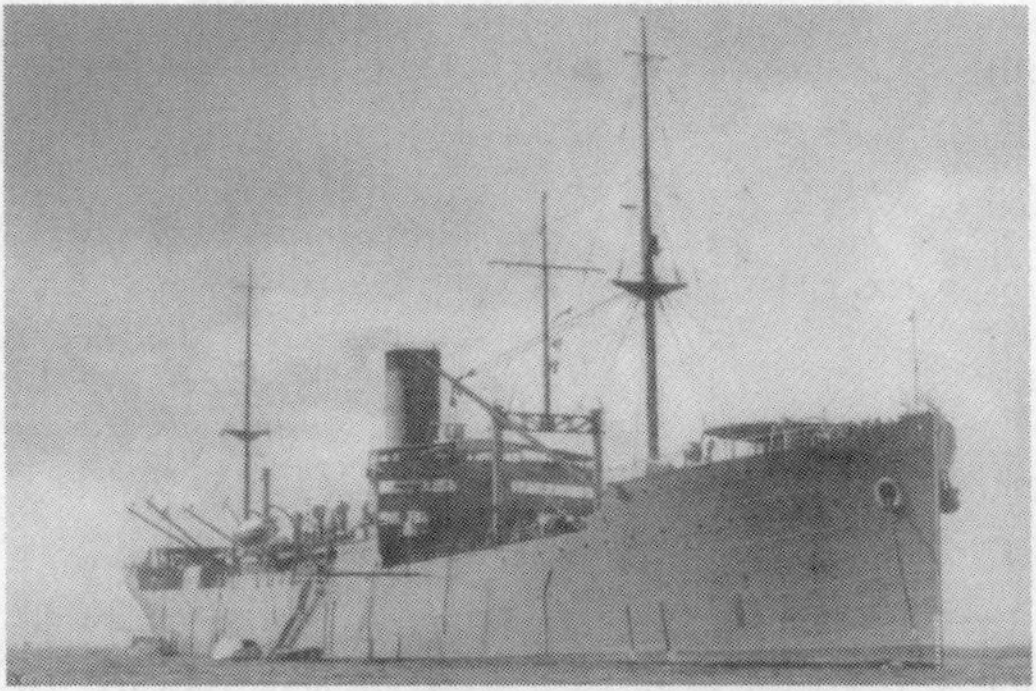

竣工したころの給糧艦間宮。待望艦の実現で主計部門は沸き立った(大正13年7月)

岡から来たという呉海軍墓地訪問者に「特務艦とはなんですか?」と訊かれたときの答え方が難しかったと書いたが、「特務艦」とはそういうフネである。

〝太平洋戦争〟に突入する昭和十六年十二月八日時点で日本海軍の「特務艦」として就役していた主な特務艦を列挙すると、つぎのようになる。この手のフネは造るのも早いが、用途変更もはげしい。時期がずれると廃艦になったり、新たに加わるものもあるので「昭和十六年十二月八日」時点とことわったのはその意味である。

工作艦・朝日(一一四四一トン)、明石(九〇〇〇トン)、給油艦・剣崎(一九七〇トン)、知床型(一五四〇〇トン=能登呂、知床、襟裳、佐多、鶴見、尻矢、石廊)、給油艦・早鞆、鳴戸、隠戸(一五四〇〇トン)、神威(一七〇〇〇トン)、洲崎(二代)(四四六五トン)、給炭艦・室戸(八七五〇トン)、給兵艦・樫野(一〇三六〇トン)、給糧艦・間宮(一五八二〇トン)、運送艦・宗谷(三八〇〇トン)、若宮(五八九五トン)、砕氷艦・大泊(二三三〇トン)、測量艦・筑紫(一四〇〇トン)、標的艦・摂津(二〇六五〇トン)、電纜敷設艇・初島(一五六〇トン)等がある。

川崎造船所が給糧艦を起工したのは大正十一年十月、進水が翌十二年の十月、竣工までにさらに九ヵ月をかけたからほかの給油艦よりも工期が長いのは、初めての糧食補給艦であり、タンカーを造るのとは違うからだった。大容量の保冷機、数区画に分ける冷蔵・冷凍庫のレイアウトなど、区画の設計にはたびたび仕様変更があったのは造船部門も主計部門も試行錯誤だったからだろう。保冷装備は燃料を大量に消費するので航続距離に大きく影響する。

アメリカやイギリスの補給艦も当然参考にしたはずだが、なにせ食習慣から食材が根本的に違う。一度に沢山焼いたパンを数日かけて食べる民族とその都度炊いた米の飯でないと力が出ない大和民族の艦艇では毎食飯を炊く（作り置きは〝冷や飯食い〟と言って嫌がられた）。副食も違ってくる。沢庵や糠味噌漬など欧米人は食べない。

欧米兵士は出される兵食にあまり注文は付けない。帝政ロシアの戦艦ポチョムキンの反乱のようによほど悪いもの（腐った肉など）を食わせない限り黙って食べる。現在の米海軍・海兵隊（陸軍・空軍も）の兵食はベトナム戦争以来サイクルメニューといって、二十八日ごとに同じ献立の繰り返しで、しかもほとんど加熱するだけのレトルト食材が使われている。ただ、ベジタリアンが多いのでメニューが多岐にわたる面倒はあると岩国海兵隊の軍属が言っていた。

わが帝国陸海軍はそうはいかない。明治半ばに「白米を食わせろ」と神戸停泊中の砲艦海門で下士官兵たちがハンストを起こしたこともある。主計長が艦長に内緒で精白米を購入して兵員に支給したらたちまち静かになったが、主計長は規則に厳格な艦長にえらく叱られたという。

間宮の牛小屋もポチョムキンの反乱を教訓にしたとは思えないが、出来上がった艦内区画には担当者の苦労がしのばれる。間宮は竣工後もたびたび区画を改造したり仕様を変更したりするので現在は正確な図面を欠く。製菓場も最初からあったものではなく、ラムネ製造も火災消火のため大量に保有する炭酸ガスの応用だった。

　したがって、次図は竣工時の艦内区画見取図であるため、食品製造加工場などはどこにあったのかよくわからない。牛舎として設置された区画を食品生産場にしたという確かな資料を発見したのでそれも就役後の改造だったのだろう。

　注：本図は瀬間喬元海軍中佐著『日本海軍食生活史話』をもとに筆者が加筆した。

　給糧艦第一号の艦名「間宮」とは間宮海峡に由来するのはいうまでもないが、その後の給糧艦二番艦を「伊良湖」と命名したようにみずうみ（湖）にちなんで豊かな恵みを願ったものか、このあと同型艦を数隻建造しようとしていたことが窺《うかが》われる。結局、「湖」シリーズも伊良湖一隻だけで、あとは小型の雑務船を類別変更した運送艦・野崎、杵崎などの艦名は種別変更後のもので、給糧艦として類別されたりするが、本来は運搬船の域を出ない。それでも増勢するうちに終戦になってしまった。

「間宮」はもともと給油艦六隻の新造計画の一艦を給糧艦に変更したため、艦名も給油艦の「能登呂」「知床」「襟裳」「石廊」などと似た岬名、海峡名の固有名詞を流用したのだと考えられる。

　海上自衛隊になってからの最初の大型給油艦「はまな」は将来、かつての給糧艦に近い機能を持つ補給艦への種目変更構想だったこともあり、また、給糧艦二番艦「伊良湖」の戦没を偲んで（筆者の想像）その後の新造補給艦は十和田湖、相模湖、常盤湖（山口県宇部市にある淡水湖）にちなむ艦名になった。すでに除籍された補給艦もあるが「ましゅう」型補給

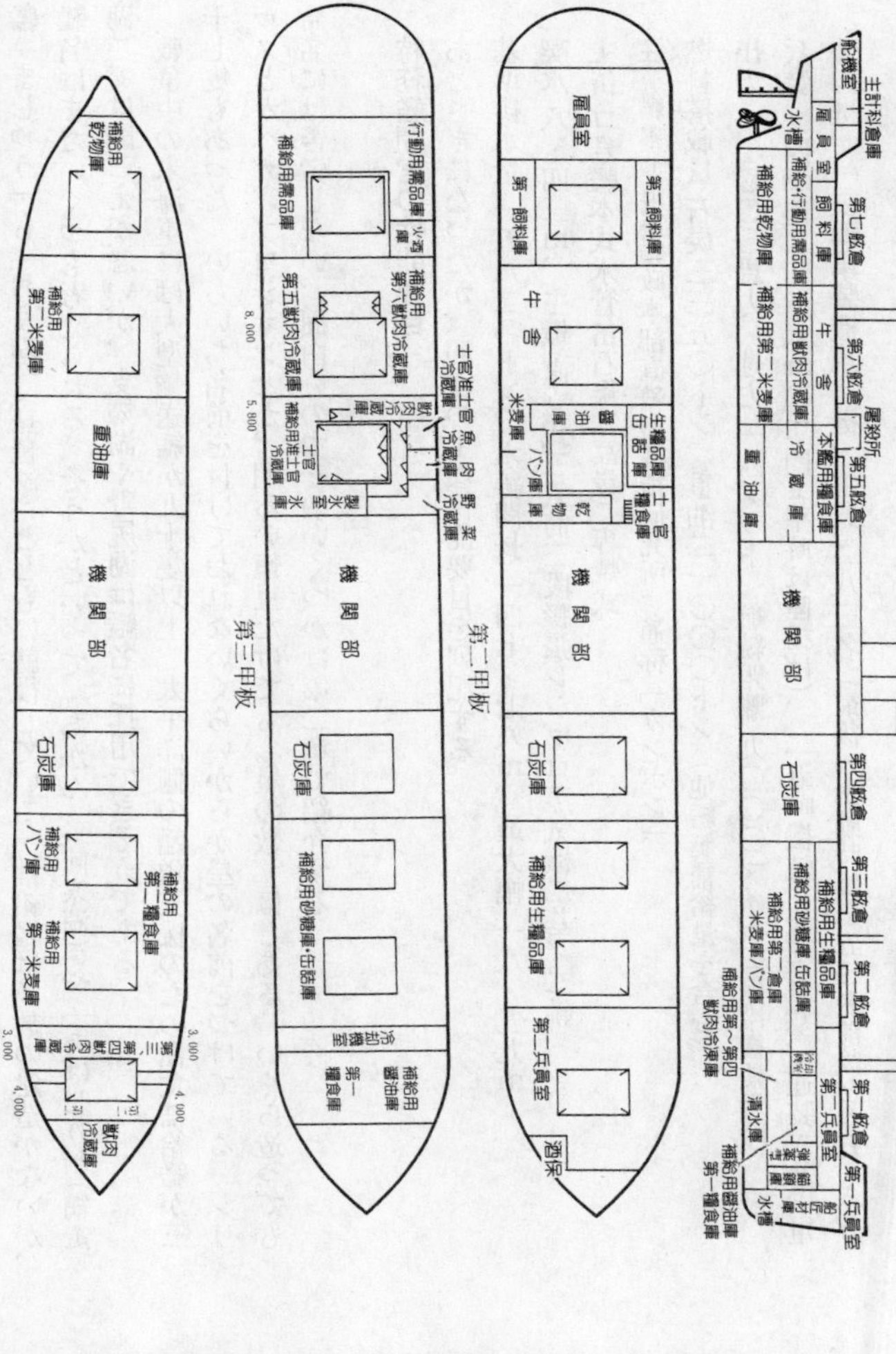

主計科倉庫
舵機室
水槽
雇員室
飼料庫
第七艙倉
補給・行動用需品庫
補給用乾物庫
補給用獣肉冷蔵庫
牛舎
第六艙倉
補給用第二米麦庫
屠殺所
本艦用糧食庫
冷蔵庫
第五艙倉
重油庫
機関部
第四艙倉
石炭庫
第三艙倉
補給用砂糖庫
補給用生糧品庫
缶詰庫
補給用第二糧食庫
米麦庫・パン庫
第二艙倉
補給用第一〜第四獣肉冷凍庫
第一艙倉
第二兵員室
清水庫
第一兵員室
補給用醤油庫
第一糧食庫
雇員室
第一飼料庫
第二飼料庫
牛舎
醤油庫
米麦庫
生糧品庫
缶詰庫
パン庫
乾物庫
士官糧食庫
機関部
第二甲板
石炭庫
補給用生糧品庫
第二兵員室
酒保
行動用需品庫
補給用需品庫
火薬庫
補給用第六獣肉冷蔵庫
第五獣肉冷蔵庫
士官准士官冷蔵庫
獣肉冷蔵庫
魚冷蔵庫
肉冷蔵庫
野菜冷蔵庫
補給用准士官冷蔵庫
製氷室
氷室
機関部
第三甲板
石炭庫
補給用砂糖庫・缶詰庫
冷却機室
補給用醤油庫
第一糧食庫
8.000
5.800
補給用乾物庫
補給用第二米麦庫
重油庫
機関部
石炭庫
補給用パン庫
補給用第二糧食庫
補給用第一米麦庫
第三
第四獣肉冷蔵庫
獣肉冷蔵庫
3.000
4.000

艦「ましゅう」も「おうみ」（琵琶湖）とともに就役している。補給艦は多数の建造がないが、艦名はまだいくつも考えられる。そうかといって「あかん」（阿寒湖）や「あばしり」（網走湖）では聞こえが悪いが、支笏湖や野尻湖は艦名に採用できそうである。

戦争中の米海軍には大型輸送艦が九十隻以上、太平洋側の艦隊支援のため糧食補給艦が三十七隻もあった。いちいち名前を付けておれないくらいからか星の名前をつけている。シリウスとかベガ、プロシオンとか、明るい恒星だけでも〝星の数〟ほどある。いくら造っても命名には苦労しない。面白いのでそのいくつかは第二章で紹介する。

特務艦間宮の性能要目

あとさきになったが、間宮の主な性能要目を列記する。

基準排水量 一五八二〇トン、水線間長一四七・七八m、最大幅一八・五九m

喫水 八・四三m、主機 直立式三気筒三段膨張レシプロ蒸気機二基／二軸

主缶 ロ号艦本式水管缶石炭（豆炭）専焼式

注：艦本＝海軍艦政本部直轄の技術研究所。通称「カンポン」。

燃料搭載量 石炭三三五〇トン、重油二一〇〇〇トン（他艦艇補給量を含む）

出力 一〇〇〇〇馬力　速力 一四ノット　航続距離 九〇〇〇マイル（保冷機使用時）

兵装 一四cm砲二門、八cm砲二門（平時は陸揚げ）、二五mm機銃三連装二基、連装二基、単装四梃、一三mm単装機銃二梃、乗員 二八三名（最後の出動時は三五〇名前後とされるが、

軍属員数は不詳。変動が大きかったと想像）
受注した川崎造船所が北米航路貨客船をモデルにして軍用に設計したのが間宮で、前掲写

戦艦安芸。いわき（石炭）の黒い煙が普通だった

真で見るように貨物船のような姿である。上甲板に倉庫があるため少し違って見えるところもある。中央付近に高い煙突が立っているのは燃料節約のため石炭を焚くので（石炭専焼という）試運転段階で日本海海戦のときの戦艦のように黒煙もうもうで、上甲板周辺の視界が遮られるばかりか甲板に積んだ野菜などに煤煙が降りかかるのがわかったので極端に煙突が高くなったのだそうだ。艦隊の目印にはなって、南方泊地では見張員たちが風呂屋のような高い煙突をいちばん先に見つけるのを競った。

ここまでは一般的性能要目であるが、間宮の場合は任務を充たすための独特の要目を有していた。もともと運送船タイプだから貨物運搬能力は高い。倉庫、貯蔵庫、冷蔵庫、冷凍庫は広い容積を有している。

大事なのは糧食供給能力である。冷蔵・冷凍装置は大容量を必要とし、そのための燃料消費量も大きくなる。冷蔵・冷凍装置を使わなければ航続距離は三千マイル延びて

一万二千マイルになるが、要保冷食品を運ぶ任務がほとんどである。荷を下ろした復路では足が延びることにはなるが、帰り路はどうなるかわからない。つぎの任務のため目いっぱい走るから燃費は増大気味だった。

まず、糧食保管能力を容量で示す。

建造時の計画要目は、艦隊支援艦として一万八千人を三週間養える糧食貯蔵量が基準になったという。なお、当時の重量単位は貫なので、わかりにくいが単純に換算していいものかどうかわからないので数字はそのまま（貫）にした。

間宮の一般糧食保管能力（単位 貫）※旧尺貫法では一貫＝三・七五kg

獣肉	三四〇〇〇	魚肉	四九〇〇	野菜	一六九〇〇
漬物	一二〇〇〇	味噌	九〇〇〇	醤油	五六四〇〇
白米	一四九〇〇〇	割麦	一〇七〇〇	缶詰	六二〇〇〇
乾麺麹	七三六〇〇	乾物	二七〇〇〇	小麦粉	五六〇〇
酢	四一五〇	砂糖	七七〇〇	胡麻油	二〇八〇
茶	五〇五〇	火酒	三四〇〇	凝脂	一〇四〇
塩	二〇五〇				

筆者注：白米一四九〇〇〇貫をキログラムに換算すれば五五八七五〇キロ（約五五九トン）となる。一人一日六合（約九〇〇グラム）の支給基準からは主食だけにかなり多い目標に見える。すべて目標値と考えたほうがよい。乾麺麹はパン、凝脂はラードまたはヘット、火酒

はブランデーなどアルコール分の強い酒であるが、この場合はアルコール類だろう。

艦内で食品を製造するようになるのは就役後しばらくたってからで、鮮度のいいものを供給するという目標から、豆腐、こんにゃくの製造から手掛け、逐次〝商品〟を拡大していった。昭和四年ごろに大福もち、饅頭を作ったところ、予想以上に甘味品が喜ばれることがわかって菓子類はプロの手を借りることになった。羊羹製造を考えついたのは少し遅く、昭和五年以降のことらしい。試行錯誤や関係者の模索期間が長かったようである。

読者には「間宮といえばお菓子製造のフネと聞いているが、羊羹、モナカならどのくらい製造していたのか」という素朴な疑問がありそうである。

したがって、菓子生産量も要目に入れるべきであるが、間宮は給糧艦一番艦で、建造当時はどういう運用方法になるか模索中だった。艦内生産もその途中で生まれたもので、逐次生産種目を広げていったため品目ごとの生産量は一覧では表示しにくい。甘味品が歓迎されることがわかって間宮の二番艦として建造された伊良湖では最初から品別の生産可能量を明示していたものがあるのでそれを表示する。もっとも、伊良湖の活動時期（昭和十六〜十九年）になると羊羹どころではなかったようで、伊良湖主計長石踊幸雄元大尉と平成十五年に東京で会ったとき、「伊良湖に製菓場と思われる設備もあったが、一度もお菓子を作るのを見たことはない」と言っていた。海上自衛隊勤務中、筆者の上司でもあった石踊大尉の伊良湖戦没の状況、九死に一生の生還、乗組員との孤島での生活体験は後述する。

給糧艦二番艦 伊良湖の食品生産量／一日

パン 二五〇kg、菓子パン類 一万個、大福もち 一万個、焼饅頭 二万個、
モナカ 六万個、羊羹 二二〇〇本、飴 一二〇〇kg、ラムネ 七五〇〇本、
アイスクリーム 五〇〇〇個、豆腐 一五〇〇kg、こんにゃく 一五〇〇kg、
漬物 四〇〇〇kg、氷 三〇五トン。

となってはいるが、この数値は生産可能量であって、製造品目すべてを（フル操業にしても）「一日にこれだけ作っていた」と解釈してはいけない。単なる達成目標数のようである。かりにモナカ用の小豆餡一個分三十五グラムとして、小豆と砂糖で捏《こ》ねた餡六万個分はざっと二千百キログラム。下準備の餡捏ねもあるし、頑張っても一人では一日最大千個程度か？　ほかにも大福もち、饅頭、アンパンなど餡モノが多い。間宮の目玉商品だった羊羹（一本約千グラム）はもちろん餡モノの代表である。煮る小豆は毎日五トンぐらいになる。

乗り組みの職人たちは多いときは百人近くいて、一日中お菓子や豆腐や油揚げを製造していたとの証言もあるが、プロとはいえそれぞれ分担作業である。製造品目別マンナワーや一日の生産量ははっきりしない。菓子職人も超多忙だったことは間違いない。ラバウル方面の南方泊地での売れ筋を考えて生産品目ごと数量を調整していたというのが実態だろう。

売れ筋の中で断トツは羊羹。間宮といえば羊羹……「間宮羊羹」はシンボルだった。「間宮羊羹」については多くのエピソードもあるので第三章でページを割くことにする。

性能要目の中で目立って低いのが「速力」。最大で十四ノットとなっているが、通常航海では十～十二ノットだから時速十八・五～二十二キロ程度になる。

注：昭和十四年後期から大量建造された陽炎型、夕雲型の甲型駆逐艦（二千トン）計三十六隻の速力は三十五ノット（時速六十五キロ）。給糧艦とは用途が違う戦闘艦ではあるが。速さを比較するうえでの参考。

マラソンの世界大会では、だいたい時速二十キロ程度（同タイム＝近年の世界記録ではケニアのデニス・キメット選手の二時間二分五十七秒）、マラソンなら速く感じるが、船としてはやたらに遅い。

呉からトラック泊地まで直線距離にして約二千三百マイル（四千三百キロ＝アメリカ大陸横断距離三千六百キロ以上）であるが、戦争中は目的地へ向かっても真っ直ぐ走らない。敵の探知を避けるために之字運動といってジグザグで走るからさらに所要時間は増大する。

呉から片道八日、いつもとんぼ返りで休む暇なく、「ワシは六往復した」……わずか八ヵ月たらずの間宮主計長だったという角本國蔵元少佐がそんなことを言っていたのを覚えている。本土に帰ってくると、呉工廠での点検、修理。角本氏は主計長として呉軍需部と次回搭載する糧食の調整、連合艦隊司令部、呉鎮守府との調整、間宮固艦としての主計長所管業務（人事、会計経理、糧食以外の補給物品の手配、文書整理、報告書の作成など）、「そりゃ、忙しかったよ。でもあのころがいちばんおもしろかった」とも言っていた（昭和三十七年頃、海幕厚生課長当時の談話）。

「艦隊三長官」という俗称があった。昭和の開戦前の「艦隊」には第一～第六艦隊（第三以下は形だけ）、第一～第十一航空艦隊、南遣艦隊等いくつかの〝艦隊〟があったが、伝説の内容からそれらすべての艦隊等を連合した連合艦隊（略語GF）のことだろう。

注：「連合艦隊」（本来は聯合艦隊と書く）はしばしば解散された。昭和八年に再編された聯合艦隊はそのまま常置、終戦で自然解散（消滅の国防情勢からいくつかの常備艦隊等をまとめて指揮命令系統を単一にしたもので、日露戦争後の東郷司令長官の「聯合艦隊解散之辞」（明治三十八年十二月二十一日）のように初期はその都度解散されたが、昭和の再編成ではそのまま終戦になってしまい解散の辞の必要もなかった。

連合艦隊には全艦艇を代表する職種ごとの大佐級の乗組士官がいる。例をあげると、艦隊機関長、艦隊主計長、艦隊軍医長の三人で、所属する艦隊、戦隊、固有の艦にはそれぞれ同職種の下級者がいてうまくやってくれるから普段の仕事は任せておいてよい。三人はよく士官室でお茶を飲んだりデッキに椅子を出させてだべったりしていることが多いのでひまな配置に見えたらしい。ゆったりと見えるから揶揄もふくめて俗称「三長官」と呼ばれたりした。三長官がひまそうに見えると乗組員は安心だった。艦隊機関長が忙しいようだとどこかのフネでエンジン故障、重病人や伝染病が発生すると艦隊軍医長の出番、艦隊主計長ともなると前記の角本間宮主計長のように走り回るような忙しさはない。

もっとも個艦の主計長は、航海中はあまりやることはなく、入港すると途端に忙しくなるのが普通だった。

つまり、三長官が三人そろって無駄話をしているようなら艦隊は安泰……司令官も参謀長、参謀たちも艦長も〝三長官〟がゆったりしている姿を見ると安心した。

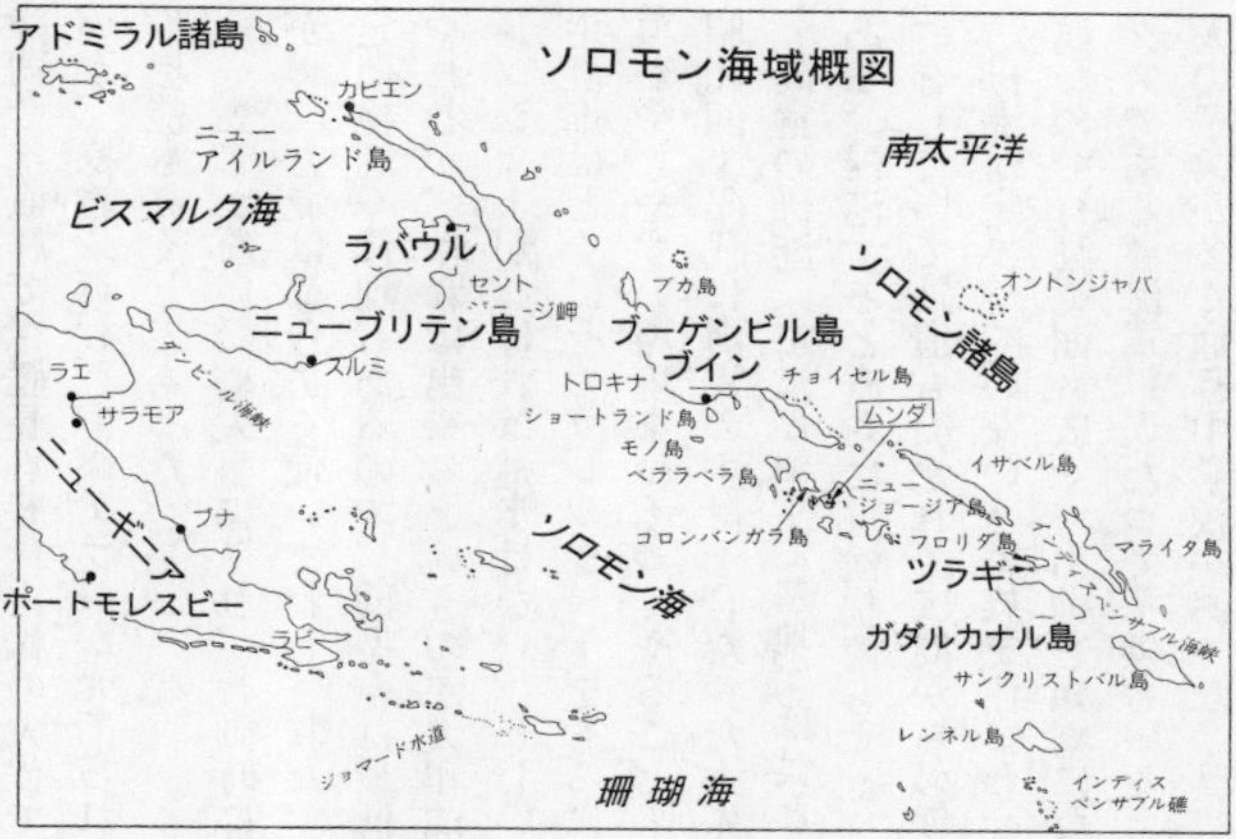

ちなみに昭和十四年八月三十日から十八年四月十八日までの連合艦隊司令長官は山本五十六大将。角本主計長は「一度だけ山本司令長官を少し離れた距離から見たことがある」と言っていた。昭和十七年四月上旬、このころには本土では非売品になっていた清酒「白鹿」一箱とサントリーの鳥井信治郎社長からの贈物のサントリーオールド数箱を司令部に届けるため旗艦大和（注：二月に旗艦は長門から大和に移った）に行ったときのことらしい。当然、艦隊主計長には仕事上の報告、書類提出もあり、しばし面会時間があったが、角本主計長はまだ大尉で、司令長官に伺候できる関係ではないが、「身近に感じたよ」と言っていた。山本五十六のラバウル（ブーゲンビル島上空）での戦死はそれから一年先（昭和十八年四月十八日）になる。

間宮に話を戻す。

虎の子の給糧艦なので組織上の所属は連合艦

隊司令部直属で、艦長も歴代古株の大佐で、どちらかというと兵学校卒業成績は上位ではないが、操艦（運行）のベテランが充てられた。情報収集艦としての任務も帯びているので通信機能も高くしてあった。

一隻しかないため大事にされ、行動時には護衛の駆逐艦が付いて哨戒してくれるのはいいが、一方では都合よく使いまわしされた。ここにも日本軍のロジスティクス思想欠乏がある。定期検査や修理もあるので、同型艦は最低二隻ないと作戦上無理が来る。出来ないことでもやれとか、やれば出来るというのが大和魂（？）だった。このへんの加減がむずかしい。プレッシャーがなければ進歩はない。難しいと思われることにも挑戦する気持ちは大事である。主計畑はとくにそのプレッシャーをもろに受ける立場にあった。上級司令部はそのための仕事がやりやすい環境をつくってやること……これがロジスティクスの大事なところだろう。昭和四十年代に海軍の主計士官だった大先輩からもそんな慨嘆を聞いたことがある。

間宮の母港（主に停泊する基地）は呉とされていた。呉には呉工廠という一大海軍工廠もある。帰港すると直ちに点検整備もする。呉軍需部は現在の呉市築地一帯（川原石地区）を占有していて鉄道も引かれて広島からの鉄道省呉線を使った物資輸送に忙しかった。

母港が定まっていないと家族を住まわせる場所をどこにするかも困る。間宮は連合艦隊直属なので行動範囲も広く、出動も頻繁になった。兵員の福利厚生も戦力であり、ロジスティクスである。海軍軍人だって子供もいる。学校で勉強させなければならない。呉には海軍軍人の子弟が多く通う中学校があった。呉第一中学校（現三津田高校）、呉第二中学校（現宮原高校）には地理的な利便性もあり海軍士官の子弟が多く、留守家族が多いのに子弟たちのレベルは高かった。

間宮の要目の中には艦隊勤務者が享受できる福利厚生機能もあった。「海軍将兵から最も愛されたフネ」という間宮の伝説の中によく登場するのは「大浴場があった」とか「宴会場もあった」という話である。風呂がどのくらい広かったのか、宴会出来る小部屋はいくつあったのかなどは今ではまったく分からないが、泊地で風呂道具を持って〝間宮温泉〟へ行ったことがあると元水兵だった人に聞いたことがある。士官たちのクラス会などもできたというのはあちこちの体験記にあるが、料亭や居酒屋のように気軽に予約できたものかどうか、停泊日数も短い。間宮ではだれがその世話をするのか、宴会費などの管理はどうなっていたのかよくわからないところが多い。間宮には主計長のもとに数名の主計科士官（庶務主任、衣糧主任、掌衣糧長）もいるが、艦隊の福利厚生に応ずるにも限度があったと思われる。伝説は伝説を呼んで話がオーバーになっている部分もある。

オーバーの例が、「間宮には生きた牛も飼っていて、必要に応じて精肉を提供していた」という話である。

「牛舎があった」とは前記したとおりであるが、就役以来、活牛（生きた牛）を積んだことは一度もない、とは前出の井川一雄主計少将の回顧録の中にもあって、時代的に獣肉類は保冷設備が充実していて品質管理も問題なかった。

明治時代、実際に軍艦で牛を飼っていたことはあった。

「敵艦見ユ」の報に気合を入れる松島艦上の兵たち。抱き合う者、腕さすりする者、四股を踏む者、腹ごしらえする者など。左舷側に牛舎があるのがわかる。

戦闘開始で鎮遠が放った砲弾が松島に命中、死傷者数名とともに牛も戦死

日清戦争の戯画がある。清国戦艦鎮遠が放った三十センチ砲弾が我が連合艦隊旗艦松島の上甲板に命中、牛舎の牛二頭がモウともギューとも言わず〝戦死〟した模様が描かれている。

絵は二枚あって、一枚目には牛舎の中にホルスタイン種の牛二頭がいる。二枚目は甲板上で炸裂した砲弾と一瞬にして戦死した牛がいる。絵には「敵艦隊見ユノ信号ハ忠勇ナル下士卒覚ハズ快哉ヲ呼バシム」「鎮遠ノ三十糎弾我上甲板前部ヲ損害ス」とキャプションがある。

敵弾で倒れた牛なら仕方ないが、当時から牛舎の活牛を処理するのは海軍でも苦労した。

同じ黄海海戦でのこと、督戦（励まし）のため軍令部長樺山資紀が艦隊視察に来て西京丸という仮装巡洋艦に乗艦していた。その秘書の桜孝太郎という主計大尉が、これから牛を処分すると聞いて牛舎の近くで見ていたら、烹炊担当の主計兵がためらっている。そこで桜大尉、「どれ、俺に貸せ」とハンマーを振り上げた。

佐世保に帰港したら早くも花街に話が伝わっていて、芸妓たちが「虫も殺さぬ顔した桜、女殺しの……」と冷やかしたという。桜大尉はなかなかのハンサムで、ますますモテたらしい。後年、主計中将、主計総監になった経理学校開校の前期の猛者で、その長男桜義雄は兵科士官（兵学校五十一期）になっている。

間宮では牛舎はあっても牛を乗せたことはないということの余談になってしまった。間宮の牛舎は生野菜貯蔵や艦内生産場として活用されたことは既述のとおりである。

注：右の絵は兵五十二期長谷川栄次氏遺品資料から筆者の描き直し。

給糧艦の知られざる活動

間宮の給糧艦としての行動範囲は今次大戦での太平洋地域に集中して伝えられるところが多く、それ以前の活動実績はあまり知られていないようだ。間宮の就役が大正十三年であることは最初に書いたが、〝間宮羊羹〟として知られるころまでの空白期間はどんな行動をしていたかにふれておきたい。

海軍主計科士官たちの糧食補給に関する最大の課題は生糧品（生鮮食品）の欠乏しない支援にあった。前出の井川一雄主計少将が少佐時代に海軍経理学校季報に寄せた生糧品補給対策に関する論文（昭和十年三月刊『主計会報告』）がある。長いので要旨をまとめてみる。

「南方作戦と給糧」と題する井川論文は「かのネルソン曰く、余が最も考慮したる問題は如何に艦隊全部に生糧品を欠かしめざるかと云ふことにあった」で始まり、日清日露戦争での後方支援、とくに糧食では生鮮品の補給支援の向上策を、過去の不具合事例をあげながら

（寄稿は昭和十年のことなので）将来かならず南方作戦に遭遇すること、そのために今とるべき対策、戦備、給糧艦の有効活用、増勢の必要等を論じている。トロール船でいいから小型給糧艦に改造して充実すべし、という論が効いたのか開戦前に運送船を改造したものが数隻実現する。

筆者注：右記の改造船が冷凍食品、生糧品運搬に重点を置いた運送艦野埼（六百四十トン）であり、雑役船に糧食保管能力を増加した杵埼型運送艦（九百十トン　杵崎・早埼・白埼・荒埼）だった。早い時期に中古の貨物船を改造した運送艦鞍崎（二千三百七十一トン）もあり、現在は七隻とも「給糧艦」として類別されているが、給糧艦としての性能は限定されたものだった。

井川少佐の著述は、このあと昭和八年度の連合艦隊における各級（タイプ別）艦の生糧品保有能力の実績一覧や大阪港、関門港、台湾島を補給基地とする提言、トロール船など小型船は国内にたくさんあるが、少々改造したところでスペースは限られているのでやはり給糧艦を新造するのが急務である……と熱っぽい提言が縷々記されている。一般に主計畑の仕事は地味で控え目のように見られているが、戦争前の昭和十年前後には主計科士官たちが自分の責任範囲において懸命に海軍のロジスティクス能力の向上を訴えていたことをもっと知られてよいだろう。

井川少佐の論述は数隻の三百トン級の民間貨物船を徴用した場合の比較を例に糧食種別ごとの搭載量を詳細な数値で示し、やはり、たとえ徴用船を増勢しても戦時には役に立たない、

「新給糧艦建造こそ急務である」と説いている。間宮の価値が注目されてくるのは昭和五年ごろからである。間宮の運用方法が模索時代から脱して艦内食品製造の緒に付く時期とほぼ一致している。主計士官たちの苦労が実ってきた。

井川少佐にはもうひとつ書き遺された貴重な著述がある。井川少佐（終戦時主計少将）は戦後も長く生存できて、海軍主計科士官の機関誌『白桜』にも「間宮の思い出」という寄稿があるのを見つけた。同少将は経理学校甲種学生を卒業した昭和六年から二年間、間宮主計長として勤務したエリート主計科士官だけに戦時体験も豊かである。機関誌『白桜』からの一部を転載する。

「間宮の思い出」　　経理学校六期　井川一雄

給糧艦間宮の只記憶に残っておるままに書きたいと思います。

思うに、間宮が出来た当時として、かかる特殊の艦の建造を計画実現された方々、又この艦の運行に当られた方々、更に又、この艦の多忙で困難な任務作業を直接担当処理された諸先輩初め、艦員の方々に対してはいまも深く敬意を表している次第です。

さて、私不肖でありましたが間宮勤務（二か年）を顧み、先ず勤務一年目（昭和七年度聯合艦隊訓練）での主な思い出です。

(1)　上海への配給（上海事変）

昭和六年暮、経理学校学生から間宮主計長へ転任を命ぜられ、急遽、呉在泊中の間宮へ赴任するようにとのことで、呉に着いて見ると、間宮は上海へ向かって出港準備で糧食搭載の準備中でした。二晩徹夜で生糧品を満載し、真っ直ぐ揚子江口付近（呉淞沖）へ向かいました。呉淞沖には我が軽巡戦隊と空母等が警備に当たり、呉淞砲台と対峙しておりました。間宮は至急付近の艦船への配給を終えると上海まで遡江することになり、両岸からの銃火を冒しつつ黄埔江を遡り、上海埠頭に繋留しました。

上海陸戦隊、その他艦船への配給と陸揚げが終わると佐世保に帰港して補給積込みを行ない、終わると又上海方面へ引き返して配給を続けました。このピストン補給を数回行ないましたが、更にその合間に満蒙牛肉（冷凍）の現地購入のため、臨時に大連に回航し、その機会に奉天方面における満蒙牛の飼育状況を直接視察しました。

又上海方面部隊において脚気の徴候ありとのこと（当時はビタミンB等の不足）で間宮を山口県萩に回航して夏蜜柑を多量に購入に行ったこともありました。

筆者注：脚気の原因はビタミンB_1欠乏によるものであり、柑橘類は脚気でなく壊血病に効くビタミンCを多くふくむので、やや栄養学的な間違いがある。萩は夏蜜柑の産地。

(2)　聯合艦隊への配給

間宮は、普通は聯合艦隊訓練基地（佐伯、志布志、宿毛、油津、伊勢）を中心に配給を行なうのが例であって、艦隊の行動予定が決まると、艦長と主計長は聯合艦隊司令部に出向き、首席参謀の指示（今でも記憶に鮮明なのは当時の山口多門首席参謀の極めて懇切にして適切な指示であった）に基づき、自艦の行動予定を立て、許可を受けてその行動予定を各艦隊、戦隊に通知しました。

なお、配給泊地に於いては、配給は艦の大小に依り、小艦に対しては間宮の配給艇をもって行ない、大艦は各々その艦の舟艇で受け取りに来る建前になっていました。

また、間宮の積込み補給は主として各軍需部の非常なる尽力を煩わし、かつ必要に応じて前述のとおり主産地に回航して補充を行ないました。

(3)　艦内生産のこと

イ　生牛飼育場の話

計画としては、生牛の艦内飼育は相当具体的に設計されましたが佐野さんの話のとおり、冷凍技術の発達やその他の理由で、いわゆる生きた牛を搭載の機会はなく、牛舎は生野菜の貯蔵や荷造り場に、又屠場は各種艦内生産場として利用されました。

ロ　最中（間宮最中）

ハ　羊羹（間宮羊羹）

ニ　アイスクリーム

これらは廉価多量生産が目標で、材料、製造が正直であると兵員からも好評でありました。

ホ　生野菜取扱所の空気清浄装置

日光の当たらぬ倉庫等で長時間野菜を扱うとなると不快となるため、空気清浄装置（オゾン発生装置）を設備しましたが、日本では珍しく、設計は三菱電機㈱に発注したと記憶しております。

筆者注：昭和六年九月に起こった柳条溝事件がきっかけで満州事変へと発展し、七年三月には満州国が建国、国内外情勢も騒がしくなった。井川少佐の間宮勤務二年目の昭和八年は聯合艦隊も視野を転じて南方方面への進出のための訓練、諸準備に忙しくなったようである。

私（井川）の間宮勤務第二年のことを記します。昭和八年は聯合艦隊が南洋群島を根拠地としての訓練を行なう計画があり、生糧品の補給・配給の関係上、間宮主計長を更にもう一年勤続のこととなりました。勿論、艦隊が内地訓練の時期には、例年どおりの計画で配給を行ないましたが、南洋群島における補給・配給については、艦隊の訓練泊地（パラオ等）に於いて艦隊の腹が空いたときに間宮がその泊地に着いて配給を行ない、その後間宮はその位置に留まって、また艦隊の腹が空いたころ内地からその泊地へ小型冷蔵船（日本生産㈱、林兼㈱所属）の来航を待つというものでした。

この小型冷蔵船は四隻を以て一船団とし、一週間くらいの間隔を置いて間宮の泊地に来航する計画でした。勿論これは専門家の慎重な立案に依るものですが、当時のことであり、予定の時期に無事到着してくれるかと随分取り越し苦労をしたのを覚えております。

以上、甚だ意を尽くさない話となりましたが、顧みますと、私が間宮在任中、軍需局から、将来間宮の代替艦を建造する場合の建造案を提出する様にとのことで、簡単乍ら一案を出しておきました。その後たまたま軍需局に転任しましたが、その頃間宮の代艦建造が確定して、関係会議に出席したり、又関係の方々と共に、東京湾在泊の、内外の新式船舶を見て回ったことを思い出します。

そして、立派な第二代給糧艦「伊良湖」が建造され、間宮、伊良湖とも今次大戦に於いて非常に重視された〝補給〟という任務に服し乍ら、遂に両艦とも南海に沈んだことを深く深く追憶しております。

以上

戦後七十五年たった現在、海軍のこと、とくに艦艇のことは歴史というより伝説化して伝えられるものが少なくない。近年、関心が高くなった間宮がその一つである。「お菓子を作って喜ばれていたフネ」というだけでは当時の関係者の労に報いが足りない。もっと奥の深いロジスティクス理念がそこにあった――というと難しくなりそうだが、努めてわかりやすく筆を進めていきたい。

「もっと造れ！」給糧艦の評価急上昇

日清日露戦争の戦訓から兵站（後方支援、ロジスティクス）強化策のうちの急務として糧食補給艦の建造を、という海軍主計畑の識者の訴えがなかなか届かず、軍令部、軍政部ともに強固な艦艇の増勢こそ海上勢力の増勢になるというのが時代の趨勢だった。

それが、ワシントン軍縮会議（大正十年十一月十一日～十一年二月六日）の予期せぬ結果から主力艦が大きく制約を受けることになり、条約に関係ない特務艦として間宮が誕生したことは前記したとおりである。

「そんなもの造ってどうするのか」「運ぶのなら運送船を徴用すれば間に合う」と言ってい

た兵科士官たちが、出来てみると、「なかなかいいじゃないか」「もっと造ってもいいのじゃないか」と認識が変わるのは昭和五、六年からではないかと思う。就役した大正十三年から昭和四年ごろまでは給糧艦の運用について暗中模索なところがあったが、空白期間ではなく、主計科士官たちが必至でその活用について取り組んでいた。就役時の区画見取図のとおり、まだ艦内生産場もなかった。

兵食のあるべき姿→栄養があって、うまいもの→鮮度のいい食材が両条件を充たす→冷蔵冷凍した生獣肉・魚肉、野菜を供給→保冷装置のある大型の補給艦を建造する。

目標とする結論を先に設定してその対策をする——こういう思考過程は明治初期（十一年～十五年）の海軍軍医高木兼寛の問題解決法に似ている。高木がイギリス留学から帰国したとき陸海軍で蔓延している脚気対策として取った考え方もそうだった。西洋人にない脚気は日本人独特の何かが原因していると考え、行きついたところが「食事の改善」だった。ドイツ流医学に倣《なら》っていた陸軍の〝脚気対策〟は最初から違う。「やまい（病気）は細菌に由る」というコッホやパスツールの病理論のはき違えか、陸軍は最後まで「麦メシで脚気衝心が治るのなら馬のションベンを飲んでも効くはず」と細菌主因論に固執し、兵舎の換気装置を付け替えたり、衣類、寝具の消毒を強化したりした。臨床医学（試行錯誤しながら病因を究明していく治療法）といわれる英国流医学の勝利だった。

余談であるが、のちに陸軍軍医総監の地位にも就く森林太郎（鷗外）はドイツ留学中、立派な「兵食論」を書いている。未完で終わっているが、数十年前神田の古書店でこの大書を見つけて拾い読みした。森鷗外は「兵食は如何にあるべきか」をよく理解していたと思う。脚気論も陸軍の医学閥、人脈が災いして鷗外のせいにされたようである。巻き添えを食ったのが自分でもよく分かっていたのか鷗外は晩年脚気については一切ふれていない。もともと祖父の津和野藩藩医森白仙は参勤交代に遅れて江戸からの帰途、鈴鹿の土山で江戸患い（脚気）で死んでいるから鷗外にとっては脚気は親の仇ならぬ祖父の仇でもあったはずだ。

それはさておき、間宮の活動を知って兵科士官たちの給糧艦に対する理解が変わったのはもっと単純なものだったのかもしれない。その一つは「間宮が来れば甘味品まで手に入る——兵の士気が揚がる」と……。そういう先を読んだのが主計側で、「菓子を配れば頭の堅い兵科士官たちも給糧艦を見直すかもしれない」……そういうことだったのかもしれない。

前記の井川元主計少将の回顧録では、昭和六年末に間宮主計長として発令され、二年間勤務して忙しい実務に就いたとある。文を読む限りすでに「間宮最中」「間宮羊羹」「アイスクリーム」があったように書いてあるので、「間宮羊羹」も井川少佐が着任する昭和六年末以前から艦内生産が始まっていたと考えられる。

羊羹は最初から作っていたものではなく、それ以前に簡単ないくつかの菓子類（大福、饅頭など日持ちしない和菓子）を作っているうちに羊羹製造を考えついたというのが自然のような気がする。これもイギリス式思考過程で、「兵員には菓子が喜ばれる」→「艦隊の士気が高まる」→「それなら菓子を増やそう」→「傷みやすいから沢山は造れない」→「保存の利く甘味品にすればいい」→「羊羹ならその要求を充たすはずだ」→「和菓子の専門職人を

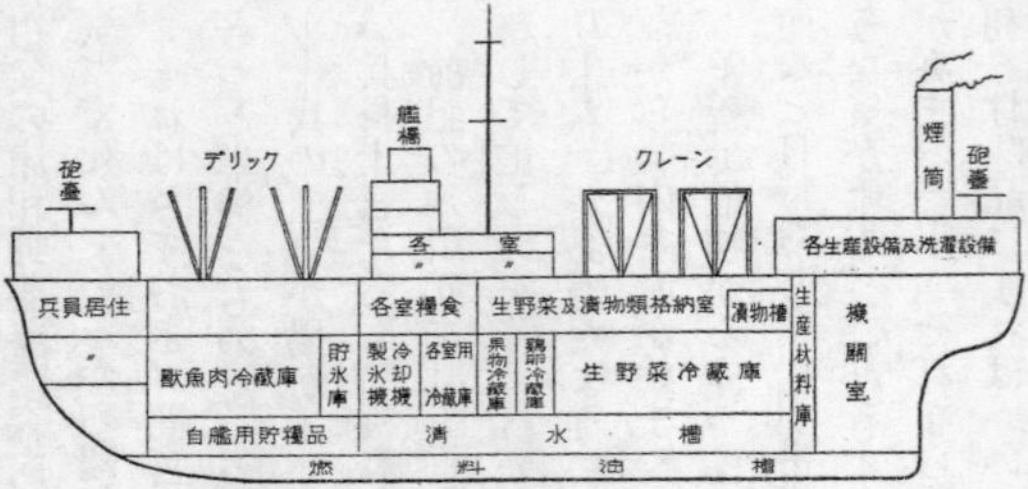

次期給糧艦の必須要目（主計部門の要望図）

雇おう」……大げさであるがこれも海軍式問題解決法に倣っている。

大げさになったが、そういう考え方で羊羹製造も始まったのではないか。しかし、戦争になると羊羹づくりの大きな障害に直面することになった。その顛末は第三章「間宮羊羹」で述べる。

図は、前出の『主計会報告』紙上で研究論文として「新給糧艦の建造の急務」を訴えた井川一雄少佐による「小型でいいからもっと給糧艦を」という主張に添えられた新造艦の見取図である。

トン数もその他の運動要目も記されていないが、糧食補給艦としての最小限不可欠の機能を示してある。間宮の二番艦として昭和十六年十二月五日に竣工した伊良湖にはかなり井川少佐の意見が反映されているとみてよい。対米英開戦となった二日後の十二月八日の真珠湾攻撃の三日前の就役というところに建造がいかに急いだものだったかがわかる。

二番艦伊良湖が昭和十三年度計画として川崎重工業で着工されるまでまだ解決すべきいくつかの問題もあったが、間宮を建造した川崎造船所が拡大されて、同社系列で昭和十四年に社名変更した川崎重工業㈱で着工されたのは二番艦誕生に幸いだったと考えられる。

『お菓子が戦地にやってきた～海軍のアイドル・給糧艦「間宮」～』

ＮＨＫ番組『歴史秘話ヒストリア』のシリーズの一つとして制作された『お菓子が戦地にやってきた～海軍のアイドル・給糧艦「間宮」～』（ＮＨＫプラネット㈱中国／ＮＨＫ大阪放送局）が平成二十七年十二月二日に全国放送された。番組制作にかかわった者の立場からではあるが、ドラマ仕立ての部分や当時（戦争中）の国内食糧事情、海軍の生活もよく描かれており、さらに間宮生存者へのインタビューもあって、本稿冒頭の呉海軍墓地での私のご遺族との面会や取材とも合うところがある。

しかし、あのテレビ番組が製作されたのは平成二十七年であり、すでに四年を経ているので間宮で軍属として勤務していたという人たちはその後どうなったか確認できないままになっている。

番組のストーリーを簡単に記すと、〝太平洋戦争〟での南方前線の艦隊へ糧食を運んだ給糧艦間宮の活動を描いたもので、『歴史秘話ヒストリア』というシリーズだけに今では事実がよくわからない〝秘話〟が紹介されている。

間宮と言えば羊羹というくらい伝説的になっているが、艦隊においしいものを届けたいという乗組員たちの熱意と奮闘、間宮が南方泊地に姿を見せたときの艦隊乗員の喜び、お菓子が支給されたときの嬉々とした姿を生存者の証言を織り込んでの四十五分番組だった。

読者から贈られたNHK番組の保存版DVDのジャケット（読者作成）。右上に「高森直史監修」とある

この二年前の平成二十五年五月に同じシリーズで放送されて反響が大きかった『幻の巨大潜水艦 伊400日本海軍の極秘プロジェクトの真実』の実績から企画を温めていたと担当ディレクター原克肇氏から聞いた。かなり事前勉強していることも伺われ、話が進めやすかった。ディレクターのしっかりした制作意図が感じられ、戦争の一部で国家に尽くしたこのような民間人たちの深奥が垣間見えた番組だったと私は感じた。

メディアがすべてそういうものでもない。最近のこと、東京の某大手テレビ局から、海軍に関係させた料理名の由来番組を作るという相談があった。ところが担当の女性スタッフは海軍の予備知識ゼロ（？）。巡洋艦鬼怒が読めないらしく「巡洋艦オニでは……」と言ったり、艦艇はすべて「センカン」（戦艦）だと思っているらしく、何度指摘しても三千二百トンの軽巡洋艦龍田を「戦艦龍田……」と三日たっても称したり、明治時代と昭和の戦争末期の海軍を混同、海軍では一度に大量に料理できる揚物が多かった、とか実態と違う筋書きにしているので、「もう少し勉強してからにして」と言ったらそれっきりプッツンだった。

注：動揺の多い海上での油料理は危険であり、安全な蒸気釜を使う煮物料理が多かった。

NHK番組『お菓子が戦地に……』が放送されると、私のもとにも視聴した知人友人等からたくさん所感が寄せられた。

「間宮勤務こそなかったが、乗り甲斐のあるフネだったと聞いている」（元海軍主計員）
「海軍の苦労もよく分かった。後方支援の大切さがよく描かれていた」（元陸自隊員）
「日本人独特の創意工夫が海軍にあったことを学んだ」（六十代の民間人男性）
「洋上のお菓子工場！　多種類のお菓子が生産されていたのに驚きです」（年齢不明女性）
「お菓子はたしかに元気のもとです。戦地にスイーツ……いいですね」（四十代の女性）

その四日くらい後の中国新聞「読者の広場」欄に、「間宮羊羹の記憶は今でも鮮明である。戦争中転任で南方へ移動するとき間宮に便乗した。行く前から同僚が〈間宮に乗れば羊羹が食えるぞ〉と羨ましがられた。間宮での一週間の艦内生活で美味しい間宮羊羹を数回食べた。羊羹を見ると間宮を思い出す」元海軍下士官兵だったと思われる東広島在住の高齢者の投稿だった。多くの人が〝いつでも羊羹が食べられる平和の尊さ〟を述べていた。このへんはいかにも広島らしい。

電話によるものもあり、紹介しきれないが、なかにつぎのようなハガキが一枚あった。貴重な感想なので抜粋して転載する。

「歴史秘話ヒストリアを感動を持って観ました。実は私の後輩が間宮で戦死しています。私は後輩への慰霊の気持もあって戦後一切羊羹、モナカなどは口にしないでいます。今もそうです」（元海軍経理学校第三十二期、十七年十一月卒、M・O氏）

このM・O氏とは知己を得てから十五年以上たっていたが、後輩が間宮で戦死したことは聞いていなかった。この葉書を貰った半年後に、M・O氏は亡くなられた（享年九十二）。葉書の文面から一期か二期下の経理学校卒主計士官だったように想像できる。間宮には短期現役海軍士官（一般に短現と称される）として採用された若い中尉、少尉も数名いた。短現主計士官だったかもしれない。

注：海軍経理学校を最後に卒業した生徒は第三十五期（昭和十七年十二月入校、昭和二十年三月卒業）で、海軍兵学校第七十四期生徒、海軍機関学校第五十五期と並び（コレスポンド、略してコレスという）になる。

短現は難関を突破して採用される社会人第一歩のエリートであり、最初から海軍中尉として条件付任用され、予備役になるという前提だったが、戦局から後年（十期から）任用が「海軍少尉」からに変更された。

間宮羊羹には海軍関係者の執念が籠っていた……と言うのはオーバーかもしれないが、間宮の艦内製造スイーツは命を懸けたものだったことも知っておいていいようである。それこそ「歴史秘話ヒストリア」かもしれない。

ＮＨＫ番組の舞台となるのはほとんど戦争中の日本本土と南方の前線泊地の直線的行動での出来事が軸になっている。正味四十三分のドラマ仕立てなので前記した就役から戦争に至るころまでのエピソードなどを織り込む余地はもともとないが、根拠のあるデータも駆使され、前記の視聴者の感想のとおり海軍の福利厚生を考えた後方支援（ロジスティクス）の一面がよく描かれていたと私は感じた。海に投げ出されて、九死に一生を得て生還した元軍属の菓子職人への取材では同輩たちへの哀悼の念が語られていた。私もM・O氏の感慨を聞いて、羊羹も慎んで食べる気持ちが沸いた。

番組の後半は〝海軍のアイドル艦〟間宮の過密な行動、台風との遭遇、米軍による数回の攻撃、最終段階は米潜水艦の魚雷攻撃で沈没する間宮……最後は呉海軍墓地の間宮戦没者慰霊碑の状景で結びとなる。

気をつけて観ていたら、慰霊碑の裏面の壁を一匹の大きな青大将が這い登っているのに気づいた。ほんの三秒程度……放送後ディレクターにそのことも言ったら、撮影中も編集中もまったく気づかなかったとのことだったが、クネクネと這い上る大きなヘビが船足の遅い間宮の、それこそ蛇行運動を象徴しているようだった。二、三の友人からも「壁になにか黒いものがあると見ていたら動き出したのでびっくりした。むしろ印象に残る終幕だった」というメールをもらった。「ヘビも演出だろうか」と私に訊く友人までいた。

主計科士官の憧れの配置

「間宮戦没者とはどのような人たちだったのか」の項で、昭和五十年十月十一日発行の『週刊読売』特別記事『連合艦隊全員から最も愛された給糧艦「間宮」の寂しい最期』からサワリ部分を紹介したが、記事内容が充実しており、発行された昭和五十年といえば取材で得た海軍関係者の話もまだ記憶が鮮明な時期だったと思われる。

登場する海軍士官の多くは海上自衛隊勤務で私が実際に仕えた人も多い。もう少し週刊誌から引用しながら先へ進める。現場体験者の記憶には思い込みや錯誤もあるのが常であり、既述した部分と異なる箇所がいくつかあるが、それはそれとして私が海軍関係者から直接聞いた話などを織り込んで文を構成する。

「そりゃ、嬉しかったよ。給糧艦主計長と言えばボクら経理学校出身者の最大の希望配置だったからね」

そう話してくれたのは海軍経理学校第二十八期の石踊幸雄元海軍大尉。このクラスは昭和十一年四月一日入学、十四年七月二十五日卒業で、兵学校の六十七期とコレスになる多くの実戦を体験した年代になる。この人には私が昭和三十六年から一年間、江田島の第一術科学校補給科教官のとき上司の科長教官として仕えた。「石踊というお名前は珍しいですね」と訊くと、鹿児島出身の科長は、「桜島の噴火で石でも飛んできた場所だったのだろうね」と冗談まじりに出自を説明してくれた。鹿児島にも主計士官に進んだ人が多い。

石踊氏（元海将補）は十八年夏に大尉進級とともに給糧艦二番艦の伊良湖主計長に任ぜられたが、それ以前から間宮勤務が夢だった。「イシヲドリユキオ イラコシュケイチョウ」と発令電報を見たときの喜びには変わりなく、クラスの皆からも祝福を受けたという。

『週刊読売』にも前出の短現主計士官の、経理学校での任用教育を修了して間宮乗り組みを伝えられたときの模様が記されている。

十八年二月、短現九期の任官したばかりの若い中尉たち（宮崎虎雄、谷口直行、藤井正次各海軍主計中尉）の三人。宮崎氏は取材者瀬戸雄三氏にこう答えている。

「一月末、経理学校講堂で主任指導官から、それぞれの任地が口達されるのですが、われわれ三人の〝間宮〟乗り組みが発表されると一瞬ワーッという声が湧きました。間宮といえば主計のアイドル。私自身も身が引き締まる思いでしたね」

三人は勇躍して憧れの給糧艦に乗り込んだ。

間宮乗り組み士官には主計兵からたたき上げの特務士官も数名いて、それも〝できブツ〟（筆者注：仕事ができる老練者？）ばかり集めた（元主計長松原英三氏談）という人材ぞろいだった。短現出身の若い中尉たちには〝おじさん〟のような特務士官（主に兵曹長、少尉）がたいへん頼り甲斐になった。

しかし、三人のうち藤井中尉は、どのときの戦闘被害（三回受けている）か記載がないが戦死している。

短期現役主計士官といえば、慶應義塾大学塾長だった小泉信三氏が私家本として長男信吉氏と交わした手紙をもとに編纂した『海軍主計大尉小泉信吉』（文藝春秋社、昭和四十一年刊）にも慶應卒業前に受験したあと三菱銀行に入行した二ヵ月後に海軍に入った小泉信吉海軍中尉（短現第九期）の生涯や艦内勤務の模様が詳しく記されている。

軍艦那智勤務を経て、特設砲艦兼敷設艦八海山丸の庶務主任としての勤務を最後に戦死（昭和十八年十月二十二日）した様子は当時の南方戦線の模様がよくわかる。

海軍主計科士官になるのは、海軍経理学校を修了するのがもっとも本道（？）であるが、ほかにも前記の二年現役主計士官（短現）や下士官から選抜され兵曹長をへて特務少尉となる道もある。兵曹長はすでに士官待遇で、日常生活する部屋も食事も違ってくる。

経理学校出身者は四年間あるいは三年間の在校中に卒業後はどのような配置に就いてどういう仕事をするか詳しく知得している。経理学校は前身が会計学舎、主計学舎、主計学校とも称していた時期があるように、もともと大蔵省の主計官のような財政管理、会計管理を海軍で育成するという目的で設置された（明治七年）のを発足とする。主計学校へ行けば全員会計官吏になれるという誤解もあったようだ。

その後、紆余曲折があるが、明治四十二年に海軍経理学校として組織が新編されたことは前に少しふれた。会計経理だけでなく、海軍の運営に必要な物品管理、食事管理も所掌範疇に入り主計の下士官・兵の専門術科教育機関にもなった。

石踊幸雄科長のもとで勤務しているとき「高森君、こよりの作り方を教えてやろう」と薄い和紙を割いて瞬く間に二十五センチくらいの長さの紙こより（紙縒り）を作ってみせてくれた。ごく細く、竹串のように固く見える。両手の指を同じように動かすのがポイントらしいがやってみると難しい。片端一センチくらいは開いたままにしてあった。

「経理学校では紙縒りの作り方まで教わった」と、紙綴じ器のない時代の文書整理、報告書作成は紙こよりを使うため、こより作りは主計長が取得する常識的手芸だったらしい。石踊二佐からは千枚通しの使い方も教わった。

「千枚まではいかんでも百枚くらいはまっすぐ（直角に、の意味？）に穴を開けないとこよ

配置（発令年月日）	階級（任官年月日）	号俸（昇給年月日）	氏名（生年月日（満才））	学歴	入隊年月日 期別	部内課程	特技 免状	精勤章（年月日）	記事
補給 (42.4.13)	1曹 (31.2.16)	14 (42.10.1)	鄭 三馬 T12.1.2 (44)	高校4退	26.8.13 7期横教		中級補給	8 (42.4.1)	調理師
経理 (41.2.4)	1曹 (37.7.1)	10 (42.7.1)	阿佐美大 S7.9.19 (35)	新中卒	27.5.9 E 准	9高経理	上級経理	6 (41.10.1)	
補給 (42.6.5)	2曹 (36.7.1)	10 (42.7.1)	芳村幸生 S11.5.25 (31)	新中卒	28.8.10 6期呉教	10高補給	上級補給	4 (41.4.1)	
衛生 (40.12.20)	2曹 (37.7.1)	9 (42.4.1)	阪村康男 S10.4.14 (32)	新中卒	28.10.1 7期舞教	11高衛生	上級衛生	5 (42.10.1)	普自免
庶務 (42.12.25)	2曹 (42.1.1)	6 (42.7.1)	宮川秀清 S11.7.5 (31)	新高卒	32.5.15 25期呉教	17高経理	上級経理	3 (42.4.1)	大自免
調理 (42.8.2)	2曹 (42.8.1)	9 (42.10.1)	油布治喜 S11.2.15 (31)	新高卒	30.10.13 17期舞教	14高補給	上級補給	3 (42.4.1)	調理師
調理 (42.12.20)	3曹 (35.7.1)	10 (42.10.1)	末光 [illegible] S6.12.13 (36)	新高卒	30.1.10 11期舞教	29高補給	中級補給	3 (42.4.1)	

海軍式教育は海上自衛隊初期にも受け継がれた。孔版印刷による総員名簿の一部（すべて手書き）

りで綴じたあと不細工になる」とも言っていた。几帳面な仕事が大事だった。

　複写機がない時代のガリ版切り（孔版印刷専用のロウ紙と鉄筆を使う文字書き込み＝原理はエジソンの考案によるらしい）、謄写版印刷も体験する。ソロバンも必須だったが、〝読み書きそろばん〟は尋常小学校、高等小学校で修得しているのでいまさらというほどのこともなく、教養程度の教務（授業）で、実部隊は実務に通じた庶務の下士官たちがやるので主計科士官としての基礎知識ではあった。

　経理学校出身者は学校で広範囲な術科（海軍なのに履修科目に「馬術」まであった）を習うから実務部隊に行って戸惑うことはあまりないが、短現のように三ヵ月程度の促成栽培で主計士官の仕事に就くには経験が不足している。経理学校入校者でも糧食管理まで勉強するとは思っていなかった生徒が多かった。

兵食管理の大事は知りながらも進んで糧食研究をする主計士官が少なかったのも事実のようで、瀬間喬氏でさえ「海軍に入って生魚にさわったり、缶詰をいじくったりするとは思いもしなかった」とボヤキを書いているくらいである。

ある経理学校出身の主計士官は「自分は料理や食事のこととなるとまったくわからないので、駆逐艦の主計長のときも烹炊員（給食担当者）のやることに口を出したことはない。全部任せていた」と述懐していた。烹炊も立派な術科であるが特殊な技術がありすぎる。何も知らない上司に口を出されてはメシの支度が間に合わない。そのほうがよかったのだろう。

食べ物を扱う給糧艦で勤務したいという希望者が主計科士官に多かったというのは理屈が合わないところもある。戦局が厳しくなった時代で、どうせ自分も戦死するのなら海軍主計士官として給糧艦で死ねたら本懐……そう想うくらい戦局も逼迫しつつあった。

経理学校で初めて海軍入隊講習（補修学生）を受ける短現士官たちも、当然、間宮がどういう任務のフネか予備知識はある。乗って勤務すれば食べ物を扱う仕事が多いことも聞いている。それを知って給糧艦勤務熱望者が圧倒的多数を占めていたというのはエリートだからこそ任務の重大さを理解していたのだろうと思う。

とくに短現主計士官は学術知識も高く、エリート集団なので艦艇勤務を発令され、着任してから主計科士官配置（経理、庶務、物品管理、糧食管理等の主任等）を知る（配置指定と言い、部隊の長の権限）という具合だった。銀行員だった小泉信吉中尉が軍艦那智に勤務することになり、持ち前の旺盛な好奇心と研究心、なにごとにもプラス思考、艦内では食事作りまで手伝ったりするのは、逆に優れた人柄だったから出来ることだったのだろう。「ノブレス・オブリージュ」とはこういう人を言うのだろうと私は思っている。『海軍主計大尉小泉信吉』にも家庭環境から育ちの良さを彷彿とさせる海軍での愉快な体験（毒魚の話など）がユーモラスに語られている。短現士官にはこういう人が多かった。後述する京大出身の高戸顕隆主計大尉（短現八期）も、主計士官になった以上は与えられた仕事はなんでもこなすという意志の持ち主だったようである。

私が海上自衛隊幹部学校の高級課程学生当時（昭和五十七年）には元海軍の名の知られた人も講師として市谷の幹部学校に来ることがあった。昭和十九年から海軍省人事局勤務をした末国正雄氏（兵学校五十二期）もその一人で、講義では短現の人事にふれた内容もあった。「一般大学を出て銀行や大企業に暫《しばら》くいて短現として入ってくるんだけど、三、四ヵ月の補習教育しか受けていない者の任官直後の補任（人事発令の選考）で、海軍士官として使いモノになるのかなぁと心配したけど、着任後の部隊評価はどれもよく、みな立派なものでしたよ。やはりソース（出自？）と海軍の教育方法がよかったのだと思いました」

こういう主旨だったと覚えている。私は幹部学校学生前の配置が海幕人事課補任班員だったので、末国氏の話はことさらよく覚えている。海軍の人事管理システムは実によくできていて、その下地になる人事資料の管理法も現在の海上自衛隊に多分に継承されている。

一例をあげると、補任班員は幹部自衛官の個人別勤務評定記録は仕事としてしばしば見ることになるが、自分や班員（課員）の評定記録は絶対に閲覧できないようになっている。人事課長でさえ自分の記録は見ることができない（見たい人はいないはずだが）。

では、だれが、どこで管理しているのか、これ以上は書けないが、海軍時代からの管理方法だと聞いていた。海上自衛隊でも、人事管理のもとになるその個人別評定記録も海軍時代のやり方で最大限有効に生かされていると私はいまでも思っている。

短現の主計士官たちも経理学校の補修学生時期から給糧艦で勤務したいという希望者が多かったこと、人事の優れた個人管理を書き添えたくてすこし余分なことを書いた。

余談ついでに短現主計士官の三ヵ月間の促成培養教育にはどんな科目があったのか第十期（昭和十九年組）を例にとってみる。履修は（約二ヵ月）と二期（二ヵ月）に分かれるが、ここでは混合して掲示する（出典は市場揚一郎著『短現の研究』新潮社、一九八七年）。

一般科目　軍政　兵学　砲術　運用　工学　体技（相撲）カッター
専門科目　会計法　軍需品学　金銭経理　物品経理　庶務　作戦給養
短い教育期間に多彩なメニューでとくに「訓育」に多くの時間を充てている。馬術こそないが、一応「カッター」も訓育科目の一つとしてあった。カッターなら経理学校のすぐ前が墨田川で何度か漕いだ。訓育の中身は多種で、剣道、柔道も訓育科目となっているから実技のクッションだったのだろう。相撲は海軍全般で盛んだった。海軍士官としての経験的科目体験といったところだろうが、部隊へ行っても少しは通用する。

兵学校、機関学校出身者も本チャンというが、いきなり中尉になって（昭和十三年十二月が第一期の卒業）なにができるか、と軽く見る本チャンもいたらしいが、接しているうちに見直すようになったという。

短現最後のクラスとなった十二期（昭和二十年四月入校、六月末修業）の國松久男氏とはつい近年も親しく交流したが、平成二十八年十一月に東京の水交会本部で会ったとき國松氏から「海軍経理学校の本チャン（本科生徒の俗称）たちは次々と築地から分散教育にされてしまった中、短現には最後まで築地本校を使わせてくれた。私たちはいまもそのことに海軍の良さが感じられるんです」と海軍の処置に感謝していた。

経理学校生徒のカッター訓練（昭和13年ごろの豊洲橋付近）

注：短現の教育場を最後まで築地にしたのはほかの理由もあるのかもしれない。

昭和十六年十二月の〝太平洋戦争突入以降経理学校生徒要員補充のため品川分校を皮切りに各地に分校が出来た。浜松分校、垂水分校、二十年三月には橿原分校も出来た。空襲で焼けた品川分校の生徒は関西学院の校舎を使うことになり、戦艦大和の最期となる出撃前に配乗発令された経理学校卒業生（第三十五期）のうちの三十五名は西宮から陸路移動で呉まで来ている。沖縄特攻出撃で最期となる大和、矢矧に乗艦した少尉

勝鬨橋北詰に建つ海軍経理学校碑

候補生たちが三田尻泊地で下ろされ、戦死を免れた話とも絡むが、ここでは割愛する。

前記の短現クラスは補修課程修了後の実部隊勤務は二ヵ月にも足りないうちに二十年八月十五日を迎えた。國松氏は鹿屋航空場（九州海軍航空隊）司令部秘書班で庶務主任に就いていたが、そのときの航空隊主計長（主計長は秘書班所属）が元間宮主計長でもあった角本国蔵少佐だった。

本チャンである経理学校出身の角本少佐はホヤホヤ少尉の國松久男主計少尉ほか数名をことのほか温かく接してくれたという。部隊解散までのわずか数ヵ月でできたその親縁は平成七年まで五十年以上つづき、短現主計十二期のクラス会には角本氏をいつも招待していたという。角本氏も國松氏も亡きいまでも残しておきたい、いい話である。

主計科士官は経理学校出ばかりではないこと、とくに若い短期現役主計士官たちも給糧艦に乗りたかったこと、実際に乗艦者もいたことを言いたくて美談めいたことを添えた。

勝鬨橋（築地）南詰たもとに「海軍経理学校碑」という大きな石碑があり、「浴恩会建立」を刻まれている。浴恩会とは経理学校の前身である会計学舎がもと徳川家庭園だった芝の浴恩園にちなんだもので、経理学校で学んだ生徒、学生（短現も）から成る同窓会である。碑は昭和五十一年建立。写真の背後の建物は近年、東京都が設立した勝鬨橋資料館。経理学校碑は中央区の歴史的モニュメントではあるが訪れる者は少ない。近くのがんセンター構内には海軍兵学寮の碑もある。

間宮の歴代主計長は、当然本チャンである経理学校出身者だったと思われるが、確かな資料はない。私の手元にある雑多な資料などをもとにわかるだけ挙名してみた。

給糧艦間宮歴代主計長（抜粋）

井川一雄主計少佐（経六期）　昭和六年十二月〜八年十二月

（井川少佐の前及びそのあと松原中佐までの主計長名は不明瞭のため割愛）

松原英三主計中佐（経十二期）　昭和十六年九月〜十七年九月

角本国蔵主計大尉（経二十三期）　昭和十七年九月〜十八年五月三十日

東海村正治主計大尉（経二十三期）　昭和十八年六月一日〜十九年二月十四日

賀谷卓一主計大尉（経二十五期）　昭和十九年二月十五日〜八月五日

吉野　譲主計大尉（経二十九期）　昭和十九年八月六日〜十九年十二月二十一日（戦死）

松原中佐以降、戦時の一年足らずで目まぐるしく交替する主計長の配置であるが、主計士官としては本望だったと思いたい。とくに間宮とともに命を捧げた最後の主計長吉野大尉には哀悼の念を捧げる。

間宮の活動実績

平均時速十〜十二ノット（十八〜二十二キロ）の、ママチャリ（最近はあまり流行らない用語だが）よりも少しマシな船足で間宮はよく動いた。昭和十六年の開戦直前（三日前）に給糧艦二番艦伊良湖が竣工して戦力に加わったものの、依然として間宮は不動の地位にあった。伊良湖のこともふれることになるが、まず、間宮の行動実績をまとめてみる。ただし、特務艦の宿命か、戦記史料でも不明なところが多く、とくに十九年六月以降の詳細な記録はないらしい。前記の主計長の交代歴を見ても、賀谷大尉と吉野大尉はどこで交替したのかもわからない。戦争末期のこと、後任者の到着を待って申継ぎをして前任者は退艦するというものではなかったかもしれない。

給糧艦主計長の糧食管理に関する任務は一人で采配しなくても艦内主計科の組織が盤石でありチームワークがとれているので、一日や二日不在にしても頼りになる主任クラスの主計科士官やベテランの下士官が多いので任せられるという融通性はあった。

太平洋戦争（十六年十二月八日の真珠湾攻撃を契機とする対ＡＢＣＤ戦）への突入で糧食運送艦（給糧艦）の必要性がさらに増加した。「ホレ、前から言っていたとおりだろ」とは主計士官たちは言わないまでも、大正三年ごろから後方支援としての給糧艦の価値を訴えても真剣に聞く耳を持たなかった海軍部内の空気に風穴を開けてやった思いがした。東西のロジスティクス思想の違いで、この時期、米海軍には約九十隻の大型補給艦建造が進められていた。実際に、一九四一年（昭和十六年）の対日開戦時にはその数を保有し太平洋艦隊のロジスティクスを支えていた。米軍は糧食不足で難渋することはなかった。

昭和11年に撮られた（場所不明）間宮の活躍が感じられる艦体写真。まだ南方方面への活動前であるが、行動直後かかなり疲れて寄港したように見える

前出の『短現の研究』の著者市場揚一郎氏も先人の言葉を借りて、

「戦争で兵站を軽んじる側に勝利の訪れることはまれである」

「太平洋戦争では日本陸海軍双方とも程度の差こそあれ兵站の思想に欠如していた。また、兵站を重視していたら、米国の三分の一しかない生産力をバックにして戦争を挑むこともなかったであろう。戦況が悪化するにつれ、戦線で切実な問題になってきたのは食糧の確保だった。腹が減っては戦は出来ぬ、のとおりである」

と記している。

間宮は糧食を供給するために実によく奔走した。糧食補給だけではない。海軍将兵の士気が上がることならなんでもした。国民から託される慰問品はなんでも預かった。艦隊のアイドルと言われる由縁もこういうところにあった。

戦艦大和や武蔵を「不沈戦艦」と呼んだりしたのは願望的な意味もあるが、同じ尊称めいた呼び方は大英帝国のプリンス・オブ・ウェールズとかドイツのビスマルク、アメリカのアリゾナ級戦艦にもそれぞれの自国で使われたようである。「間宮は大丈夫。守ってくれるフネがあるから」と言われて安心したという軍属もいた。

多いときは二百名も乗艦していたという軍属の間宮勤務のきっかけはいろいろあるのだろうが、戦争でいつ徴募の声がかかるかわからない、陸軍の徴兵になるくらいなら海軍軍属がいい、とか、海軍なら料理、理髪、洗濯など身に付けた技術の腕を振るうことができる、とか、ようするに、リスクはあるが給与もいいし、海軍が好きだからという理由で間宮との縁が出来たと考えていいようだ。ほかのフネを希望したが間宮に回されたというのはないと想像する。戦闘艦でないところに安心感もあったのではないだろうか。

守ってくれるフネがいる、というのはウソではない。護衛駆逐艦などは「虎の子の給糧艦を沈められてはならない」と艦長たちも護衛に全力を尽くした。米潜による被害（昭和十八年十月）では数日かかる離れた海域から救援に向かおうとした巡洋艦もあった。

海軍研究者で、長崎県主任学芸員の齋藤義朗氏はＮＨＫの番組づくりでスタッフに同行して愛媛にも行っているが、間宮から生還できた軍属の人からも、「間宮なら大丈夫、という安心感もあって艦内での菓子作りに専念できた。まさか沈んで海で泳ぐことになるとは思ってもいなかったが、それでもかならず助けが来ると信じていた」と聞いたという。

行動中はつねに護衛の駆逐艦が付くが油断はならない。片道七日から十日、トラック島泊地で糧食等を配り、十日から十四日間泊地にいて艦隊支援任務を果たし、本土（多くは呉、佐世保）に帰る。一回往復一ヵ月を要する。修理する時間もほとんどないくらいの無休状態だった。しかし、角本主計少佐が言うように「海軍時代でいちばん張り合いがあった」というのも誇張ではなさそうだ。艦隊泊地に着くか着かないときに糧食や甘味品を貰いに我を争って群がってくる連合艦隊各艦の内火艇、風呂道具を抱えて乗り込んでくる若い水兵たち、順番待ちの娯楽施設利用者……それを見ると間宮勤務冥利を感じたという。「どうりで、内地にいるとき佐世保などに入港すると駆逐艦などの主計長がワシのところに挨拶にくるのがわかった」とも自著に書いてある。

角本氏はわずか九ヵ月の間宮主計長だったが、時局は緊迫、超多忙な毎日だったという。その中でも強い想い出は、十八年の三月、呉出港間際に滋賀県の国防婦人会から「南方では桜もご覧になれないでしょうから」といってひとかかえの桜の蕾のついた枝を託されたことだという。委託品は何でも預かるという主計科の方針ではあるが、さて困ったらしい。とりあえず冷蔵庫に保管してトラック島に着いた十一日目に冷蔵庫から出して上甲板に持って行ったら、数分経たないうちに蕾が開き始めたという。

「あれには感動したなァ……」

昭和三十八年三月末、第一術科学校（江田島）からの出張で上京したとき、海幕厚生課長だった角本氏が思い出すようにたのしげな表情で話してくれたのを覚えている。後年わかったことだが、角本氏は能美島（江田島の対岸の島）出身だった。どうりで桜の開花状況を聞きたがったわけだ。あるいはトラック島への桜の枝運びの延長だったのかもしれない。

同じ出港の日に、別の国防婦人会から「メジロなんか南方にいるのでしょうか?」とメジロ籠ごと預けようとするので、それだけは責任持てない、死んだらかわいそうだし、メジロのエサまでは研究していなかったのでやんわり断ったという。「人間の糧食ならわかるけど、主計科でメジロ番までは出来んもんなあ」ということだった。

行動実績の詳細記録に乏しい間宮ではあるが、私が拾い集めた資料から主な活動実績を列記してみる。

間宮の主な艦歴、活動実績等

（大正十三年七月十五日、川崎造船所で竣工。約二ヵ月就役訓練）

・大正十三年十月〜十二月装備変更、艦内区画の改修等。

・大正十四年一月以降、連合艦隊直轄艦として本格的糧食補給活動を開始。

・昭和二年ごろ、第五代艦長入江渕兵中佐（兵学校第三十三期）から「食品の艦内生産」について軍需部、艦政本部へ意見具申。承認を得て具体的検討に入る。

※艦内生産発想は第四代と第五代艦長の交替の年月日から第四代艦長藤沢宅雄大佐（大正十五年十一月一日〜昭和二年〜十一月四日在任）であるかもしれない。

・昭和三年初頭、艦内生産区画を整備。以後、逐次艦内生産に着手。ラムネ、大豆製品、和菓子類、約三十種類（牛舎の撤去、食品生産場等への改修時期は不明）を目標に生産開始。専門職の傭人採用検討に入る（確たる資料に乏しく、経理学校発行資料からの推定）。

・冷蔵冷凍装置の使用は大きく航続距離（一万二千マイル）に影響（三千マイル減）する

ので、効率の良い炭酸ガス使用による保冷機能が増強、活動範囲少し延伸。

・昭和七年〜十二年、上海事変の影響で海軍の上海方面への出動にともない後方支援活動も多く、佐世保を主基地として往復、満蒙牛の調達にも奔走。

・上海事変に続く支那事変で日中戦争に発展するが、昭和八年ごろから海軍は南方作戦に主眼を置くようになったため、糧食補給も南洋泊地を送達目標地とする検討に入る。連合艦隊各級艦の生糧品保有能力など実地調査し、給糧艦の将来計画に反映させることを検討。

・十六年十二月十一日、パラオ方面へ初出撃。以後、トラック島、ダバオ、高雄（台湾）、タラカン、マカッサル等へ海軍陸戦隊支援のための物資、糧食補給（数回日本へ帰投）。

・十七年九月、呉で糧食、真水、石炭等を搭載。主計長角本大尉に交替。トラック島へ。

・十七年十月ごろから、連合艦隊の前進基地トラック島泊地でソロモン帰りに艦船支援。

・この頃は開戦直前に就役した二番艦伊良湖と組み、従来より短い二十日間隔でトラック島泊地で補給支援。

・十八年四月行動の復路が五月十七日朝トラック島出港となったのは前月十八日戦死した山本五十六連合艦隊司令長官の遺骨を日本（東京湾）へ送還する戦艦武蔵と随伴駆逐艦の群に行動が組まれたが、とても速度は比較にならない。出港まもなく引き離されてしまい、艦長大藤正直大佐（兵学校三十九期）が「一緒に来いというから出たが、バカにしてやがる」とぼやいていたという（『週刊読売』収録角本主計長談）。

・十八年十月十一日横須賀出港、南方泊地への行動中に被雷（詳細後記）。
・十九年五月六日、門司へ向かう途中男女群島（五島列島の南）近海で米潜の雷撃で損傷、警備艦海威の曳航により佐世保で修理。
・十九年十二月二十日夜、サイゴンからマニラ方面への糧食輸送中、南シナ海で米潜の雷撃で沈没（詳細後記）。

間宮艦長は初代艦長以来、ほぼ一年ごとに交替、なかには半年前後での交替もあって、就役から戦没までの二十年間に二十四名の艦長が任に当たっている。平均的に短く感じられるが、目まぐるしい戦況の変化、戦闘損傷修理のための内地在泊の合間を縫っての交替もある。艦長は当然、兵科士官（基本的に兵学校出身者）であり、クラス別に見て人材は豊富であっても（適材適所はあるが）、間宮のような大型特務艦は一代ごとの短期間に全精力を注いで無事乗り切れる熟練者を充てるのに人事局の苦心も察せられる。

二十二代目の大藤艦長は在任期間が十七年十月三日から十九年六月十日までなので例外的に少し長い。このあと艦長は二人交替（一人目は二ヵ月半、佐世保港務部長が兼務）し、二人目の加瀬三郎大佐（戦死・任少将・兵学校四十四期）が艦と命をともにすることになる。

間宮の戦闘と最期

間宮の行動、戦闘記録はよくわからないところがあると前に書いたように、記録された資料にはかなり不一致がある。特務艦間宮の性能、任務から、「戦闘」というよりも「戦闘被害」というほうが正しいかもしれない。

昭和五十一年発行の『週刊読売』はいま読んでも貴重な内容であるが、行動記録になると、いまでは修正が必要な個所があるかもしれない。古い取材記事には実体験者の証言などもあって、とくに体験談はすべて真実だと思われがちだが、戦時中の実体験は意外と自分の身のまわりのことだけが多く、思い込みや視野が乏しいこともある。感情が移入しすぎて他人の体験まで自分が体験したように語る人もいる。「講釈師見てきたような嘘をつき」とまでは言わないが、証言でも取捨選択が必要である。

かといって、近年、戦史として書かれたものがすべて新事実だと受けとっていいのかも疑問がある。そういう意味では、本稿では新しい公表資料（ネット資料にも信頼できそうなものがある）も交えて信頼性が高いと思われるものを採択してはいるが、戦闘経緯にも間違いがあるかもしれないことを先にお断りしておきたい。呉海軍墓地の間宮戦没者慰霊碑にも、碑の裏面に刻字されている間宮の戦没に至る詳細説明がある。何度も読みながら本稿と取り組んでいることはいうまでもない。

第一章「間宮戦没者とはどういう人たちだったのか」で『週刊読売』の記事紹介にふれて「この古い週刊誌を提供してくれた人については別途ページを替えて紹介する」と書いたので、それをここで明かしておく。

週刊誌の間宮関連記事複写の提供者は「兵庫県神崎郡市川町沢　前田喜代和」と封筒の裏にあって、格別な自己紹介も書いてはなかった。私が二〇〇三年に書いた『海軍食グルメ物語』（光人社刊）発行直後の郵送で拙著の読者らしかった。電話番号を調べて謝意を伝えたがあいにくご本人は療養中とのことで奥様と少し話が出来ただけだった。二〇一六年末になって消息を訪ねたく手紙を出したら典子夫人から「二〇〇四年十月に肺がんで亡くなり、もう十一年になります」と丁寧な言葉だった。間宮乗組員ではなかったことだけわかった。長年モノ書きをしているとうれしい出会い（面会はできなくても）がある。

兵庫県神崎郡市川町というのは姫路から播但道を北に上る途中にある鄙《ひな》びた町で、東四十キロには宮本武蔵の生誕地伝説もある旧岡山県英田郡大原町（現美作市）などもある。

間宮の行動に戻る。

昭和十六年十二月八日の〝太平洋戦争〟開戦の日は呉軍港に在泊、第二艦隊（旗艦は重巡高雄）への補給のため十一日にパラオへ向け呉を出港。これが戦闘地帯への最初の出撃となるが、この時は護衛なしの単艦行動だった。

間宮は行動中三回（以上？）米潜水艦の攻撃を受けている。戦闘艦ではないので初めのころは相手もあんまり問題にしていなかったのか、開戦後暫くは単艦でも行動できた。攻撃を受けるようになる時期は戦艦、巡洋艦部隊に比べると遅い——というよりもこちらから敵を求めて行動するフネではないためもある。

その様相も戦況とともに変わってくる。敵潜が運送艦でも執拗に探索するようになった。この最初の被害は十七年三月、ダバオ湾（フィリピンのミンダナオ島南部の湾）だった。この

神風型駆逐神風。追風はこの神風と同型の６番艦として浦賀船渠で大正14年に竣工

時はいきなり前部から一本、後ろから二本の魚雷だったが、艦長萬膳三雄大佐（兵学校三十九期）の巧みな操艦でうまくかわした。搭載する十四センチ砲で前方水中めがけて応戦したというから給糧艦もなかなかやる！　前方八百メートル付近で水煙が上がったので乗組員は歓声を上げたともいうが、主計長松原中佐は「うちのテッポウ（砲）であんなにうまくいくはずはない。敵潜どうしがぶっつかったんじゃないか」と冷静、かつ自嘲気味だった。敵どうしの衝突でも戦果には違いない。

　しかし、十七年後半になると敵潜水艦の南方海域での跳梁が激しくなる。間宮も単独行動は出来なくなり、他の徴用船などとコンボイ（船団）を組んで行動せざるを得なくなった。当然、護衛駆逐艦が付くが、悲しいかな旧型の二等駆逐艦が多く、ソナー（水中測的兵器＝略して水測）もないものが多かった。

　二回目の被害は十八年十月九日、輸送船四隻を交えた船団を組んで横須賀を出港、護衛駆逐艦は追風《おいて》（神風型、千二百七十トン）一隻だけ。神風型九隻（神風、朝風、春風、松風、旗風等）は大正末期の竣工で新鋭とはいえないが、速力（建造時三十七ノット）もあり、小回りの利く典型的な駆逐艦。駆逐艦は廃艦、種別変更、戦没などで文字どおり浮き沈みが激しく日本海軍が戦争中何隻保有していたかを数値を記すのは難しいが、通してカウントすると百二十隻をはるかに超える。護衛に回すのは簡単に見えるが、実情はそうでもなかったようだ。雪風（陽炎型、二千トン）だけが無傷で終戦を迎えたのが不思議な〝消耗品的〟存在が駆逐艦だった。

追風による船団護衛では、出港したとたんカミカゼならぬ大しけ。追い風どころか逆風、逆波。追風艦長富田俊彦少佐（兵学校五十九期）もかつて体験したことがないほどの悪天候だった。この富田艦長は海上自衛隊で第一術科学校長を勤めた時期（昭和三十九年七月～四十二年一月・一時候補生学校長も兼務）もあり、同海将を私も間近に見ることがあった。風貌、物腰からは歴戦の猛者には見えなかった。

二日間の荒天で船団が散り散りになってしまい、無線封鎖を解いて船団指揮船日威丸（給兵船、六千五百トン、日産汽船の貨物船）から集合を計るが、無線が敵潜水艦に傍受されたらしい。十二日の払暁、間宮の右舷に大きな水柱が上がるのを富田艦長は見たという。魚雷が間宮の真ん中付近に命中したようだ。真ん中あたりとは、見取図で見るとおりほとんど機械室。戦闘艦なら防護外板も強いが間宮は輸送艦タイプで応急防御力も弱い。発電機室も蒸気室も機能が停止した。浸水で右に傾いた艦体は応急処置でまもなく釣合を復元されたが動けない。

主計長東海林正治大尉（経理学校二十三期、昭和九年十一月卒業）は主計長室で仮眠中だったが、突如の衝撃に「魚雷にやられたな」と感じたそうだ。飛び起きて着替え、軍刀を持って自室を出たという。

駆逐艦追風は動けぬ間宮の周囲をグルグル回りながらときどき爆雷攻撃を加えるが、爆雷の大半はシケで流されてしまって手持ちも少ない。午後になって三回目の魚雷攻撃。雷跡目がけて間宮が高角砲で撃ち、魚雷の直進を妨げる手段を講じたりするが、動けないのでどうすることもできない。さいわいこの時の魚雷は調整不備で磁気爆発尖が作動したらしく早期爆発したようだった。このころの米潜水艦にはこういう欠陥魚雷が多かったらしい。

追風から発進された救援の無線を聞いて横須賀から駆逐艦潮（吹雪型、千六百八十トン）が全速で増援に急行しつつあったが、間宮の近くに戻って合流できた船団指揮船日威丸に曳航されてなんとか呉まで帰った。間宮被雷の場所ははっきりしないが、諸々の記録から推定して、沖ノ鳥島西方付近ではないかと思う。あくまでも私の推測である。吹雪型駆逐艦潮なら一日半で合流できるが、それでも動きのとれない間宮には間に合わない。

このときはほかにも「間宮危うし」の電文を傍受して行動に移したフネがあった。軽巡洋艦大井（五千百トン）はラバウルから内地への帰還の途上でトラック島を出たばかりだったが、艦長川井繁蔵大佐（兵学校四十六期）は「間宮を救うゾ」と速力を上げかけたが、四千五百キロもあって巡洋艦が二十五ノットで走っても五日以上（所要一週間と書いた戦記もある）かかる。乗組士官たちから「艦長、ちょっと無理です。着くころには沈んでいます」と助言され、あきらめたという話もある。そのころ間宮はそのくらい艦隊にとって大事なフネになっていた。その割りには護衛が手薄になったのはやはり日本海軍のロジスティクス思想の不足かもしれない。トラック島を基地にする連合艦隊も本土周辺防衛の各艦艇も四苦八苦で手が回らなかったようだ。十八年末になると戦局はもう末期症状を呈していた。

注：本土の国民生活も同じで、満四歳の私は東京中野区に住んでいたが、「一日も早く疎開を」という声が日ごとに大きくなっていたようで、親たちが疎開の相談をしていた。我が家の疎開は先延ばしになって、翌十九年秋に郷里熊本県人吉市に疎開した。関門トンネルが全通（複線）した直後だった。車中で二晩過ごしたのを覚えている。

呉工廠で大修理を終えた間宮は戦線に復帰した。この時期の間宮の記録が乏しいが、十九年二月十五日付で主計長東海林正治大尉は経理学校教官として転出、替わって二期後輩（経理学校二十五期）の賀谷卓一主計大尉が間宮主計長となるが、発令時点では後任の賀谷主計大尉はラバウルの二〇四飛行隊にいて、間宮の任に就くにはいったん内地まで島伝いに輸送船で帰還したようだ。賀谷大尉はトラック島出港前に大規模な空襲に遭って在泊艦船が支離滅裂になっているのを見ているだけに、本土でなんとか着任できたものの、三月十八日に再びトラック島へ向かって出港する間宮艦上で、「とても生還できんなァ」と覚悟を決めての出動だったという。

しかし、このときは補給がうまくいき、帰りには台湾に寄って米や砂糖、パイナップルを満載していた。南方戦線へ糧食を運ぶだけでなく、内地では不足している食糧（食料）、物資を内地へ逆輸送する役目も果たしている。とくに砂糖は内地では貴重品だった。甘味品は払底、虎屋でさえ羊羹が作れなかった。「間宮羊羹は虎屋のよりもうまかった」という伝説があるが、うまかったどころか〝なかった〟というのが実情かもしれない。羊羹づくりに欠かせない寒天が国内から消えたのもこの時期。その話は「間宮羊羹」の項で記す。

この輸送任務のときは、砂糖も大量に積んで駆逐艦、水雷艇に守られた船団ではあったが、明日は佐世保に着くという所まで来ながら船団の真ん中に位置する間宮に雷撃を受けた。

注：間宮の南方からの復路ではいつも砂糖を買って持ち帰っていたようである。あるとき呉に帰還したとき、宇垣纏連合艦隊参謀長が、報告を受けて「その砂糖、学堂たちに回せないものか……」と、指示ではなく独り言を漏らすのを聞いた参謀の証言がある。宇垣中将の艦隊参謀長としての経歴、旗艦の呉在泊時期から十七年か十八年初頭のことと推定できる。宇垣纏中将は別名「鉄仮面」とも言われ、冷たい人物と言われるが、怜悧で心優しい人物との評価もある。山本五十六に仕え、ブーゲンビルでの戦死を目撃し、自身も終戦の日に突撃死したことでもよく知られる。

間宮三回目の被雷と伝えられているのがこのときのことらしい。史料に欠けるが、十九年五月六日（七日夕刻とする資料もある）、門司へ向かう途中、男女群島（五島列島の南）近海で米潜スピアフィッシュによる雷撃だった。前日から追尾されていたらしい。命中個所も前回と同じ場所で右舷の機関部中央。反撃力もしれている輸送艦、運送船を狙うのは据え物斬りのようなもので米潜にとっては楽な相手だった。ターゲットが輸送艦なら魚雷を使うまでもないが魚雷による試し斬りみたいなもの、魚雷三本が当たり機関科員二十名が戦死した。間宮の第三甲板（船倉）に積んでいた大量の砂糖も「搭載物件投棄」の命令で全部捨ててしまうことになった。

「そのときの砂糖、十トン近くあったんじゃないかな……」

十五年ほど前、経理学校三十二期の梶間健次郎氏（故人）を訪ねて奈良の秋篠町へ行ったとき、同氏も経理学校七期先輩の賀谷主計長の奮戦をどこかで聞いた——そう語っていた。砂糖は二十キロ入り袋（今どきの野菜作りで畑の中和のため播種前に散布する石灰袋がちょうど風袋、重量ともに似ている）だったようで、十トンなら五百袋になる。船底に近いところから運んで海中投棄するだけでもたいへんな作業だったと思うが、火事場のバカぢからも作用したとしても主計員、軍属たちの一丸となって砂糖袋を運び出す姿が目に見えるようである。

男女群島概略位置図

砂糖は可燃物で、よく燃えるらしい。炭水化物である蔗糖（$C_{12}H_{22}O_{11}$）はアルコール原料でもあるからたしかに燃えるが、そんなことを考えている暇はない。海水に浸かれば重たくなってさらに始末に負えない。

このときは、同行の貨物船豊浦丸が先に雷撃を受けて沈没したが、その直後被雷した間宮は沈没を免れ、警備艦海威（元・桃型駆逐艦の初代樫、七百五十五トン）の曳航で佐世保へ回航し修理した。修理中の六月十日に艦長は大藤正直大佐から清水正心大佐に交替した。このときはよほど人事局も急だったのか佐世保港務部長の清水大佐に間宮艦長を兼務させている。修理中なので兼務の艦長でもよかった。二ヵ月半後に専任（？）の艦長が交代した。

この戦闘被害復旧のあとの間宮の行動はよくわからない。艦長交替の月日から佐世保工廠にいて修理、試運転が八月下旬までかかったというのかもしれない。

賀谷主計長は八月五日付で佐世保経理部へ転出し、六日に吉野譲主計大尉（経理学校第二十九期）が着任している。着任のときは出港目前を控えていてあわただしかったと書いたものがあるのは、たぶん試運転か国内輸送任務があったのかもしれない。艦長は佐世保港務部長が兼務していたから本格的行動はしていないはずだ。

間宮の最期となる十九年十二月前後のことにふれる。清水大佐のあとの艦長が、間宮最後の艦長となる加瀬三郎大佐（兵学校四十四期）で、十九年八月二十九日に軽巡洋艦北上艦長から間宮に転任している。北上は英潜水艦テンプラーの雷撃で大破し、佐世保工廠に来ていた。イギリス潜水艦も日本近海に出没するようになってはもう処置なしである。間宮艦長を兼務していた清水大佐は、今度は北上艦長を兼務することになった。間宮沈没まで四ヵ月たらずしかない。

このときの間宮の行動もくわしいことはわからない。これまでのように南方に進出中だったことは間違いないようだ。『週刊読売』、呉海軍墓地の間宮戦没者慰霊碑の記銘文、いくつかのネット情報、私が数人の経理学校出身者（三十二期～三十五期＝終戦前に卒業しているクラス。兵学校では七十一期～七十四期がコレス）から聞いていた話などを交えて記すほかない。

間宮は内地からの補給任務を終えて帰途サイゴン（ベトナムの現ホーチミン市）に寄港後マニラへの糧食輸送の任に従事したらしい。マニラの日本軍所在部隊へ米を届ける任務で、当時本土では極端に米は不足し、国民はひもじい思いをしていたが、第一次大戦後のベルサイユ条約で決められた南洋群島の日本委任統治領には沢山あった。ジャワ、ボルネオ、シンガポールなどでは比較的容易に米を入手できた。二毛作のいわゆるタイ米やジャワ米だろうが、選んでいるときではない。全般的に糧食は不足するものの、場所によっては米だけは調達できた。ガダルカナル島守備隊のように糧食が運べない前線もあった。

間宮のサイゴン寄港も糧食調達のためだった。

少し余談になるが、山本五十六連合艦隊司令長官の戦死に関連して、「アドミラル・ヤマモトはかなり重症のベリベリ病（脚気）に罹《かか》っていた」というテキサス大学の某医者の研究書がある。アメリカには山本五十六への関心が高い者も多い。あくまでも戦争中の「敵将」であるが、敵ながら天晴れという感じである。シアトルの航空博物館には「ヤマモト・コーナー」まであって撃墜したときの模様が詳しくパネルにしてある。指揮官ミッチェル少佐、撃墜したランフィア大尉機チームをことさら称える雰囲気もあって日本人として気分的にはよくないが……。

四年ほど前、私がそのコーナーを見ていたらアメリカ人らしい初老の男性が熱心に見はじめた。声をかけたら「興味がある」と少しはにかんでいた。こちらが日本人だとわかって愛想をつくったように見えた。アメリカ人によっては〝だまし討ちの張本人〟だと思い込んでいる者もいるので注意が必要である。その反面、「ヒロシマから来た」と言うとどんな田舎でも、「オー」と複雑な表情をする者が多いのは原爆投下が〝わかっている〟のだろう。

山本五十六の〝ベリベリ病〟は白米の過食によるものというこのテキサス大医学部教授の診断であるが、栄養学的には、ようするに「江戸わずらいだった」ということになる。米以外の食料は相当窮乏していて山本司令長官も〝栄養失調〟だったという解釈ができる。栄養学を専門に学んできた私としてはまったくデタラメな話ではない。

間宮が南方経由でマニラへ米だけでも届けようとしたのも国内外事情からわかる。内地へも運びたいが輸送にはリスクがありすぎる。

この前の行動中、男女群島付近で被雷したとき（五月六日か七日？）も行く先は門司だったというのは、南方で調達した食料（食糧）を荷揚げする予定だったのかもしれない。海軍が民需物資供給にどこまで協力していたのかはよくわからない。宇垣参謀長が、間宮が砂糖を持ち帰ったことを聞いて「学童たちに回せないものか」と独り言をした話は前に書いたが、そのときの砂糖がどうなったのかもわからない。

間宮は門司、下関には戦争前からよく行っていた。というのは、下関には林兼商店という明石市林崎漁港から進出した海産物の老舗があって、昭和十一年には林兼商店は大洋捕鯨㈱

に発展、一大捕鯨基地を抱えた企業になった。十六年には缶詰製造も盛んとなり、海軍とのかかわりが深くなった。瀬間喬元主計中佐も佐世保軍需部勤務（昭和十三年三月〜十二月）や呉軍需部勤務（昭和十六年九月〜十七年一月）のとき、しばしば下関に出張することがあった（同氏著『わが青春の海軍生活』海文堂）。「下関へ出張」と言えば行く先は大洋捕鯨㈱だった。海軍主計士官だった人たちが戦後でも大洋漁業とは呼ばず「はやしかね」（林兼㈱）と呼称していたことから、かなり早い時代（社名変更前）からの付き合いがあったのだとも想像できる。

ついでにいうと、林兼商店の社名が林兼産業㈱、大洋捕鯨㈱、戦後の大洋漁業㈱、マルハ㈱を経て現在のマルハニチロ㈱になる経緯、戦争中は漁業用船舶が軍の徴用で漁業不振になった社史、さらに蛇足であるが、昭和二十四年に誕生したプロ野球球団まるは大洋球団（のち大洋ホエールズ）が大洋松竹ロビンス球団を経て現在のDeNA（横浜ベイスターズ）球団に繋がる歴史にも案外日本海軍の足跡が付随しているのかもしれない。私はDeNA対カープの日本シリーズ決戦（平成二十九年、三十年）では「優勝はどっちでもいい」と両軍を応援していた。

書かずもがなのことを書いたが、海軍の物資調達の裏話にふれた。

間宮最期の出撃に戻る。

このときは「出動」というよりも「出撃」と言ったほうがいいくらい戦局も末期的で、乗組員も決死の覚悟、加瀬艦長も「これは死にに行くようなものだな」とつぶやいたという。

昭和十九年（一九四四年）の第二次世界大戦、大東亜戦争の様相をいくつか時系列的に抜き書きしてみる。この前年の十八年で戦争はもう片が付いたようなものだった。ガダルカナル島撤退（二月）、山本五十六司令長官の戦死（四月十八日）、アッツ島玉砕（五月二十九日）、学徒出陣（十月二十一日）、マキン・タラワ守備隊玉砕（十一月）、何よりも問題は、国民の窮乏、学童疎開など、とても戦争を継続できる状況にはないまま十九年に突入した。

ラバウル基地から出撃する航空部隊を見送る山本五十六司令長官。昭和18年4月のこの時期には、山本大将といえども白米しか食べるものがなく、脚気に罹っていたという説もある。長官はこの数日後に戦死する

第二次大戦・大東亜戦争一九四四年（十九年）の主な事象

1・20　ソ連軍、レニングラードを独軍から解放
6・4　米英軍、ローマ入城
6・6　連合軍、ノルマンディー上陸作戦開始
6・19　マリアナ沖海戦
7・4　大本営、インパール作戦を中止

7・7　サイパン島守備隊玉砕（三万人）
7・22　東条内閣総辞職、小磯内閣成立
7・24　米軍、テニアンに上陸
8・3　テニアン日本軍守備隊玉砕（八千人）
8・10　グアム島守備隊玉砕（一万八千人）
8・25　連合軍パリ入城
9・15　米軍、ペリリュー島、モロタイ島に上陸
守備隊玉砕（一万七百人）
10・12〜16　台湾沖海戦
10・24〜25　レイテ沖海戦。レイテ決戦始まる
10・25　神風航空特攻始まる
11・7　米大統領選でルーズベルト四選
11・24　マリアナ基地からB29が東京を初爆撃

昭和十八年から十九年に続く戦争様相の最悪化に至る経過、とくに十九年十月下旬からはじまる特攻、十一月下旬以降の連合軍による無差別爆撃……戦局を巨視的に見れば、もう海軍もどうにもならなかった。連合艦隊の兵力も落下する中での特務艦の一艦にすぎない間宮の戦闘などは微々たるものだが、任務で糧食・物資を運ぶことが間宮の戦闘そのものである。

加瀬艦長が「死にに行くようなもの」とわかっていながら出撃しなければならない立場や同乗する士官・下士官兵たち、とくに多くの民間人軍属の心情にははかりしれないものがある。

呉海軍墓地の慰霊碑案内板には八十八基とあるが、現在の実数は一、二多いようである。合祀された英霊は十三万柱ともあり、一つ一つの慰霊碑にいくら語ろうとしてもいまではわからない秘話があるのだろう。ほとんど、間宮艦長の「死にに行く」という言葉のように、わかっていながら散華していった人たちだと思う。慰霊碑にはそれぞれのドラマがあるはずであるが、それがいまわかったとしてもどうすることもできない。

間宮の場合はどういう最期だったのだろうか……わかるだけの資料を斟酌して記してみたい。

前記のように、十九年十二月、間宮は当時仏印（フランス領インドシナ半島東部領域）の南部サイゴン（現在のホーチミン市）からマニラへの糧食補給の命令を受けた。命令発信元は、間宮の場合はGF（連合艦隊司令部）にほかならない。

命令発信元は「GFにほかならない」と書いたが、ほかならないも〝ほかなる〟も、この時期、連合艦隊司令部もガタガタ。三月（三十一日）には連合艦隊司令長官の古賀峰一大将が南方上空で行方不明（乙事件）になるし、GF司令部も海上にはおられなくなって日吉（横浜市港北区）の慶応大学キャンパスに壕を掘って引っ込んでしまい、フィリピンの向こうにいる特務艦間宮のことなどとても斟酌できる状況にはなかったと私は思う。参謀や子隊《ねたい》（司令部の下級組織部隊）の采配だったのだろう。命令系統は正規でも判断はすべて正しくはない。そうかといって間宮に負わせる最善の任務はほかにありそうにない。

十七年三月にコルヒドール島（マニラ湾）を脱出してメルボルンに引っ込んでいたマッカーサーが「アイシャルリターン」（メルボルン到着前にアデレード駅での記者への談）のとおりフィリピン・レイテ島を奪回したのが十九年十月二十日。

十二月のこの時期は米軍のマニラ攻撃が最終段階だったが、まだ日本軍はいた。善戦というにはほど遠い。これが最後というような後方支援であることもわかっていて、そんなときの上級司令部の〝強行突破して補給せよ〟という作戦命令だった。我が日本軍を見殺しには出来ない。命令を出す上級司令部もつらい思いはあったろう。航空部隊では十月末からはじまった航空機による特別攻撃が徐々に増えつつあった。特殊潜航艇甲標的丙型の改造による戦術研究も進んでいた。

ひと口に特殊潜航艇（特潜）というが、種類も使い方も違う。戦局とともに諸元も変わってくるが、開戦劈頭の真珠湾攻撃、翌十七年五月三十一日のシドニー湾攻撃に使ったのは甲標的という。まだ必死の武器としてではなく生還できる余地はあった。その後、特潜は改造されながら戦争末期には生還が期待できない特攻兵器の特殊潜航艇――回天に代表される、いわゆる人間魚雷へと変わっていく。空も海中もそういう決死行が増える時期だから水上艦船――特務艦も腹を決めざるを得なかったのだろう。

サイゴンでは第十一特別根拠地隊（佐世保鎮守府所属）が手配した米を積めるだけ積んでマニラへ向けて出港した。

注：海軍根拠地隊　正式には特設根拠地隊と言い、必要な艦船も付属し、前線部隊の防御、周辺海面の警備、測量、港務、通信を担当。特別根拠地隊という場合は前進根拠地の限定はなく、防御、測量の任務もない広い支援事項を担っていた。サイゴンにはほかに第一根拠地隊（一根）、第十一根拠地隊（十一根）もあった。指揮官はいずれも少将、中将が任ぜられ、部隊格は高い。

（毎日新聞社刊『一億人の昭和史 日本の戦史 7 太平洋戦争』一九七八年十月）

サイゴンで間宮に米の搭載を世話した第十一特別根拠地隊（十一特根）の元・機関参謀松平永芳少佐（機関学校第四十五期＝兵学校六十四期とコレス）による、現在は公益財団法人となっている水交会の機関誌『水交』（昭和三十一年十二月発行号）に「忘れ得ぬ武人」という加瀬三郎大佐に捧げる追悼文が寄せられている。相当古い刊行物であるが、さいわい水交会本部事務局に労をとってもらって近年デジタル化された資料から検索してもらった。重要個所を抜粋して転記する。

●このときの行動は在フィリピンの友軍に最後の活力を与えるための作戦であった。当時の戦況からやむを得なかったとはいえ、九分九厘成功の算はなく、ほとんど無謀に近い命令であった。

●すでに制海権、制空権ともに奪われたに等しいフィリピン周辺へ間宮が単艦で出撃するのは確実に「死」を意味していた。送り出す方も言葉が出なかった。

●しかし、この無謀ともいえる命令に〝いささかの不平や批判も漏らすことなく〟加瀬艦長は物静かに、悲壮な言動もなく、終始淡々とした態度で出港準備をし、マニラへ出港して行った。

前出の『週刊読売』でもそのときの様子を松平永芳氏が瀬戸雄三記者に語っている。松平氏は機関参謀（現在の海上自衛隊の部隊司令部組織では後方幕僚＝ロジサ＝ロジスティクス参謀の俗称で英語と旧軍の呼称の取り交ぜ）として補給を担当していたという。旧軍でも業務分担別の〝参謀〟がいろいろいたが、後方参謀とか兵站参謀というのはなかった。ここらあたりにも日本軍のロジスティクス思想の欠陥が感じられる。

「加瀬さんとはこのときが初対面でしたが、部下たちのことも考えると艦長としてつらい立場だったと思います。でも、たんたんとして死地に赴かれたと見えました。失礼だけど、特務艦艦長というのは本来あまりパッとしない存在配置です。

間宮の兵装も微々たるもので、空からの攻撃にも応戦が弱く、海中からの攻撃（魚雷）にも反撃できる爆雷一つないフネだし、加瀬さんのご最期もけっして華々しいものではなかったと推察します。戦闘艦の武勲赫赫《かっかく》たる話も多い中でこうしたりっぱな最期もあったことを伝えて貰いたいと思います。『水交』誌に寄稿したのもそんな思いからです」

海軍三校（兵学校、機関学校、経理学校）卒業者の俗称ハンモックナンバーというのがあった。ようするに卒業時の成績順番で、その順番はよほどのことがない限り昇任、配置の人事で覆ることがなかったという背景の称し方である。ときどき例外（米内光政大将や木村昌福中将など）はあるが、加瀬三郎大佐はこの時期（昭和十九年八月の人事発令）で軽巡洋艦艦長から特務艦艦長。同期の柳本柳作は大佐昇任が昭和十二年、開戦二ヵ月前に空母蒼龍艦長（ミッドウェー海戦で戦死。少将）。違いがあるのはハンモックナンバーだと思われる。

このときの間宮には約三百五十名の乗組員がいた。その内訳がはっきりしないことも本書冒頭部分で記したとおりであるが、私が最も沈痛に思うのは雇員、傭人と呼ばれる軍属が多数いたことである。その数二百名に近かったともいうが、はっきりわからないことも書いた。南方所在地でフネを降りることはむずかしい、行き場がないからそのまま乗っていた……いろいろ考えられるが、行く先や任務は伝えられなかったというのはあまり想像したくない。

加瀬艦長の人柄や上司（副長、主計長ほかの士官たち）の勤務、生活態度を見ていて軍属たちも軍人同様の義務感や任務遂行の念がすでに定着していた――そう思いたい。

前掲した軍属たちの一部の集合写真をしっかりと見つめると、海軍下士官類似の服装ではあるが、皆顔つきまで引き締まった軍人の表情である。私の勝手な思い込みではあるが、そう的外れでもないと思う。この写真の人たちをふくむ二百名のうちのごく数名（五名？）だけしか生還できなかった。

艦長も軍属はできるだけみちづれにはしたくない気持ちがあったと思う。とっくにサイパンも落ち、グアムもペリリューも玉砕した。艦隊もおおかたなくなり、補給する相手部隊はほとんどいなくなった。艦長自身は、マニラは命の捨てどころという特攻精神に近い覚悟が出来ていたのだと思う。

サイゴンで米搭載を終えた間宮はインドシナ半島東側のアンナン山系が切れるカムラン湾

まで沿岸を三十マイル北上し、湾の近くで投錨して、マニラ突入の〝好機〟をうかがっていた。もともと好機などもうないに等しい中での策謀である。何日湾口で待機したのか、これもはっきりしないが、一歩深いところへ出たら敵潜水艦が手柄を立てようと虎視眈々としていることは明白である。多分ほんの数日の仮泊だったと推定する。

私は海上自衛隊時代の昭和四十三年から一年間、自衛艦隊司令部の命令で貨物船タイプの給油艦（のち補給艦）「はまな」で定員外の艦長付として研究テーマを与えられて勤務したことがある。そのころから補給艦準備が進んでいた。それだけに間宮の状況が幾分実感できる。小回りが利かず操艦が難しいらしかった。

当時としては大きな艦（貨物船タイプなので満載排水量では七千五百五十トン）だったが、それでも間宮の二分の一以下の大きさだったから約一万五千七百トンの間宮はもっと大きく、そんなドンガラの大きな日本海軍の輸送艦がカムラン湾の近くに錨を入れているのだから、鴨がネギとボタモチを背負っているようなもの。反撃も出来ない相手だと知っていて米潜は付近でゲーム待ちか射的場気分だったのかもしれない。抜描は、同時に自決を意味した。それでも艦長はマニラ突入の機をうかがっていた。そして、十二月二十日夜、ついに錨を揚げた。

間宮の歴代艦長が航海し慣れた南シナ海であり、兵学校出身士官であれば自分の庭のような海であるが、今回は違った。

カムラン湾を出て仏印海域を出るまでは仏印所在部隊の水偵（水上偵察機）や徴用された

漁船が特別監視艇となって護衛にあたってくれた。ないよりましという程度ではあったが、それらとも別れた。

その後はまったくの護衛なし（異説もあるが）。最大戦速十五ノットといってもそれは昔の話、就役後二十年も経つと機関も老朽化し最大でも時速十三ノット以下、ほんとにママちゃりよりは少し速いが、間宮はそこらのクロスバイク程度の速度。

ついでながら自転車関係のデータをみると、自転車の時速は、ママチャリ十五〜十七キロ、クロスバイク十八〜二十五キロとある。計測の仕方によって多少の違いはあるが大同小異だろう。

間宮の速度をわかりやすく記したいために余分なことまで書いた。

カムラン湾を出て数時間たったとき（NHKの『歴史秘話ヒストリア』では午後八時四十六分）、間宮の中央部に大きな衝撃が来た。哨戒航行と言っても、ソナーもなく、電探も兵装に入らないような航海機器で夜間の見張ではどうにもならない。

どのくらい進んだ地点だったろうか、潜水艦からの

海上自衛隊時代の給油艦（のち補給艦）1番艦はまな。昭和42年当時。艦腹に艦名表記がある

間宮　最期の行動概図（筆者の推定）一部に新旧地名混合

発射魚雷とすぐにわかる爆発が中央部に起こった。もうこれだけで大破。つづいて二度目の衝撃。米海軍潜水艦シーライオンII（SS－315）はこのとき六本の魚雷を発射、四本が命中したらしい。

カムラン湾を出てからの状況は主に戦後のいくつかの日本の資料に拠ったが、米軍資料では少し違うところがある。シーライオンIIは同じで、命名者の関係で二隻あることなど詳細に説明がある。この年（一九四四年）三月にコネチカットの潜水艦造船所で出来たばかりの新型で、ガトー級を小型に改良したバラオ級潜水艦の一隻であることがわかる。なんと同じタイプが二百隻ちかくある。

ガトー級米潜といえば、戦後海上自衛隊が出来たときすぐに（昭和三十年八月）日米艦艇貸与協定に基づき日本に引き渡されたミンゴ（SS－261）で、海上自衛隊では「くろしお」と命名して四十一年まで使った。シーライオンはその後継艦タイプである。

シーライオンは六月にハワイに進出、日本近海での哨戒に就き、小さな戦績もあるらしいが、大きな獲物はやはり間宮だった。艦長は一ヵ月前に交替したチャールズ・ブットマン少佐、一九三七年アナポリス卒業とある。七年で少佐、潜水艦艦長……順調な番付けである。成績もよいのだろう。

この数日間は天候が悪かったが、浮上して哨戒するほうが多かったという。十二月二十日、「シーライオンは護衛駆逐艦が付いた間宮を発見、一九三七（午後七時三十七分）に魚雷六本を発射、四本が命中した」とあり、護衛があったこと（傍線）、時間も日本側資料と少し違う。丸裸の給糧艦を沈めるのはわけないので、戦功を高める意図でそうなっているのかもしれないが、案外こちらのほうが正しいということもある。

いくらなんでも上級司令部が輸送艦を丸裸で行動させるとは日本海軍の末期症状であっても考えられない。米軍資料が正しいのかもしれないが、その駆逐艦の名前はわからない。日本では最期の悲壮感を誇張するために「単独行動」とするようになったのかもしれない。ほとんど抵抗できずに動けなくなった。

このときの間宮艦内の様子を想像するのはつらいが、私なりに記してみる。現実とは異なるかもしれないが、案外かけ離れてはいないかもしれない。

戦艦、巡洋艦、駆逐艦など、戦闘艦であればいかに攻撃を受けてもまだ戦闘力は残っており、反撃したり、動けるなら体当たりしてでも残存兵力を発揮する。多くの艦艇がそうしている。

バラオ型米潜。計画では150隻、うち4隻はガトー級に変更。その1隻が戦後の海上自衛隊初の潜水艦くろしお

間宮の場合はこのあたりが違う。兵装が弱い（主砲は十四センチ砲二門だけ。八センチ高角砲も二門あるが、相手は飛行機ではなく、しかも夜。機銃は連装、単装が計八基あるが、相手が潜水艦では無きに等しい。乗組員が出来ることといえば艦内防御だけ）。もともと工作艦としての機能は少し高くしてあるので浸水個所の修復、火災の消火能力はあるとはいえ、それも限度がある。可燃物の投棄、重要書類の沈下、身の回りの整理……差しあたっての作業はそのくらいで、分隊別に上甲板への集合をかけた。艦隊はかなり傾いてもいる。浸水が増えつつあるのだろう。

分隊というのは戦闘艦の場合は、下士官・兵を一分隊から十数分隊（戦艦など人数の多い艦は数十分隊）に分けて乗組員を把握しやすいように組む編成のことで、通常、職種別に大別し、さらに同じ任務に就く者を階級も混ぜて編成する。たとえば烹炊員（給食担当員）でいえば、階級、先任（経験）・後任をもとに、朝昼夕の食事がチームとして問題なくつくれるような「直」の組み合わせをすることで当直勤務や上陸の組み分けも容易になる。

さらに個人別に「右舷」と「左舷」という区分で指定される。短時間の寄港などでは半舷上陸といって、「午前の上陸右舷、午後左舷」というふうに伝達されると自分に与えられた上陸時間がすぐわかる。上陸札は名刺大の木片をやや細くしたような形で、階級・氏名・分隊と一緒に〝舷〟も明記され、裏には所属艦名が焼印してある。個人情報がわずか一枚の木片に収められている。

間宮が魚雷を受けてどうにもならなくなったときに、「分隊別に集合。場所、上甲板」と達せられたとしたら、乗組員はその意味がわかって上陸札も持って集合したと思う。身分証明（認識票）にもなり、木片だからいずれ浮いてくることもある。

分隊別ではなくて、分隊長所定で数時間経過したのかもしれない。

「総員離艦用意！」が令されるのもいよいよとなってからである。海上自衛隊でも「総員離艦部署」という訓練項目があって、航海中にその訓練を行なうことがある。「部署訓練」といって乗組員総員が行なう訓練の一つで、海軍時代とほぼ同じである。「溺者救助部署」もある。「人が落ちた、右！」の号令詞でそれぞれ役割の部署にすばやく着く。艦艇は大きく旋回し、速度を落とし……という決まった手順にしたがって救命浮環を溺者の近くに投げたりする。

総員離艦は規模が違う。

「総員離艦！」が艦長から発せられるのは船を見捨てるときだから実動はやたらにあるものではない。救命胴衣を着け、非常持出物品、重要書類など、個人別に、誰が何を持ち出すか決めてあり、自分が乗る救命筏や内火艇も決まっている。筏には非常用糧食（乾パンなど）、信号用発煙筒、医薬品、長期漂流に備えた釣り用具なども装着されている。海に飛び込む方法、沈む船の渦に巻き込まれないように離れること、出来るだけ寄り合って泳ぐことなどは訓練でも教えられているはずであるが、間宮の雇員、傭人等はどうだったのだろうか……その光景を思い浮かべるだけでも茫然となる。軍属もかねてからの覚悟や観念を持ってはいたと思う。統制もとれていたと思う。タイタニック号とは全く違ったはずである。

間宮の中央部には発電機室もある。やられていたら電灯もほとんど使えない。暗い中でのパニック……前掲の艦内見取図を見るだけで恐ろしくなる。海軍の多くの艦艇も同じような被害で沈んでいった。

三百五十名を超える乗組員——何人くらい艦内に残され、何人くらいが泳いだのかもわからない。NHKの『歴史秘話ヒストリア』で取材を受けている乗松金一氏（軍属・菓子職人・愛媛在住）は筏に乗れたが、やがてバラバラになって乗員もはぐれてしまった。救助艦に引き上げられたときは百人以上いたが安堵死というのか、つぎつぎに絶命していった……とテレビで語っていた。

軍人たちは軍属を優先して助けようとしたとも考えたいが、闇の中の混乱、そんな判別は難しいだろう。助かったのはわずか五名といわれる。海軍にはほかの艦艇、とくに大型艦には軍属がいて、普段の勤務でも顔を合わすことが多いこともあって下士官兵たちとも仲良くやったという話をよく聞いている。軍属も、海軍が好きな者が多かった。好きでなければ長

間宮乗組員。撮影時期は不明であるが、まだ員数が少ないことから昭和10年～12年ではないかと推定

居はできない。とくに主計科には軍属が多い。一緒に上陸したり、飲んだりはめったにしないが、おたがいに技量を尊重しあっていい関係にあった（瀬間中佐、角本少佐、その他主計士官だった先輩たちの談）と私は聞いている。

軍属の元の身分は訊かないのが礼儀と言っていたが、けっこう親分肌の職人もいて、軍属をうまく取り仕切っていたとも聞いている。瀬間中佐は中尉になりたてのころ、佐世保で乗組みの傭人の一人がいなくなり〝逃亡〟のようだから探してくれと副長に言われてまっさきに遊郭に訊き込みに行ったという。「最初に遊郭へ行くとは、アンタもたいしたもんだ」と、ほめたのか、普段の自分の行状をよく知っての皮肉だったのかわからんけど、と氏の著書にある。

「そぎゃんヒト、来とらっさんヨ」と空振

りだったそうである。

いま、こういうことを書いている場合ではないが、他書ではあまり扱われない、軍属として国に殉じた人たちのこともできるだけ書きたく、余話を添えた。

間宮艦長は代々通信に通じた士官を任じてあった。特務艦間宮は輸送任務とともに無線検知など通信支援艦としての任務も持っていた。行動中は無線封鎖で、傍受するだけだったが、被害状況だけでも友軍部隊に通報しようとしたかもしれない。あるいは、通信のプロだけに最後まで発信は控えたとも考えられる。サイゴンで間宮を送り出した十一特根参謀松平永芳元少佐が戦後の取材で答えているように、間宮の最後の位置も秘匿し、従容として艦と運命をともにしたのかもしれない。

それでも間宮はまだ二時間半ほどは浮かんでいた。その間の乗組員の様子はほとんどわからない。生還できた乗松氏が言うように、「何が何だかわからないうちに時間が過ぎた」「目の前で沈んでいった同僚もたくさんいた」という証言から状況を思い浮かべるほかない。

アメリカ側の資料によると、つぎのようになっている。

「日付が変わって十二月二十一日〇〇三二（午前零時三十二分）、シーライオンからさらに魚雷三本が発射された。うち二本が命中、約一時間後に間宮は沈んでいった」

『週刊読売』では、本記事終わりのほうでつぎのように書いてある。

「案の定、二十日の夜半、護衛圏外に出るとまもなく敵潜の攻撃を受けて大破、二回目の攻撃で艦長以下三百二十六人の乗員は艦と運命をともにした」

「ときに十二月二十一日午前一時三十七分、北緯十七度五十五分、東経百十四度十一分。マニラを去る（筆者注：西方の意味か？）約四百八十マイルの地点。当然、護衛艦艇は随伴せらるべきも当時は残存兵力は一隻の余裕もなく、間宮は一隻の友軍艦艇にも見守られることなく永久に闇の南海に没した、と松平さんは書く」

そして、つぎのように結んである。

「南西方面艦隊司令部の緊急救難命令で、第十七号海防艦と水雷艇が遭難地点に急行したが、一人の生存者も救出しえなかったという。厚生省援護局調べによる最後の間宮主計長は吉野譲主計大尉（経二十九期）。加瀬艦長とともに十九年十二月二十一日付でその戦死が認定されている」

間宮が沈んだとされる地点を前掲の概図で示すと、カムラン湾とマニラ湾をやや北寄りに結んだ西沙群島の東二百キロメートル付近になる。これが正しいのかどうかわからないので概図ではとくにポイントのマークはしなかったが、緯度経度だけ示してみた（P118図参照）。

本図を見ながら、それにしても最大の警戒航行の中をよくぞここまで来たなァ……と、艦長はじめ乗組員一同（もちろん軍属をふくめ）に一層の哀悼の念が募る。

既述の松平元機関参謀の『水交』誌（昭和三十一年十二月十五日発行）への寄稿は私も二十年前から温存していて本稿でも抜粋して数ヵ所引用したが、水交会本部の提供で新たに入手できた全文を読み返した。多少くどすぎると感じるところもあるが、じつに立派な文体でもあり、旧漢字の混用も多いが昭和三十一年という時代背景まで感じさせる。この「水交」会員誌が発行されたのは私がまだ高校三年生のときだった。読者の受けとり方にも益すると思われるので、水交会の承認を得て左に原文のまま転載する。そのため前述した部分と一部重複するところもある。

注：水交会　戦前の水交社をルーツとして昭和二十七年に旧海軍関係者等によって発足した会員制組織。以来、海上自衛隊にその設立の精神が引き継がれ、海軍の伝統継承を主目的として運営されており、渋谷区神宮前（東郷神社敷地内）に本部を置く公益財団法人。全国九ヵ所に支部組織がある。

忘れ得ぬ武人

散華十二年目を迎ふるに当り加瀬大佐に捧ぐるの文

昭和卅一年十二月　松平永芳

他人の一言動を見て軽々に其の全人格を即断することは吾人の不覚慎まなければならないところである。然し、他の人々を意識せざる折りの言動、死に直面しての言動は其の人の真の人柄を最もよく現わすものであり、之を以て全人格を推察するも決して正鵠を失することがないのではあるまいか。

私は大東亜戦争中、初対面、而も唯数時間の接触でしかなかったが、心から感動敬服し、真の武人として生涯私の脳裏から消え去らぬであろう程立派な先輩に接するの機会を得た。

其の武人こそ、今こゝに私が記述しようとしている連合艦隊附属給糧艦「間宮」艦長加瀬三郎大佐（兵四十四期）その人である。

拙文以て同大佐の御人柄を正しく表明し得ざることを虞れつゝも艦長以下三百廿六名の間宮乗組員慰霊の意味をも含め、敢えて当時の実況を申し述べ、以て同大佐の俤を偲びたいと思う。

時昭和十九年十二月中旬と言うと、戦況益々我に利あらず、約二ヵ月前の十月廿日には米軍レーテに上陸、次いで十二月十五日にはミンドロ島に進撃し来たり、マニラ攻防戦の開始、もはや時間の問題と言う時機である。此の十二月中旬、間宮は仏印印度支那サイゴンに於て米を満載の上、最後の補給を敢行すべく、マニラ港への強行突入を受けていたのであるが、之は在比友軍に最後の活力を与うる為の作戦であり、当時の戦況真に已むを得なかったとは言え、九分九厘成功の算のない、殆んど無謀に近い命令であった。

此の最後の出撃を前にした間宮を迎え、傷心の裡に米の搭載、間宮への補給等の世話を致したのが仏印海軍部隊、即ち我が第十一特別根拠地隊（司令官藤田利三郎中将、先任参謀故佐々木孝信大佐）であり、当時私は後任参謀として同司令部の末席に連なって居たので、其の主務上、親しく間宮に往復、之が諸作業に助力した次第である。

やがてサイゴンで米を満載した間宮は、沿岸を北上、カムラン湾に於てマニラ突入の機会を覗うべく、待機することとなった。私は出撃直前、最後の連絡もあり、在サイゴン司令部から水偵を駆って再度同艦を訪れたのであるが、此の出撃直前の艦長の純乎、自若とした御態度の尊厳さに殆んど申し述ぶるべき言葉もなく、「我れ真に範とすべき武人たり」との感を深くし、いたく感動したのである。九分九厘迄成功の算なき無謀に近い突入命令に対して聊かの批判も漏らさるることなく、死地に突入することに対する聊かの興奮も亦聊かの悲壮なる言動もなく、坦々自若、明鏡止水と言った澄み切った心境に居らるる如く見受けられ、却ってカムラン部隊への甘味の補給さえ申し出されたのであったが、私は仏印の幸にして食糧事情の恵まれて居ることを申述べ、厚く御好意を謝して御辞退したが、実に口には尽くせぬ心豊かな、悟り切った御態度、御人柄に深くこころを打たれたのであった。

平時戦時を問わず、華々しきを希うのは人情の常であるが、配置としては甚だ地味な、見栄えのせぬ特務艦長たるの本務を真に貴しとし、更に友軍救済の重責を痛感、黙々として降りかかる国難挽回殉ぜんとせらるる、加瀬艦長の英姿こそ、武人中の武人の姿なりと感じつつ私は間宮を辞して部隊へ帰ったのである。

やがて待機数日の後、間宮は十二月廿日此の立派なる艦長指揮の下に、三百余名の乗員と補給物件を満載、重大なる決意と共にカムラン湾を出撃、マニラ突入の壮途に就いたのである。微力なる兵力とは申せ、特設監視艇（徴傭の起動漁船）、爆装水偵等による護衛を以て仏印海域を無事通過せしめたことは、私共仏印部隊の者としては、間宮乗員に対するせめてもの奉仕であり、激励の途ではあったが、不幸にして我が護衛圏外に出るや、間もなく敵潜の襲撃を受け、第一次攻撃により大破、第二次攻撃により艦長以下三百廿六名の全乗員は艦と其の運命を共にされたのである。

時昭和十九年十二月廿一日午前一時三十七分、地点北緯一七度五五分、東経一一四度一一分、マニラを去ること約四百八十哩の地点であった。

斯かる突入作戦には当然護衛艦艇が随伴せらるるべきも、当時の戦況、残存水上兵力量に唯一隻の余裕もなく、従って間宮は一隻の友軍艦艇にも守られることもなく、永久に闇の南海に没し去ったのである。

南西方面艦隊司令部は、最寄りの行動艦艇に緊急救難の命令を発し、水雷艇雁及び第十七号海防艦が遭難地点に急行はしたものの、時既に遅く、敵潜の捕捉は言うに及ばず、唯一名の生存者をも救出し得なかったことは、誠に悲惨此の上なき事であった。

当時の詳録も現存せず、記憶も薄れ、私としては之以上の記述の及ばざることを遺憾とするも、貧弱な資料をも顧みず、敢えて拙文を綴った所以のものは、実に加瀬艦長の人格に感嘆し、斯かる埋もれた真の武人の態度を明らかにする必要を痛感する為である。

尚私は加瀬艦長のそれ以前の経歴も、人物も知らない。亦後々其の知人に対して、同艦長に就て訊き正したこともない。唯私の想像する所では、成績至上の風に偏していた海軍に於ては、必ずしも目立った、華々しい配置の、所謂恵まれた経歴は持たれなかったのではないか。茲に於て私共は真に国を支え、国の危難を救う者は、勇将知将と称賛され、其の名声を謳われる様な少数の提督、将軍にあらずして実に加瀬艦長の如き心境で、人格の力を以て部下を率い、坦々として国に殉ずるの名もなき士卒であることを銘記しなければならない。

今次大戦に於て、渾沌たる戦後に於て、或は亦戦犯問題等に於て、私共、特に正規将校たりし者の精神、態度には幾多反省すべき点を持つのであるが、軍諸学校の精神教育が果して本物であったか、似非精神教育であったかは、実に加瀬艦長の如き、表面に現れない真の武人が幾何あったか、亦其の多寡が如何様であったかによるものであって、私共は此の点を深く反省考究すべきではあるまいか。

私は名利を捨て去り、真に国を支え得る加瀬艦長の如き人が今日程我が国に必要なときはないものと信ずる。

此の一文が、艦長以下間宮乗員の例並びに其の御遺族を慰め、併せて私の述べんとする精神が会員諸氏に察して戴ければ、私の幸い之に勝るものはないのである。

注・語句解説／在比友軍＝フィリピン在部隊。レーテ＝レイテ島。
純乎《じゅんこ》＝真情・行動などが混じり気なく純粋なさま（『大辞林』）

この「水交」誌の同寄稿に余白を設けて、長谷という署名で加瀬大佐のことにふれた短い文がある。記述内容から加瀬大佐と同期（四十四期）であることがわかる。四十四期は大正五年十一月二十二日卒業で、名簿で確認すると、九十五名のうち長谷姓は長谷真三郎という人が一人だけだから、この人の筆によるものだろう。その一文も添えておく。

私は加瀬君とは兵学校三号生徒（注・一学年生）のとき分隊を同じうし、爾後は勤務を異にして多少離れてはおりましたが、同期生としてよく会しては親交を続けておりました。名利に恬淡《てんたん》といえば、これほどの人はまったく珍しく、常から尊敬しておりました。

加瀬君は知る人ぞ知るで、恐らく同艦、同隊内で日夕接していた人以外には、そんな姓の人が居たのかと思われるほど地味で、己を外に表すことのない人でしたが、座談が実に豊富で、けっして同じ話はされない。低い声で次々と語って尽きず、その間に人を面白く笑わせながら人情の機微を説くともなく説かれて、非常に示唆にとんでいつの間にか惹き付けられてしまったことでした。此度、松平君の本文を見まして、加瀬君の最期の情況を知ることが出来、同君の面目目のあたり見る感じがしましたので一筆書添えさせて頂きました。

（兵四四　長谷）

第二章　ロジスティクス思想・東西の違い

アメリカ映画『ミスタア・ロバーツ』の場合

日本の軍隊のロジスティクス（後方支援）には欧米、とくにアメリカの軍隊とは基本的な違いがあるのではないかというテーマで、わかりやすい対比をしようと思う。

ジョン・フォード監督の映画に『ミスタア・ロバーツ』（一九五五年）という作品がある。トーマス・ヘッゲンという小説家が第二次大戦直後の一九四六年に発表した小説を作者と名演出家ジョシュア・ローガンの手でブロードウェイの舞台劇にされ、丸三年間、千六百回以上上演されたというヒット作品が映画のもとになっている。一種のコメディ仕立ての風刺劇といったストーリーで、観たあと気分がスカッとするところが映画でも当たったのだろう。観てスカッとするとは言いながら、原作者は後年ノイローゼで自殺するし、映画製作中もジョン・フォードとヘンリー・フォンダが大喧嘩したり、完成近くなってフォードが手術のため入院で監督がマービン・ルロイに替わったりのエピソードの多い映画でもある。日本でもたびたび上映されてきた。いまではレンタルのＤＶＤで手軽に観ることができる。

映画の出だしはこうである。

太平洋戦争も末期の一九四五年春（という設定らしい）の太平洋艦隊後方支援基地のテデウム（架空名）の泊地から夜明け前に出港していく艦隊のシルエットが映し出される。空母や駆逐艦らしい大型艦……機動部隊の出動である。

場面がパンして、艦隊の出港を双眼鏡を手に凝視している海軍士官らしい男性のクローズアップ。それがヘンリー・フォンダ演ずる中尉〝ミスタア・ロバーツ〟である。勇ましく出ていく艦隊を見つめる「やりきれないな」という表情は、つぎの画面の流れでわかってくる。乗っているフネは「リラクタント」という通称「バケツ号」というかなり老朽の補給艦。Reluctantとは「しぶしぶ」という意味である。「気が進まない」「不承不承の」とか辞書にある。こんな艦名のフネがあるとは思えないが、そこがコメディで、停泊地のテデウム港も

H・フォンダ

J・ギャグニイ

J・レモン

Te Deum（讃美歌）ではなくTedium（退屈）からきているようだ。補給艦リラクタントはアパシイ（Apathy＝無関心）島に補給品を運ぶのが任務である。そのあとにつづくストーリーの展開や美しいカラーによる風景から南方前線に近い補給基地のようである。私が最初に観たのは劇場だったのでシネマスコープの画面がいっそうきれいに見えた。

舞台が南方前線となると、戦争の相手は日本軍だが、ほとんど表面には出てこない。最後にそれがはっきりするが、それはストーリーの結末ではあるが、さして重要なことではない。

一九四五年（昭和二十年）の春という時期の設定で、戦争が終わりに近づきつつあり、ロバーツ中尉はこのまま前線に出ることなく終わってしまいそうだという焦りが出ている。リラクタント艦が運搬する補給品とはトイレットペーパーとか、歯磨きとか洗剤などの日用品が主なもので、民間出身の海軍士官ロバーツ中尉でも毎日の退屈な勤務は面白いはずがない。一応先任士官を勤めてはいるが、早いとこ転属して戦列に加わりたい……そんな前提で映画が進められる。

艦長（ジェームス・ギャグニイ）は、貨物船か何かのボーイから成りあがった少佐。融通はまったく利かない堅ブツで、自分の評価だけを高めたい俗物的人間。〝長期にわたり大量のトイレットペーパーを運んだロジスティクスの功〟により部隊司令官から授与された椰子の植木鉢を枯らさないことに必死で、部下よりも植木鉢を大事にしている。あわよくば中佐への昇進を狙っている。狂言回し役でジャック・レモンがドタバタ少尉を演じて名を上げた。このレモン少尉も出自が怪しい、まずはアナポリスには縁のないパッチ当て（継ぎはぎの意味＝海軍用語に近い）のような士官で、服務規則などどこ吹く風で、自室で寝てばかりいて、まともなルートで海軍に入ったとは思えない艦内のトラブルメーカー。小手先が効いて、ちょっとした修理など簡単にやってのけるのが取り得といったところ。脇役として、フォード一家のウォード・ボンド、ジャック・ペニック（ひしゃげたような独特の顔）など常連が話をさらに愉快に進めている。

　しかし、よく観ていると、映画のはしばしに第二次大戦の中での太平洋戦争の情況がなにげなく描かれているのに気がつく。なぜ、民間人上がりの少佐や中尉なのか、戦争が終わりに近いころはアメリカ海軍でも応召（招集）でにわか将校をつくった。当然、勤務はあまり日の当たらない配置が多い。やはりアメリカにも「輜重《しちょう》、輸卒が兵隊ならばチョウチョ、トンボも鳥のうち」的偏重がないとは言えない。しかし、日本ほど、そういう仕事に従事する者まで軽視するということはなかったのではないか、というのが私なりの解釈である。海軍の人事制度と言えば、これも古い映画（一九五七年作）になるが、米・西独合作（二十世紀フォックス）に『眼下の敵』（Enemy Below）というUボートと戦時急造のバックレー型米駆逐艦（千五百トン＝商船用ボイラーを流用した蒸気タービン艦ではあるが性能はさほど高くない）の熾烈な戦いの作品（ディック・パウエル監督）があった。両艦長（クルト・ユルゲンス／ロバート・ミッチャム）が知力を尽くした駆引きを見せるところが面白かった。あの映画の舞台は戦争末期の南大西洋で、両艦がそれぞれ重要な任務を帯びて行動中での遭遇戦を描いたものだった。

これも、Uボート艦長はたたき上げの中佐で、副長との会話で「前のときは……」と話すのは第一次大戦の思い出話である。海軍士官だった息子を今次大戦で亡くしていて、自分自身も厭戦気分があるが、それは口に出さない。ヒトラーにかぶれた乗組員を苦々しく思っているが、ドイツ海軍士官としての義務感はしっかり持っている。

米駆逐艦長も元貨物船の三等航海士で、応召による海軍入りだとわかる。めったに姿を見せないから乗員から「船酔いで寝込んでるんだろう」とか〝促成栽培〟と陰口されている少佐という設定。駆逐艦が何かをソナー探知したところから急速に戦いが展開する。実際の戦闘になると、どちらもしたたかな戦術に長けた艦長。駆逐艦の対潜戦闘爆雷戦はきわめてリアルで、筆者たちの年代の海上自衛官なら昭和四十年代前半はあのとおりだった。最後は華々しい場面展開で終わるが、米独どちらが悪いという話ではないところがいい。

にわかづくり士官やたたき上げ士官の話で本筋から逸れたが、補給艦（輸送艦）が舞台となる『ミスタア・ロバーツ』に戻る。この映画の顛末を書くつもりはない。ようするに、アメリカでも補給艦を引き合いにすることでおもしろい小説や映画がつくれるのを言いたくて『ミスタア・ロバーツ』のことを書いているに過ぎない。

ストーリーの終わりだけ明かすと、ギャグニイ艦長の、上（司令部）ばかり見て、自分には甘く部下には厳しいやり方についに頭に来て植木鉢を海に叩き込み、乗員に感謝される行為をあとに、念願かなって艦隊の駆逐艦へ転勤したロバーツ中尉のその後の情報にバケツ号乗組員たちは大きな関心を持っている。しかし、届いた艦隊からの通知は日本海軍特攻機の直撃で戦死したという知らせだった。

コメディで、もとは舞台劇だから海軍の生活習慣や軍紀はおおまかであるが、米海軍には戦争中からあった女性海軍軍人（WAVE＝現在の女性海上自衛官もウェーブという）が集団で登場したり、今日の海上自衛隊に通じるところもある。それよりも、補給艦が第一線で活動するフネではなく、年数たったオンボロ輸送艦で、乗組士官も二級以下という設定に哀感が込められている。そのことにふれたくて『ミスタア・ロバーツ』を引き合いにした。

補給艦の出動・硫黄島攻防時の米軍写真から

それでは米海軍もロジスティクス（後方支援）を軽視していたのかというと、実際はそうではないようだ。米軍側の太平洋戦争の記録（映像）や解説では相当高い……というよりも日本とは比べものにならないロジスティクスがあった。輸送艦でも種別が多岐に分かれ、その数も厖大だった。もちろん糧食補給艦もある。

日本でいう特務艦は一般にSupport Ship（支援艦）というが、さらに目的別分類でＡＣ（給炭艦）、ＡＥ（給兵艦）、ＡＫＳ（貨物弾薬補給艦）、ＡＦ（給糧艦）、ＡＦＳ（戦闘給糧艦）、ＡＯ（給油艦）、ＡＯＥ（高速戦闘支援艦）、ＡＯＲ（洋上艦隊給油艦）に分けられていた（注：戦争末期に細分されたらしいものもある）。

ヨーロッパではナポレオン戦争時代のプロイセンの軍団参謀長だったクラウゼヴィッツの『戦争論』でも糧食の大事を取り上げた一項があり、（別途後述）対敵するナポレオン自身の言葉にも兵粮の意味するところを説いている。

注：プロイセン　ドイツ北部に位置し、ベルリンを含む広い王国。第一次大戦後ドイツ革命でヴァイマル共和制のプロイセン州となった。

時代を遡って日本でも戦国時代の徳川軍の三河衆の戦術や足軽の心得として記録された『雑兵物語』に戦場での食事づくりの知恵などが語られていて、食事は現地調達ではなく、前もって手配し、準備することの大事が説かれている。明治陸軍が「糧は現地に拠るべし」と食材は現地調達を基本としたことはやはり〝わかっていなかった〟ということだろうか。

もう一つのジョン・フォード映画『真珠湾攻撃』

同じジョン・フォード監督の作品に『Hawaii December 7. 1941』（日本名＝『真珠湾攻撃』）という米国民への戦意高揚のために制作したセミ・ドキュメンタリー映画がある。グレッグ・トーランドという撮影監督と手を組んだ一九四二年制作で、アメリカ側にとっては〝だまし討ち〟の真珠湾攻撃を主題としたプロパガンダで、相当その効果もあって〝リメンバー・パールハーバー〟に拍車をかけたらしい。

余談になるが、この映画を最近鑑賞し直して映像の確かさに気づいた。調べたら、グレッグ・トーランドというジョン・フォードと組んで撮影監督も兼ねた監督は『西部の人』『怒りの葡萄』『市民ケーン』『ならず者』など、大監督と手を組んだ名作をたくさん残している。とくにジョン・フォードとの共同制作が多いので『真珠湾攻撃』の共同監督になっているのも頷《うなず》けた。

この映画は最初の四十分間は俳優ウォルター・ヒューストン（ジョン・ヒューストンの父で『ならず者』のドク・ホリデイ役など）とドクターCという悪友らしいもう一人の年長者が長々とハワイの発展の歴史やエピソードを挟んだ論議からはじまる。

訪問者のドクターCは、「ヨーロッパでの戦争が太平洋に飛び火しそうで日本人移民にも気を付けねばならん」というが、ウォルター・ヒューストンは「今日のハワイの発展は一に日本人の勤勉な働きによるものだ。移民も沢山いるけど日本人移民の貢献がいちばん大きい。今後も日本人なくしてはアメリカの経済発展も危うい」と熱っぽく日本人を持ち上げる。そのやりとりを挟んで、映画では、日系移民たちの働きぶりが砂糖キビ畑、パイナップル畑、缶詰工場などの映像を交えて紹介される。

さすがジョン・フォード、グレッグ・トーランスだと感心している場合ではなく、はじめのほうを観るかぎりでは、どこが反日宣伝に繋がるのだろうかと思ったりする。韓国がつくる映画なら、はじめから全部ウソだと思ったほうがいいが、ジョン・フォードはやはり違う。フェア精神があるようにも見える。とくに冒頭から四十分つづく、ハワイ準州建設に対する日本人の功績紹介、称賛は具体的で、数値を挙げながらの説明はよくわかる。映画では日系の商工経済会らしい代表者が「戦争になったらアメリカ移民として民主主義国家アメリカ合衆国に尽くしましょう」と壇上で呼びかけるセリフまである。当時（昭和初期？）のハワイ（主としてホノルル）に住む日本人の生活――下駄を履いたり、お宮参りをしたり、漢字の看板の多い店の風景――などがせわしく紹介される。

しかし、ナチスの台頭とともにアメリカも油断してはいられないと、二人の論議は最初よりも歩み寄り、ハワイは世界最大の海軍基地があり、強固な要塞に守られていて慌てることはないと画面は変わりながら段々とハワイが危機に直面していく過程が描かれる。

筆者（高森）の叔母蓑田初子は大正十一年ハワイ生まれで、十歳になるまでマウイ島にいて、畜産からはじめた親がかなり資産をなし、昭和七年に一家で熊本に引き揚げてきた。働き者の日系人はハワイの各地で幅を利かせていたという。当時のアメリカは他国民にも寛容で、親たちはまさか祖国とアメリカが戦争になるとは想像することはなく財を築き、故郷へ錦を飾れるという意気揚々の帰国だったようである。

ジョン・フォードの映画を観ると、叔母から聞いた話や見せてもらった写真とも重なる。その叔母はまだ熊本の人吉で健在で、つい三ヵ月前にも会ったばかりである。九十七歳になったと言っていたが、後年ハワイを再訪問したりしているからか、子ども時代のハワイの様子をいまでもよく覚えているのに感心した。日本に帰国後、小学校に入ったが日本語がまったく話せず、一級下の組に入れてもらって日本語から勉強したという。十九歳（昭和十六年）で私の叔父にあたる近衛将校（少尉）と結婚し、その四年後の昭和二十年三月、叔父はフィリピンで戦死、しばらく戦争未亡人だったが、戦死した叔父の弟にジャワから復員した元陸軍兵がいて、その叔父（弟）と結婚して家督を継いだ。

その叔父も四年前に没した。ハワイで生まれ、アメリカが好きだった叔母が日本の陸軍将校と結婚し、その連れ合いはアメリカの敵弾に倒れるという戦争悲劇でもあるが、叔母は今でも少しもアメリカ憎しとは思っていないようなので救われる。またまた余談が過ぎたかもしれない。

ジョン・フォードの映画に戻る。

J・フォード

ジョン・フォード監督。海軍少将の制服を着ているが退役後の姿

映画は真珠湾攻撃直後から手掛けたにしても早い仕上がりで、公開が翌年の一九四一年となっているので相当急いだことがわかる。海軍が全面的に協力もしていて、素人俳優を使った演技と実写がよく融合している。

しかし、試写では「なんだ、ジャップを称賛してばかりいるじゃないか！」と喧々囂々《けんけんごうごう》の声もあって前半の四十分はカットされたという。とくに米海軍からは、パールハーバーの防衛が手薄だったような印象をあたえるので大幅な編集し直しがあったという。ジョン・フォードを海軍中佐として迎え入れて映画を作らせたのに、と怒ったらしい。そりゃそうだろうな、と今では簡単に見られるオリジナル版に近いDVDで観て感じるところが多い。

映画は前記したような長い長い前置きがつづき、やっと(?)一九四一年十二月七日(アメリカ日時・ハワイ時間)の朝に入る。

「日曜の早朝……」「オアフ島……」からはじまるそのあとの約三分間の映像を追いながら逐一ナレーションのテロップをそっくり写し取ってみた。

「要塞に守られ」

「ホノルルの街も他の街と同様に眠っていた」(ホノルル市内の俯瞰)

「陸海軍はこれまで続けて来た警戒態勢を極秘に最高度に上げていた」(鉄条網を張り巡らせた軍施設の一部)

「ヒッカム陸軍基地は対破壊工作の態勢を整えた」(基地外周の風景)

「ここで想定していたのは破壊工作や島民の暴動であり軍事侵攻には無警戒だった」(警戒任務中の陸軍兵)

「この日曜の朝、飛行機は格納庫や屋外に整然と集められていた」(飛行場での整備兵)

「ヒッカム飛行場に隣接する真珠湾は一億ドルの海軍基地だ」(湾内の俯瞰)

「この悲劇の一日の朝、主力艦巡洋艦は錨を降ろし、駆逐艦、補給艦、掃海艇、工作艦も停泊していた。その数は八十六隻」(停泊する艦艇群)

「七時に町は動きだした。島全体は静けさの中にいた」（広い風景の遠望）「ヒッカムでは整備が、真珠湾では隊員は暇つぶしをしていた」（格納庫前で仕事中の整備兵と岸壁でキャッチボールに興じる水兵たち）「ミサも行なわれていた」（大勢の軍人の前でのチャプレンによる日曜礼拝の説教）チャプレン（従軍牧師）が「今日は降臨節の日曜、十二月七日だ。クリスマスもすぐだ。贈物を運ぶフネも準備が出来ている」などと言う言葉に聞き入る兵士たち。そのあと、雲の彼方から無数の小型機が四方から飛来する。これがまさかの日本海軍のゼロ戦だとわかるのはそのあとである。

〝そのとき〟真珠湾に在泊していた米海軍補給艦の隻数

本章（第二章）の冒頭からここまでを二本の映画で画像やナレーションを引用してきたのは、じつは、二番目のフォード作品の『真珠湾攻撃』にある十二月七日（日本は十二月八日）早朝の画像の中に〝その日在泊していた艦艇は駆逐艦、補給艦、掃海艇、工作艦など八十六隻〟というところの、とくに「補給艦」という個所に以前から目を向けていたからである。

この反日プロパガンダフィルムを見直したのが、ちょうど本書の執筆の構想に入ったばかりのとき（一年前）だったので、当時の米海軍との比較をしてみたくて、調べてみると、米海軍は大小艦艇約百五十隻の補給艦（約九十隻の給糧艦をふくむ）を保有していたことがわかった。

片や、我が日本海軍は明治後期から主計部門の一部が大騒ぎして給糧艦の建造を訴え、大正末期に軍縮条約の陰でやっと一隻、昭和時代に開戦の三日前にどうにか一隻（伊良湖）が竣工して追加、あとは戦争末期までに漁船に毛が生えたような名ばかり給糧艦の小型艦が数隻（七隻）というのが実情だった。

その日米のロジスティクスの違いに繋げたいがために映画『ミスタア・ロバーツ』や『真珠湾攻撃』を引き合いにした。筋違いのことを書いているのじゃないかと思われた読者があればご容赦願いたい。これからが本格的展開になる。

同じ戦争をするにも兵粮ばかりでなく広く後方支援物資がなければ戦えないということであるが、その点では、先に一発叩いたのはいいとして（ここにも外交手続きの不手際があるが）、さらにそのあとのロジスティクスとなると心細いどころか、絶望的だった。

その点、相手の米英、とくにアメリカは日本と反対。日本軍の魚雷を食らって沈んだはずの戦艦がゾンビのようにいくらも経たないうちに蘇ってくるし、本土からの助っ人艦艇が続々来るし、大型給油艦が入れ代わり立ち代わり補給に来るという具合で、日本では「やった、やった！」と言っているときに「リメンバー・パールハーバー」の輪は瞬く間に全米に広がった。ジョン・フォードの映画もさらに火に油を注いだことは間違いない。映画の中でも、「トウジョウヲ許スナ」と言っている。

給糧艦等五十隻以上停泊していたと言われる特務艦艇も、なかには戦艦アリゾナの雷撃のあおりで大きな損傷をした補助艦もあった。

アメリカの英文資料を見ていておもしろいことを発見した。インターネット・レベルの資料であるが、アメリカ発の二次大戦資料、とくに米海軍関係史料の検索は英文でそのまま読む方が信頼できる。なかには和訳を併記したものもあるが、翻訳機による訳文なのだろう、じつに陳腐な日本語になっている。あまりにもデタラメな翻訳で、しかもだれにもその責任はなさそうなのでそのまま転載した。チンプンカンプンとはこういうことを言うのだろう。原文を併記すればわかるが「たしかに英語ではフネは女性名詞だったなぁ」と思い出した。読者の息抜きになると思う。

炎上する戦艦カリフォルニア

「爆発は、すでに爆弾に襲われている修理艦の損傷を引き興しています。彼女は駐屯ヤードの航海のための資本船の大規模の修理を含む船の数百人を修理、南太平洋 Aug42-mid44 に送られました」——こんな調子がずっとつづく。

注：ヴェスタル（USS Vestal-4）という工作艦

太平洋戦争開戦の大本営発表の模様を「再現」した日本ニュース（第79号）画像から

（AR）は戦艦アリゾナの近くに停泊していたために損傷したというのが原文。特務艦に付く艦種記号のAはAuxiliary（補助）の意味で、補助艦艇には前記の例のように、基本的にAが付される。RはRepair（修理）のことだろう。

ちなみに、真珠湾攻撃のとき湾内に空母こそいなかったが、沈没や損傷をした大型戦闘艦はつぎのとおりである。

沈没　戦艦アリゾナ、オクラホマ、カリフォルニア、ウェストヴァージニア　機雷敷設艦オグララ　標的艦ユタ

大破　戦艦ネヴァダ　軽巡ヘレナ、ローリー　駆逐艦ショー、ダウンズ、カッシン　工作艦ヴェスタル

中破　戦艦ペンシルベニア　水上機母艦カーチス

小破　戦艦メリーランド、テネシー　軽巡ホノルル　駆逐艦母艦ドビン

※航空機は損失百八十八機、損傷百五十五機

当時のニュース映画、戦後の記録で見る真珠湾攻撃の描写は確かに凄まじい。

「臨時ニュースを申し上げます。臨時ニュースを申し上げます」にはじまる「帝国陸海軍は

本八日未明、西太平洋上において米英軍と戦闘状態に入れり……」

報道はアナウンサーによるものと大本営陸海軍部、その後、大本営陸軍部発表、大本営海軍部発表に分かれるらしいが、開戦の年に国民学校一年生だった筆者には〝大本営陸海軍部〟発表を再現した大平英雄陸軍報道部長の上ずった甲高い声による読み上げが印象に残る。

ラジオを聞いて日本国内は浮き足立った。日本海軍による真珠湾攻撃、二日後のマレー沖海戦、そのあとの日本陸軍によるマレー半島侵攻とつづいたまではよかった（?）が、すぐに作戦よりもロジスティクスの差が大きくなっていく。

第一章の「給糧艦間宮「建造反対」の声の中で」の項で「腹が減ってはいくさが出来ぬ」のことわざと同じ意味の〝mill stands that wants water〟が西洋にもあると書いた（P42）が、連合軍、とくにアメリカ軍の戦いが本格的になるほどに糧食に欠乏することはまったくなくなる。南北戦争で兵食の窮乏に手痛い教訓（とくに南軍）を得たアメリカ軍隊のロジスティクスは二次大戦ではまったく憂慮が不要となっていた。

注：南北戦争での糧食の甚だしい欠乏状態とその教訓は筆者の数回にわたる南部戦跡調査で得た史料をもとに後述する。

ロジスティクスの〝概念〟というと具体性が欠けるかもしれないが、アメリカは、歴史は短いわりに経験則が基本的概念として政治、軍事に活かされているのではないか、とアメリカ訪問のたびに感じる。それが西洋人的発想なのかもしれない。

アメリカのやることをなんでも持ち上げるつもりはないが、あの〝パール・ハーバー〟を、討たれた側でありながら、「見事な計画と実行だった」と評するアメリカ軍人がいたのをネットの英語版で発見した。ほんとかな？ と思ったりするが、余裕のある国民性なのかもしれないとも思う。真珠湾攻撃はルーズベルトの陰謀説などもあるが、永遠の謎のままになるところが多い。

日本海軍の攻撃のとき真珠湾には八十六隻の艦艇が停泊していたことを書いたが、アメリカ海軍は二次大戦中に後方支援艦、とくに物資輸送艦を何隻くらい持っていたのだろうか。戦争中のアメリカの行動範囲はヨーロッパ戦線もあるので比較が難しいが、補助艦艇（Auxiliary Ship）に関する資料は、主として米海軍によると思われる英語版をインターネットで検索したものである。「インターネット・レベルなので……」と前記したように、英語だからと言って信頼できるとは限らないが、少なくとも古い資料ではないことは読んでみるとわかる。ネット上ですでに和訳されたものは信用できない。そうかといって、いちいち英訳するほどの精緻性は必要ないと思われるので、とくに一九四五年以前から就役していた補助艦艇の中から抽出してみた。

日本海軍は、第二次大戦の終結とともにほとんどの艦艇を廃棄させられたり、海軍艦船としての使用ができなくなった。ドイツ、イタリアもほぼ同じであるが、日本は徹底的に消滅が図られた。したがって、一九四五年（第二次世界大戦終結の年）に続く国際連合成立を戦前・戦後の区切りであるとしても、アメリカ海軍艦船はこの時期が装備や体制の切り替え時期というわけではなく、むしろ大戦中の艦船をそのまま保有し、整備し、除籍が必要な老朽艦艇を逐次新造艦に切り替えていくので、補助艦艇を抽出するには区分しにくいところがあることを先に断っておきたい。

また、補助艦艇を種別に拘《かかわ》らず取り上げると膨大な列挙になったり、本書の目的から逸れてしまうので、Support Ship、Auxiliary Ship の中から保有隻数の概数を上げるにとどめた。ようするに、日本海軍とどのくらいロジスティクスに差があったかを読者に分かってもらえればいいのではないかという趣旨である。

米西戦争の実績で、その後のストアシップ＝補給支援艦（AF）の元祖となったセルティック（6350トン）。1本煙突が間宮に似ている

英文資料で見ると、大戦中の米海軍の給油艦、給兵艦等のような輸送対象を明確にしたものは別として、補給する物品等を明確な区分はしなかったのではないかとも考えられる。古い資料に Stores Ship という区分の仕方で補給艦を呼称する場合が多いのは、軍需品としてさまざまな生活用品等も、まさに『ミスタア・ロバーツ』のリラクタント号のような補給任務だったのかもしれない。

AF（給糧艦）は保冷設備等の必須条件から早くから保有していたが、それをAFS（戦闘給糧艦）やAOE（高速戦闘支援艦）、AOR（洋上艦隊給油艦）というように専門性を高めたのは二次大戦後のことのようである。ただ、いずれもそのルーツは二次大戦にあるようだ。二次大戦で活動した支援艦にはその前身は一八九八年（明治三十八年）の米西戦争に繋がる支援艦セルティックのようなものもある。

そういう、過去の戦闘などを教訓として改善され、新たに誕生した給糧艦の好例として、リゲル級給糧艦がある。星の名を付与するというのは沢山あるということで、実際に大戦中にはリゲル、シリウス、ヴェガなど星座を構成する一等星、二等星など恒星の名前を借りて命名しているものが多い。

これならいくら支援艦を造っても命名で困ることはない。アークツゥルス、アルタイル、アルデバラン、アンタレス、カノプス、カペラ、デネブ、プロシオン……ほんとに星の数ほど造ることができる。

蛇足であるが、戦後アメリカ海軍では給兵艦も数隻造られた。スリバチ級給兵艦（一万四千トン）がそれで、スリバチ、マウナ・ケア、ニトロ、パイロ（火）、ハレアカラ（マウイ島の火山）など、休火山、活火山を主用したフネがあった（全艦退役）。今は大型輸送機が効率的なので旧来の給兵艦はないかもしれない。摺鉢山やニトログリセリンが出てくるところがおもしろい。

日本海軍では間宮の二番艦として伊良湖を造ったとき、シリーズとして湖にちなんだ命名をと考えていたが、戦争末期のことであとが続かなかった。しょせん日本国内の大きな湖の数は星の数には追いつかない。多数つくることはどだい無理だったようだ。

第二次大戦後のアメリカ海軍は戦前の建造体制を踏襲して、艦名もホシにしている。しかも戦争中に活躍した給糧艦を更にグレードアップしたものが多い。リゲル級、シリウス級、マース級など複数の同等艦をさらにAF、AFSなどに分け、任務の効率化がされている。
戦後建造された給糧艦の中で、ややオーソドックスタイプに属するAF－58リゲル(Rigel)について要目、活動実績を記しておく。

米海軍補給艦 AR－58リゲル（15150トン）給糧艦など支援艦はどれも同等タイプで機能だけが違う

米海軍給糧艦リゲル（米海軍資料から抜粋）

就役一九五五年九月、除籍一九七五年六月。一万五千百五十トン、長さ百五十三メートル、幅二十二メートル。蒸気タービン一軸、速力二十一ノット（時速約三十九キロ）。

兵装　三インチ連装砲四門。乗員三百五十名。

主として、東海岸（ヴァージニア州ノーフォーク）を基地とし、第六艦隊に所属、カリブ海、地中海、アフリカ西方、アイスランド、カナダ方面で活動、多くの補給実績を持つ。

ロジスティクスの概念・日本と西洋

ジョン・フォード監督の二本の作品を引いて映画のことを書いたついでであるが、真珠湾攻撃の実相を再現した映画に『ここより永遠に』や『トラ・トラ・トラ！』などもあってドラマの本筋ではないのを承知で感じることがある。贔屓目に見るつもりはないが、私は海上自衛隊でロジスティクス部門の仕事が多かっただけに、とくにすぐに立ち直ったアメリカの国力の差を感じないではいられない。

日本が先に顔を殴った形のままで本格戦争に入ってしまったが、クラウゼヴィッツが言う（『戦争論』）とおり、「戦争は政治におけるとは異なる手段をもってする政治の継続にほかならない」（篠田英雄氏訳、岩波書店版）、「戦争とは他の手段をもってする政治の継続にほかならない」（清水多吉氏訳、中公文庫版）であると思う。

海上自衛隊幹部学校高級課程では、入校すると、まずこの『戦争論』という大書を購入して精読させられる。文庫本でどちらも合計千二百二十ページを超える分冊になっていて、通勤の地下鉄車中で読めるようなものではない。しかも未完で終わっているので、あとは想像によるしかないが現在でも古典的名著であり、〝戦争〟の本質を表していると思う。陸軍大学校、海軍大学校ともに学生は読んだようだが、陸大学生は〝金科玉条的〟に、海大学生は〝一般教養書の一つ〟として読んでいた、と私は幹部学校学生のとき某教官から聞いた。

なにぶんにもプロイセン時代（ドイツ国家成立よりかなり以前の神聖ローマ帝国に繋がる中央ヨーロッパの西側）の論説の一つである。私は「戦争は政治の継続する手段である」というところだけ「いいこと言ってるな」と思う程度であるが、当時のヨーロッパを取り巻く複雑な情勢、軍隊の存続のための国家の施策、窮したときの問題解決例などが面白いと思って愛読している。糧食（給養）の概念もあって、そこを紹介したく引用している。

プロイセン王国は日本人にとってあまり馴染みのない時代の国だが、ドイツ連邦（プロシア王国・オーストリア帝国）時代のプロシア王国（一七九七年～フリードリッヒ大王期）でその末期は夫婦喧嘩のようにプロシアとオーストリアが戦争することになる（七週戦争・一八六六年）。その前の七年戦争（一七五六～一七六三年）はプロイセン、オーストリア、イギリス、その他の国が絡んだ複雑な戦争であるが、そのあと一八三〇年代以降にプロイセンに登場するのが参謀長カルル・フォン・クラウゼヴィッツである。

七年戦争当時のことを描いた面白い映画がある。スタンリー・キューブリック監督がイギリスで撮った『バリー・リンドン』（一九七五年）という古典的映画で、当時のヨーロッパの情勢、とくにオーストリア、プロシア、イギリスが絡んだ複雑な国際情勢が背景になっていて今では考えられない野戦の模様がふんだんに出てくる。アイルランド農家生まれの主人公（ライアン・オニール）はイギリス軍兵士になったりプロイセン兵になったり、それに伴う考証がいかにも凝っていてこの監督らしい。兵食支給場面もある。

どうでもいいような西洋史を書くのは、このオーストリアこそスイーツ（お菓子）の本場で、洋菓子の歴史はオーストリア（ウィーン）を抜きにしては考えられないこと、日本の和菓子、とくに給糧艦間宮の看板商品「間宮羊羹」を考えるとき、西洋菓子との食文化比較として別項「間宮羊羹」でハプスブルグ家を発祥とするオーストリアの甘味品を引用したいと思っているからである。

カルル・フォン・クラウゼヴィッツ

クラウゼヴィッツといえば『戦争論』——世の中に「戦争反対」といえば戦争はなくなると思っている国民が多いようだが、戦争は政治の一つの解決策であり、あまりにも究極の手段であるだけに戦争を選ぶ手段は絶対に避けるべく政治はしっかりすること、外交での解決策に力を注ぐこと、さらに国民はもっとしっかりしないといけないと教えているのが『戦争論』であると私は思っている。

戦争論　カルル・フォン・クラウゼヴィッツ（一八一六～一八三〇年）がプロイセン陸軍大学校校長のときに書いた『VOM KRIEGE』で『戦争論』として知られる。執筆後期に病床に臥し、身内が補筆したり加筆したりしたが未完で終わっている。日本でも陸海軍軍人の必読の書とされた。その割りには、陸軍は政治に口を入れ過ぎた。

その『戦争論』にはロジスティクスの大事を説いている項目がある。その中に「給養」（中公版では「糧食」）と題する長い論述がある。その要旨は別途「ナポレオン戦争とロジスティクス」の項で紹介することにして、ここではそのさわりだけ抜いてみる。

「軍の給養は、近代戦争では昔に比べてはるかに重要となった。その理由のひとつは兵の数が多くなったことである」

「給養管理のためには之を満足させるための設備が必要になった」

「軍の給養も規模の発展とともに政治の分野となった」

「フリードリヒ大王時代のように、兵に貧弱な食糧を与えて恬《てん》として恥じない君主時代は終わった」

「近代戦における給養の仕方には四通りある。即ち第一は……」（筆者注：以下は別項で上げる）

「我がプロイセン軍が敵対したナポレオンの指揮下にあったフランス軍はエッチョ河からドナウ河の下流に至るまで、また、ライン川からヴァイクセル河に至るまで、いずれも給養に欠乏することはなかった。その際に民家からの調達意外に糧食給養の補給手段はなかったが、それが出来たのである。しかし、近代（これからは）戦争ではそうはいかなくなった。準備が必要なのである」

ざっとこのような調子でクラウゼヴィッツ校長の兵食論がつづくが、それはあとの紹介ということにする。陸軍の兵食を基本に考えてあるようで海軍兵食とは背景を異にするところもあるが、示唆に富むところもある。

ただ、クラウゼヴィッツは、馬糧（馬の飼料）については兵員数の増大で軍馬も増え、それに伴う飼料の管理が以前にもまして困難になったことを、この一八〇〇年代後期に訴えている。日本陸軍が明治初期に兵食の管理を「糧秣」と呼び、「秣《まつ》」とは軍馬のエサ（まぐさ）を指していることは同じ発想だったのだろう。

日本陸軍でも軍馬は兵と同じく、あるいは兵以上（？）に大事にしていたことは、兵食の食材等を海軍では「糧食」、陸軍では軍馬の飼料をふくめて「糧秣」としていたことに関連して第一章で書いたが、軍馬に関して、というよりも軍馬が軍歌にも歌われているくらい大事だったということから話を膨らませて「軍歌もロジスティクスの一つである」と位置づけした一考をこの項のあとページを設けて書くことにして、ロジスティクスに対する東西の概念の違いについてつづける。

ロジスティクスに対する概念に日本と西洋の違いがあるとすれば、それは地政学的な背景に拠るのではないかという考え方もできる。そのことについての持論を少し書く。

海上自衛隊幹部学校で四十歳代後半に一年間学んだのは「国家安全保障はいかにあるべきか」が大きなテーマだった。学校は、教えるというよりもヒントだけあたえて、あとは自分で考え、自分なりの結論を出すというアカデミックな教育で、得るところも多かった。十数名の一年一回の課程で、留年はないので皆よく勉強する。

地政学（Geopolitics＝ジオポリティクス）とは、国家を有機体として捉え、その国家のさまざまな歴史的事象を前向き（将来役立つように、の意味）に研究する分野とでも言えばいいだろうか。その国が置かれた地理的環境・条件がその国家にあたえる政治的、軍事的、経済的な影響を国家戦略に適用（応用）しようという理論と言えば少しわかる気がする。

ようするに、ほとんど陸続きのヨーロッパ大陸の中の諸国家と極東（西洋から見た場合のどん詰まりにあって列島として独立している日本とは軍事整備（用語の「軍備」とは多少ニューアンスを異にする）も違ってくるのではないかということである。早い話が、陸続きの大陸では糧食の確保も十八世紀後半くらい（〜一八〇五年）までは容易だった。地政学的に日本と似た大英帝国でも海を越えれば（植民地もふくめ）ロジスティクス（主として軍需品の獲得）は難しいものではなかった。

その点、日本は地政学的に西洋とは同じようにいかないことが多い。しかし、それを知らずして明治国家成立後の日本陸海軍は日本独自のロジスティクスを考えようとはしなかったのではないか——結論ではないが、それを承知しておかないと兵站もうまくいかない。そうかといって、地政学によるものだから自然条件からは脱し得ないというのはいいわけになる。大東亜戦争、とくに太平洋戦争では地政学上の制約を知ったうえでのロジスティクスに日本海軍（陸軍にも言える）は足りなかったのではないかと気づかされる。

海上自衛隊の幹部教育課程に、昔の海軍大学校の課程に相当する「指揮幕僚課程」と並んで「専攻科課程」という、入校するには幹部自衛官にとって唯一の受験（筆記、面接）による選抜制度がある。幹部候補生学校出身で、満三十七歳未満・三等海佐（一等海尉四年以上経過者）という標準的受験資格がある。幸いなことに三十六歳のときに希望する専攻科学生になることができ、一年間、舞鶴の第四術科学校でたった一人の課程学生として勉強した。

入校間もない時期に職種別に分かれた関係教育機関に入っている専攻科学生合わせて七名の集合教育が東京であった。海上幕僚長の特別講話のとき、講話の終わりに質問時間が設けてあったので、挙手して中村悌次海幕長に尋ねた。「兵学校ではロジスティクスあるいは後方支援という分野について兵学校生徒はどのように教わったのでしょうか？」と。

中村悌次海将　大正八年九月生まれ。京都市出身。兵学校六十七期（昭和十四年七月卒業）二

百四十八名の首席で卒業。戦争中は巡洋艦「高雄」で少尉任官、駆逐艦「夕立」水雷長、戦艦「長門」測的長・高射長としてスラバヤ沖海戦、ソロモン海戦等で対潜戦闘、対空戦闘を体験。海軍大尉。昭和二十七年六月海上警備隊入隊、第十一代海上幕僚長（昭和五十一年三月〜五十二年九月）。

中村海幕長の答えは明確だった。

「兵学校では、いわゆる〝兵站〟、つまりロジスティクスというのは教わった記憶はありません。兵科士官が特別に習うべき、あるいは兵学校で教えるべき科目ではないという認識だったのかもしれない。関係する術科は機関学校や経理学校の教育分野に任せてあったのだと思う。しかし、やはりそれではいけなかったと私は思っています」

と丁寧に答えられた。「後方支援を担当するのは主計部門の士官の仕事」とはっきり言われなかったが、日本海軍のロジスティクスに対する認識の一端がわかった気がした。

後日談がある。

それから二年後、私は鹿屋の航空部隊（第一航空群）幕僚として主にマネージメント、ロジスティクス分野の業務に携わっていた。監理幕僚の担当業務は広く、対外的には広報（記者クラブ、市民からの相談、基地対策等の窓口）、内部的には隊員の福利厚生、給養管理、部隊行事の運営等、それこそ小規模なロジスティクス業務のサンプルのようなスタッフだった。

その鹿屋で、冨田成昭首席幕僚（のち大湊地方総監）の発意で隊員への訓育講話に中村悌次前海上幕僚長が講師に招かれたことがあった。冨田首席幕僚は中村海幕長の先任副官を勤めた人で、その縁は勇退後の中村海将と緊密な関係にあったようだ。

講話後の群司令室での懇談のときに冨田首席幕僚から私を中村前海幕長に紹介してもらった。中村海将は私が修学した新たなカリキュラムによる幹部専攻科課程の生みの親で、同氏が海幕教育第一課長のときに自ら手を入れて刷新された課程だった関係で、その課程を最初に修業した学生であることを自己紹介できたことだけでもよかった。

さらにそのつづきとも言える後日談がある。

私はとっくに海上自衛隊を定年退職していた二〇〇九年のこと、ヴァンダービルト大学名誉教授ジェームス・アワー氏のテネシーの自宅に泊めてもらったとき中村悌次提督のことに話が及んだ。日米同盟の懸け橋として功績の高いジェームス・アワー氏とは私の幹部専攻科課程のときの縁で知り合い、近年も親交をつづけているが、アワー氏も海上自衛隊幹部学校初の留学生の経験もあって中村海将に最大の尊敬を捧げている元米海軍士官である。

アワー氏が「ぜひアドミラル・ナカムラに手紙を出したらいい」と勧めてくれた。

帰国後、匹夫の勇（?）で畏れ多くも中村悌次元海上幕僚長に、昔の専攻科課程学生であること、その後海軍史の執筆等を通じてジェームス・アワー氏とも親しくしていること等を簡単に書いた手紙を出した。数日も経たないうちに丁寧な返事をもらったのにはさらに驚いた。

葉書にはご自分の教育一課長だったころのことにふれて、「当時かねてから私の信念として、海上自衛隊の術力を充実するには専門性の高い幹部の養成が必要であり、そのため専攻科課程を刷新することに力を入れていました。貴兄のような立派な方が育って活躍していることは何よりも嬉しいことです（後略）」

と、丁寧な自書の葉書だった。「私も卒寿ということで足腰は弱ってきましたが、貴兄のようなお便りを頂くとまた元気も出ることです」とも書き添えてあった。兵学校六十七期の「恩賜の短剣」の方（優等生）に「貴兄のような立派な方」と言われると畏縮してしまうが、何よりの励ましだった。

中村悌次氏はその七ヵ月後（二〇一〇年七月）に九十一歳で逝去された。

右は中村海将の絶筆となった『生涯海軍士官』（中央公論新社刊、二〇〇九年四月）で、私はジェームス・アワー氏からアメリカでこの本の贈呈を受けた。

この稿を書いているとき、不思議な偶然としか言えないが、前記した冨田成昭元大湊地方

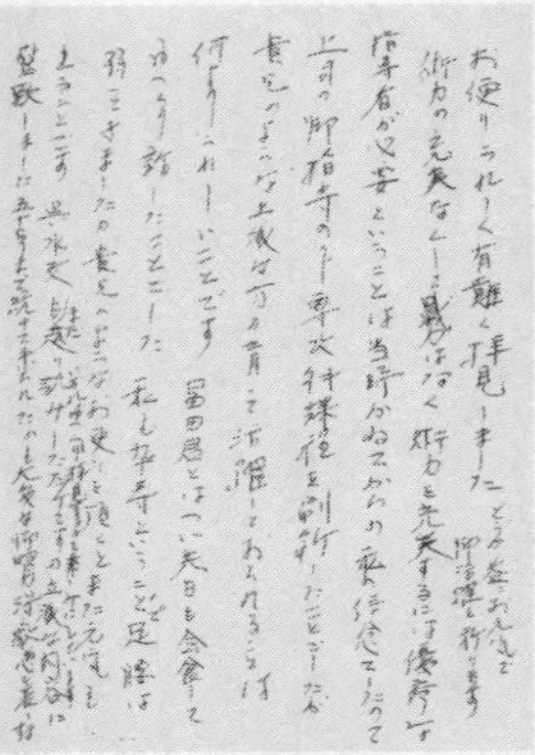

中村悌次氏からの葉書

中村氏の著作

総監から、中村海幕長先任副官時代のことでなつかしい手紙をもらった。その数日後、さらに偶然が重なるが、澤本頼雄海軍大将の甥御の田島明朗氏から公刊されていない兵学校卒業者名簿の古い写しをもらった。六十七期生をみると、まさしく中村悌次氏は二百四十八名中の筆頭にその名があるのを確認した。

卒業後のこのクラスは戦死者が多い。昭和十四年七月卒業なので、中尉、大尉で海上勤務した人が多く、ほとんど南方前線の第一線での死闘を体験している。卒業生の六十二・五パーセントにあたる百五十五名が戦死している。中村悌次大尉自身も駆逐艦夕立水雷長として第三次ソロモン海戦等で生死の境をくぐっている。阿川尚之慶應大学名誉教授の著書『海の友情』（中公新書＝著者翻訳の英訳版も二〇一九年三月既刊行）に詳しい。

本書のテーマと全く違うことに数ページを費やしたようにみえるかもしれないが、数十年前、中村悌次海上幕僚長から「兵学校ではロジスティクスについては教務（授業）としては習った記憶がない」「しかし、（日本海軍として）それではいけなかったと思う」というひとことを聞いたことから、最も信頼できる証言の背景として話を膨らませた。

軍歌は精神的ロジスティクス

日本陸軍も軍馬は最大の〝兵力〟として大事にした。陸軍軍歌に『雪の進軍』という、日清戦争中の山東省奥地での厳しい雪中体験を歌にした軍歌がある。軍馬、糧食のことも歌っているので、ついでであるが紹介する。歌詞はつぎのようになっている。

♪雪の進軍氷を踏んで 何処《どこ》が河やら道さへ知れず
馬は斃れる 捨てても置けず 此処は何処ぞ 皆敵の国
儘よ大胆一服やれば 頼み少なや煙草が二本
焼かぬ乾魚《ひもの》に半煮え飯に なまじ生命《いのち》のある其の内は
こらえ切れ無い寒さの焚火 煙《けむ》い筈だよ生木が燻る
渋い顔して功名噺《こうみようばなし》「酸い」というのは梅干し一つ
(注：版によって歌詞の入れ替わりあり)

この歌詞を読む限り、とても士気を鼓舞する軍歌とは思えない。敵国に出兵させられたが、あたりは雪と氷だらけ、馬は倒れるし、一服やろうにも手持ちも少ない。まともな飯も炊けない。暖を取ろうにも火が点くような薪もない……こんな内容で、二番、三番につづく。

この軍歌は東宝映画『八甲田山』(新田次郎原作の小説『八甲田山死の彷徨』をもとに制作)の中でしばしば使われたせいか誤解されやすいが、軍歌『雪の進軍』が出来たのはそれより数年早く、日清戦争での威海衛の戦(明治二十八年)に従軍した陸軍軍楽隊員の体験がもとになっているようである。つまり、雪中行軍訓練とは直接関係ないことが事実になったということになる。

軍歌も軍隊の精神的（無形的？）ロジスティクスだと思うとひとこと言いたくもなる。海軍の軍歌は行進曲「軍艦」のようにいやがうえにも気分が高まる（パチンコ屋でも）ものが多いが、陸軍には「抜刀隊」「万朶の桜」はいいとして、情けなくなるような軍歌が多い。

阿川弘之氏が米軍将校に「泥水すすり草をかみ……」という歌詞のある軍歌「父よあなたは強かった」の訳詞を紹介したら、「これは反戦の歌か」と評したという。「兵站補給がまるでなってない証拠だ。反乱が起きてもおかしくない。反戦グループの陸軍当局に対する嫌がらせの歌か」とも。「ロジスティクスがうまくいってないことを歌うとなぜ日本人は士気が昂揚するのか？」とも訊いてきたという（『海軍こぼれ話』光文社、一九八五年刊）。

この軍歌は、昭和十三年に大阪朝日新聞が懸賞募集した「皇軍将士へ感謝の歌」の応募作第一席に選定された歌詞だという。このころは朝日新聞も盛んに戦争を掻き立てていた。戦後購読数を維持できたのは「サザエさん効果」に拠るだけだと私は思っている。

日露戦争の奉天開戦のあとで作られたという「戦友」も四分の二拍子なので当然、行進曲として使えるが、抒情的で、軍歌というよりも亡き戦友を偲ぶ追悼歌、万葉集で言うところの「挽歌」そのものである。ほぼ同時期に作られた、同じ四分の二拍子での、これも長い歌詞で知られる「鉄道唱歌」とは全く印象が違う。

「ここは御国を何百里 離れて遠き満州の～」…「しっかりせよと抱き起こし～」と十四番までつづく歌詞を読むと、日本人はこういう叙事詩的な、悪く言えば浪花節的とでもいうのか、語りモノの歌を好む民族性があるのかもしれない。ナニワ節といえば、「♪嗚呼戦いの最中に 隣に居りし我が友の 俄かにはたと倒れしを 我は思わず駆け寄って……」とか、「♪進軍ラッパを聞くたびに 瞼に浮かぶ旗の波（日中戦争「露営の歌」）……」たしかに心に訴えるところはあるが、果たしてこれが士気を鼓舞し、戦意を高める精神的ロジスティクスになるのかなあ、と疑問を感じたりする。もの悲しい歌を歌うことによって、それよりも自分の境遇はよっぽどマシだと刻苦精励になるのかもしれない。たしかに、チャイコフスキーの交響曲「悲愴」を聴くと、なんともやりきれないなァと陰鬱な気分にはなるが、そうかといって寝込むほど気力が落ちるものでもない。ショパンの嬰ハ短調のピアノ曲を聴いても、音楽はいいなあ、とむしろ仕事への活力になることもある。仕事への活力こそロジスティクスである。

私の郷里に近い熊本と宮崎の県境に発祥する「稗搗き節」や「五木の子守唄」は歌詞も節まわし（曲）も激励歌ではなく、完全な〝気休め歌〟か慰め歌だと思うが、陸軍軍歌のいくつかはそれに似ている。

音楽は一種のロジスティクスであると言いたいがためにかえって混乱するようなことを書いている。それかといって、前記したいくつかの陸軍軍歌は反戦歌でもなさそうだ。少なくとも大東亜戦争では出征兵士たちも（それを歌いながら？）よく頑張った。

注：軍歌は歌詞に左右されるところが多い。同じ四分の二拍子、速度が♩114の「勇敢なる水兵」「如何に狂風」「決死隊」「上村将軍」「日本海海戦」「艦船勤務」「行進曲軍艦」などが

気分を鼓舞されるのは歌詞にもよる。行進曲にも四分の四拍子の「太平洋行進曲」や八分の六拍子の「轟沈」などがあるが、ひとえに歌詞との融合で勇ましく感じるもののようである。

ここで靖国神社が出てくるのはさらに場違いに感じられるかも知れないが、軍歌の関連で付記しておきたい。

靖国神社は軍歌にもあるような厳しい体験の中で国に命を捧げた人たちへの慰霊の社である。よそ（外国）から、わけもわからずとやかく言われる筋合いはない。私は、靖国神社へ行くと、まず幼少のころ可愛がってくれた前述の戦死した叔父を思い浮かべて祈る。A級戦犯者を考えたことは一度もない。

一年前のこと、中国の知人一家が来日し、猛暑の中わざわざ私の住む広島まで会いに来てくれた。東京に着いて、まず靖国神社にお参りしてきたという。本駒込の親しい私の友人のそのまた友人という関係の中国人家族で、本駒込の友人が長く上海で現地企業社長をしていたので社員たちにそれとなく靖国のことも理解させたようだ。中国人でも知識階級には立派な国際人もいるのを知った。

その点、韓国は同じようにはいかない。古代から西方の圧力にたえずオドオドしながら生きてきた民族の宿命がDNAとなって被害者意識が根付いたのだろう。私は若いころ広隆寺で弥勒菩薩を観たのがきっかけで朝鮮文化に興味を持ち、勉強したことがある。ハングル文字も読めないといけないと、当時（昭和四十年代後期）のことテレビでも韓国語講座はなく、

苦心したが、一応ハングル文字も読めるまでにはなった（音声で読めるというだけで文章の意味までは無理＝イミ의미もムリ무리も発音は同じで、朝鮮半島から渡来という）。

余談であるが、韓国語は独学した。京都駅で朝鮮人参を売っているチマチョゴリ姿の女性を見付けてハングル文字を教えてもらおうと頼んだら「私、服着てるだけなんですウ」とバツが悪そうに京なまりで笑っていた。そのころ、何もわからずに購入した辞典や数冊の本の中に『ハングルはおもしろい』（文藝春秋社刊）という新書判タイプの読みやすいのもあって、その著者が産経新聞でお馴染みの黒田勝弘氏であることを最近になって知った。

文禄・慶長の役の史跡探訪で京畿道、全羅北道、慶尚北道、慶尚南道も訪ね歩いたこともあるが、李瞬臣を称えるのはいいとしてもあちこちでどこからか案内人が出て来て加藤清正、伊藤博文への怨みを昨日のことのように聞かされるのにはうんざりした。そういえば、韓国は「怨」の国とも言って過去の怨みをいつまでも持ちつづける民族的特性がある。これではいつまでたっても〝国家〟になれず、ただの民族なのだと思ったりする。そのうち、壬申倭乱（イムジンウェラン＝文禄・慶長の役のこと）の賠償を求めたり、〝故郷忘じがたし〟（司馬遼太郎氏の小説）まで逆用してくるかもしれない。ハッと気づいて四百三十年以上前のことを思い出す――「これも（タカリの）材料になる！」、そういう民族でもある。

私の郷里熊本では今でも加藤清正はカリスマ的藩主で、清正公（せいしょうこうサマという）と呼ぶ。熊本市の東郊外に小規模の滝があって、あるとき土地の古老に訊いたら「ウーサン滝と昔は言うとりました」とのことだった。私は〝ウーサン〟は蔚山（ウルサン）から

横浜・本牧山妙香寺山門。本牧原在・橋田篤廣氏提供

来たネーミングに違いないと加藤清正との因縁を勝手に考えたりしたことがある。

広島平和公園には区域外にあった韓国人原爆犠牲者慰霊碑も公園内に移すべきだという声が市民の間で起こり、平成十一年に公園内西側のいい位置に移設された。花を供える日本人も多い。慰安婦像や徴用工の報復で撤去しようと言わない日本人は大人である。

余談のつもりがとんでもない方向へ話が飛んでしまったが、どこかで書いておきたいと思っていたことまでこの際敷延した。私には海上自衛隊勤務を通じて知り合い親しくしていた韓国人一家もソウルにいる。国際社会での韓国の発展を願うだけに余計なことを書いた。

もうすこし「音楽はロジスティクスなり」を強調しておきたい。

生半可な音楽知識で知ったかぶりのことを書いたが、軍歌も兵士を支える一種のロジスティクス分野であることを言いたくて軍歌、軍楽にふれた。

逸脱ついでにいうと、日本の軍楽はイギリス海軍軍楽をルーツとする。生麦事件がもとで起こった翌年の薩英戦争（一八六三年七月）のときイギリス艦隊が錦江湾で奏でる西洋音楽（吹奏楽）にはじめて接した話もある。薩摩軍がイギリスとの和解後、洋楽器、洋楽譜を使った軍楽隊を編成、早くも明治二年に英海軍軍楽隊員ジョン・W・フェントンによって横浜本牧山妙香寺で「君が代」を奏でるまでになる。その前の戊辰戦争で政府軍が士気鼓舞に使った「♪宮さん宮さん（トンヤレ節）」は洋楽形式で、日本最初の軍歌行進曲とされている。

日本では日露戦争直後の一九〇六年（明治三十九年）にアメリカでは海軍軍歌「錨を上げて」がつくられている。海軍兵学校（アナポリス）軍楽隊長チャールズ・ツィンマーマン中尉が作曲し、アルフレッド・ミルズ生徒（のち大佐）が最初の作詞にたずさわったという。アメリカ海軍軍歌と言えばなんといってもこの「錨を上げて（Anchor's Aweigh）」が最高傑作。ジーン・ケリー、フランク・シナトラの古いミュージカル映画を引き合いに出すまでもないだろう。

四分の四拍子。日本人が聴いても胸が躍る。さらに歌詞がいい。数回書き直されたようだが、Stand Navy out seaではじまる二番の歌詞（書き直しのもの）が勇ましいのでそちらをざっと訳すとだいたいこんなことだろう。（筆者訳）

「♪さあ、海軍海原へ出ようぜ／負けずに喚声を上げろ／絶対針路を変えるんじゃないぞ／邪悪な敵もタジタジさ／TNTを引き出せ／錨を上げろ／勝って奴らの骨をデヴィ・ジョーンズに沈めっちまえ」

（※Davy Jonesは筆者には不明。大西洋岸の海の名称か？）

軍　艦　明治43年（1910年）改訂版

♩＝114　作詞 鳥山啓 作曲 瀬戸口藤吉

錨を上げて　1906年（明治39年）

作曲 米海軍兵学校軍楽隊長大尉 Zimmerman 大尉

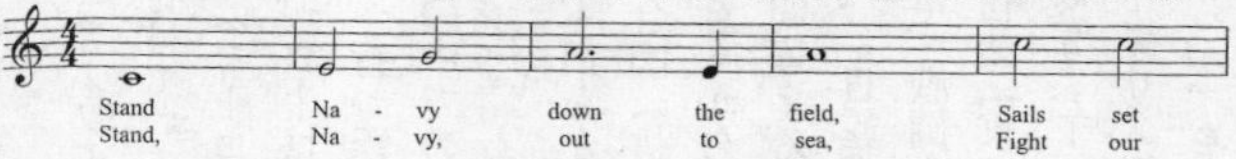

谷村政次郎氏著『海の軍歌と禮式曲』から

洋の東西の軍歌という意味から共通する最高傑作と言えば、アメリカ海軍は「錨を上げて」、日本海軍には沢山あるが、明治三十三年につくられた「軍艦」が群を抜いて気持ちを奮い立たせる。

とくに「軍艦」ほど精神的ロジスティクスになる音楽はほかにないと私は思う。アメリカにもファンが多い。前記のジェームス・アワー氏もその一人である。「でも、日本でパチンコをしたことはないけど」と冗談を言っていたが……。

勇ましい曲という意味では、オスマン帝国・トルコ共和国から継承されたトルコの進軍音楽はセルジュクトルコ時代からのもののようで、遠征した十字軍も太鼓、長い金管楽器、シンバルを使った勇壮な音楽で進軍してくるトルコ軍にはおののいたという。十七世紀後半にはとくにその特徴あるトルコ音楽が流行したようで、モーツアルトもベートーヴェンもトルコ行進曲をつくっているくらいである。今は、トルコの観光コースでトプカピ宮殿見学と並んで勇壮なメフテル（トルコ軍楽隊演奏）が聴ける。

注：モーツアルトはピアノソナタ第十一番で、ベートーヴェンは劇付随音楽「アテネの背弧」でトルコ風の曲を付けている。

余談だが、トルコ軍はヨーロッパに攻め入りすぎ、撤退するときウィーンの森の教会に置き去りにしたコーヒーがヨーロッパに広まるきっかけだったというから世界史も面白い。二十五年前ウィーンの森へ行ったとき、その教会跡も訪ねてみた。

日本では歴史的に戦の中での音楽の位置づけはあまりできない。音曲《おんぎょく》は音楽には似ているようだが、「歌舞音曲《かぶおんぎょく》」というように賑やかな、かつ、世俗的な催しの付属的鳴りモノで音楽ではない。少なくとも何らかの音階や音程から構成されたものが音楽だと思う。いくさのホラ貝は軍楽ではなく合図（信号）にすぎない。進軍ラッパは号令の一種で、気を引き締め、行動を統制するという意味からは軍楽に近いものはあるが、やはり音楽ではないと私は思う。いい加減に吹いたり、間違えることは許されないが……。

昭和のはじめのこと、「日露戦争のときは戦艦に乗っていた」という元軍楽隊員から聞いた民間人が、「軍楽隊は、戦闘中はマストに登ってラッパを吹くんですか」と言われてうんざりした話（東郷会発刊誌『東郷』所収）がある。「戦闘のときは弾運びや伝令など戦闘配置で決まっています」と答えたという。

薩英戦争のとき、「イギリス艦隊は戦闘中に軍楽隊が甲板で音楽を演奏して士気を鼓舞していた」という話もあるが、それも鹿児島の市民の聞き違いか思い込みだろう。ただし、文久三年（一八六三年）七月二日の大暴風雨、猛風の中での戦闘後、風が収まった夜半の錦江湾でイギリス艦隊旗艦ユーリアラス号が、戦死した艦長ジョスリング大佐、副長ウィルモット中佐以下十三名の戦死を弔う水葬（?）のもの悲しい音曲が聞こえたという話も鹿児島にはある。私は鹿屋勤務のとき市民の一人から聞いたが、あまり信じてはいない。鹿屋の西の港町垂水が瀬戸口藤吉海軍軍楽長の出身地だけに伝説の一つだろう。

吉村昭は『生麦事件』でもイギリス軍楽のことには触れていない。イギリス海軍とのちの日本海軍軍楽は大いに関係があるが、薩英戦争当日のイギリス艦隊の軍楽演奏がその日のうちに薩摩海軍に伝わったというのは尾ひれがついた話だと思う。激しい戦闘があった直後の夜中に同胞の水葬までやる時間があるかなあ、とも思う。

戦闘中はともかく、軍楽、軍歌が軍人兵士にとって一種の〝ロジスティクス〟であるとは言えるだろう。まったくの筆者の私論である。

元海上自衛隊東京音楽隊長・谷村政次郎氏は日本スーザ協会会長もつとめた音楽学研究者でもある。旧来親しくしているので音楽について教えを乞うことも多い。本稿の音楽関係部分も監修してもらったうえで筆者なりの文章にした。

『雑兵物語』にみる日本的ロジスティクスの特徴

ロジスティクス論というほどあらたまったものではないが、給糧艦間宮を例に、日本海軍の弱点だった後方支援を考察する手立てとして、アメリカ海軍の後方支援体制と比較をしてきたが、その違いには日本人の体質的なものがあるのではないかと、古い時代にもたちかえってみたい。

関ケ原合戦のあと江戸幕府が盤石になるまでにはかなりの年月を要するが、五十年以上たつと戦国の士風が廃れ、武家集団も泰平の世に馴れてしまった。武備の心構えを忘れてはならないという記録に、足軽のような下級武士の言葉を使って書かれたものが『雑兵物語』で、五十年ごろ前の或る研究者は、三河言葉が使われているので作者は徳川家に近い者（三河衆）としていたことがあったが、近年はそういう推測もないようだ。

作者不詳で、江戸幕府創立（慶長八年＝一六〇三年）から五十年以上たった明暦から寛文期に書き起こされ、長い年月（幕末まで）をかけて加筆修正されていったらしく、現在多く読まれるのは弘化三年（一八四六年）版らしい。文中に、「迷惑三年火の粉の飛ぶ年正月十八日、十九日……」と明暦三年丁酉（ひのととり）の振り袖火事を洒落に使ったりしている（「また槍担ぎ」）からは後年の加筆であることは間違いない。

『雑兵物語』には多数の訳本もあるが、すべて身分の低い足軽の話し言葉で書かれているところが面白い。岩波文庫本、岩瀬文庫本等もあるが、私がとくに参考にしたのは講談社刊（かもよしひさ氏著）と教育社刊（吉田豊氏訳）で、どちらも昭和五十五年でほとんど同じ時期（十一月と十月）の発刊というのは偶然かもしれないが理解しやすい。言葉の表現にはやや違いがあるが、一部言葉を変えながらポイントを抜粋し、さらにわかりやすいように筆者なりの文言にした。

鉄砲足軽小頭　朝日出右衛門

いまさら言うまでもねえが、首にかけた数珠《じゅず》打飼《うちがい》袋の結び目は、襟首うしろの真ん中になるように結ぶもんだ。結び玉が胸のところにくると鉄砲の狙いが定められねえ。また、無駄弾を撃つことのねえように撃ちなされ。敵が見えねえからといって空鉄砲を担いではならねえ。かならず弾をこめてから担ぐもんだ。それが心得というもんだ。

精いっぱい戦って息が切れるようなときは、打飼袋の底に入れた梅干を出してちょっと見ろ。けして舐めるんじゃねえ。食うのはもとより、舐めても喉が渇くほどのものだから、命のあるうちはその梅干を大事にして、息切れしたときに取り出して見るだけにして、食いはしねえもんだ。だから梅干は出陣の間じゅう一つあれば間に合うが、胡椒の粒は日にち分ほどの数が要るもんだ。夏も冬も、朝一粒噛んでおけば、寒気にも暑気にもやられねえ。だからこいつは梅干しと違ってずいぶん数が要るぞ。

注・数珠打飼袋／長い筒になった打飼袋に兵粮の米を入れ、一食分ごとに堅く縛って背負ったので数珠のようになった。食べるときは端のほうから縛り目の手前で袋ごと切り取り、陣笠で煮るのが作法だった。

足軽　小川浅右衛門

昨日、弓に弦を張りかえたとき、ちょっと弦に折れ目がついたが、一度矢を放ったら切れちまった。念入りに出来た弦だったが、折れ目がちょっぴりついたくらいでも二度とは射れずちょん切れることがある。取替えの弦が不足のようだが、折れ目がつかねえように、扱いを丁寧に張りかえるべえ。この弓は寸法が六尺だ。一尺ごとに籐が巻いてあるのは間竿（一間の物指し）に使うためのものだべえ。覚えておくがいい。

荷宰料　八木五蔵

こんどのいくさはえらい大人数だ。十日以上攻め進んだのだろうが、まだ攻めきれねえでいる。まだ十日はかかるだろうから小荷駄隊がえらく遅れちまって前に進まねえ。わっちらの衆は四、五日分の兵粮を数珠打飼袋に入れて首にかけているから、馬隊が追いつけなくともあと三日や四日は食うに困ることはあるまい。

だが、味方の領地でまわりは味方だからといって油断しちゃいけねえ。こんな兵粮不足のときには味方からでも奪われるもんだ。間抜け顔してると盗まれるぞ。近くでは兵粮を食い尽くして小荷駄の馬が二頭分荷を盗られて空馬になっているくらいだ。

俵を結わえてある荷縄や空になった俵のわらぶたは捨てないでちゃんとくくっておけ。荷縄はずいき（里芋）の茎を縄にしたあと味噌で味をつけて干したものだから、刻んで水でこね回して煮れば汁の実になるべえ。敵地に踏みこんだら何でも構わず拾っておけ。食える草木の実はもとより、根や葉に至るまで馬にくくっておけ。松の木の皮は煮くだして粥にして食うのもいい。首にくくりつけた籾が降り続いた雨や川越で濡れて芽を出したら、丁度植えつけてもいいくらいに延びたところで芽も根も煮て食ってもいいもんだ。

敵地に入ったら井戸があってもけして水を飲むんじゃねえぞ。相手は逃げるときに井戸に糞を投げ込んでいるから、知らずに飲むと腹をこわすぞ。飲むなら流れている川の水を飲め。それでも、土地が変われば湧き水も変わっているから、慣れない土地の水には気をつけろ。あんず（杏）の種を布に包んで鍋に水を入れ、上澄みを飲むがよい。タニシを干して、同じように上澄み水を飲むのもいいもんだ。

夫丸　馬蔵

五蔵どの、五蔵どの、お前様のおっしゃるとおり、いくさ場はほんとに飢饉になっております。お歴々のお偉い方たちやお前様は具足を着け、大小を差していかめしく見えまするが、陣中での暑さ、寒さ、眠気についてのご自分の身をあつかう術はわたしらのほうがよっぽどぞんじております。

わっちらは田舎から江戸へ菜漬を運びますのに、夏は破れたひとえの着物、冬は木綿の袷をひっかけるだけ。雪や雨のときは米俵をほどいて真ん中に穴をあけ、俵のへりを首に掛けて二日三日と夜昼なしに歩いたものです。

なにぶん陣中では、乞食のような暮らしを手本になさるのが一番です。そんなときは馬にもろくなものを食わせられず、水だけはなんとか飲ませたものです。

わしのじい様は馬兵衛といいましたが、籠城のときは、兵粮米をはじめ食いもの一切、武

上＝『雑兵物語』から筆者の転写
下＝邪魔にもされる後方部隊の小荷駄

具はもとより石や材木まで、できるだけ貯めておくもんだが、まずは水の便をはかっておくのがなによりの大事と言っておりました。山城に籠ったとき水に不自由し、もう死ぬべえという目に遭ったと申しておりました。

　水はなによりも大切で、一人一日に一升ずつ要ると聞きました。食いものをどのくらい用意すればいいのかの目当て量もございます。米は一人一日六合ずつ、塩は十人で一合、味噌は十人で二合で準備すると申します。夜の合戦もあることから当然米は増やさねばなりますめえ。

だからといって、米をいっぺんに渡してしまうと酒飲みの者たちは酒を造って飲んでしまうので、せいぜい三日か四日分ずつ渡して五日分以上は渡さねえもんです。城に立てこもるということもないではありますまい。これらは昔のいくさのきまりでございますのでお心得として五蔵どののお耳に入れやした。

夫丸　茂助

朝からの合戦でずいぶんなこと駆け回ったのでえらく腹が減った。飯の支度をするから首に掛けた打飼袋の数珠玉をひとつ抜いて縛った袋のまま陣笠に入れて炊きなされい。二日や三日の陣なら食いものがなくても我慢できようし、五日か七日なら生米かじってもおれようが、何日かかるかわからねえいくさのこった。鍋に使う陣笠は足軽衆がみな頭に乗っけるものなので汚れてもいる。

そのまま煮炊きに使って飯を食うと腹をこわすこともあるから、柔らかく炊いてやるべえ。わしの主人ときたら面桶《めんつう》を持っておらず、急な出陣で弁当入れを拵えるひまがなく、普段の飯椀の糸底を平らにして長い手ぬぐいに包んで四緒手（注：しおで＝馬の鞍の前後に付ける固定用の紐。四方手ともいう）にくくって来られたから、それを使うべえ。

また馬取り　彦八

この畜生は数えで六歳の馬だから元気なはずだが、江戸を発ってまだ二日目というのに主人が相模の酒匂川を渡りなさるとき、その前の雨で水かさが増していて馬が足を取られご主人がうろたえなさった。それも道理で、この馬は番町の旗本屋敷の払い下げで、四つ足とも筋が切られておった。川の中で馬はばったり、主人も川に落ちてたいそう水を飲まれてしまった。

馬と言えば、まだおかしい話がある。馬が痩せるというと、肉をつけてやるべえと上々の古酒を飲ませて滋養をつけなさる。夏は蚊に刺されないよう厩に蚊帳を釣り、馬場では蹄が汚れちゃいけないと厩から馬場まで筵を敷きつめて馬を引き出す。そりゃ、食いものにも念を入れるから馬にはいいかもしれねえが、使いものにならねえようにされては馬も迷惑なこった。馬の身にもなってみろ。食いものは悪くても、脚の筋は切られねえほうが畜生としてもよかんべえと思うが、お前はどう思う。

注：馬が実戦で使われない時代になると、乗馬での安全と足取りが華麗に見えることから馬脚の筋（腱）の一部を切って歩きにくくするのがとくに江戸で流行った。このことを言っている。

『雑兵物語』から、下級武士から見た糧食管理、馬の扱いなどを抜粋してみた。時代は違うものの、また、ロジスティクスと取り立てて言うほどのものではないが、いつの時代でも後方支援（兵站）の仕事は〝後方〟に置かれていることがわかる。

〝後方〟といえば、もっとわかりやすい戦国時代の合戦を主材にした〝日本的後方〟を研究した好個の史料がある。『関ケ原役—合戦とその周辺』（新人物往来社刊、昭和四十六年四月）で、著者は松好貞夫氏（明治三十二年生まれの元東京都立大名誉教授）。この人は滋賀県生まれでもあり、関ケ原合戦の研究には一般にはない郷土史家的視点が多く、初版のとき購入して以来、幾度となく重ねた関ケ原探訪の糧としてきた。

その中で、松好名誉教授がかなりページを割いているのが「刈田狼藉」である。

物資確保のための掠奪や徴発行為は昔の日本でも一般的で、海賊行動はそのための組織的作戦の一部だったが、合戦にあたって現地で兵粮、馬糧を盗賊的な手段で確保する簡便な方法が「刈田狼藉」だったという。敵・味方ともあらかじめそれを計算に入れて作戦を計画するので、いちばん迷惑するのは農民だった。

映画『七人の侍』は敵対する集団こそ違うが、野伏せり（野武士）の行為は「刈田狼藉」そのものである。農民の自衛は季節が大きく関係する。

映画のストーリーは、村人が野武士の刈田狼藉に備えて、緊急集会でサムライを雇うことを決め、飯を食わせるというだけの契約条件で七人の浪人を雇うところからはじまる。天正十五年の晩春から初夏のことが最初のほうの梅の花が村の道端に数枝咲いていることや菊千代（三船敏郎）の偽系図からわかる。本能寺の変の五年後という設定になる。

防衛のための作戦計画、村人の自衛組織の訓練、防御陣地の構築等、野武士の襲来に備えてすこし早めに麦刈りをし、田を起こして一部を水田にする。

そのあといろいろあるが、野武士の集団が村を襲いはじめ、本格的戦闘になる。数回の戦闘のあとの決戦を経て、数人の犠牲者は出すが、一応野武士の脅威が去り、田植え場面で終わるというオリジナル版では二百七分の長尺映画である。

日本の農事に疎いと、この映画の時間（日数）の経過がよくわからないかもしれないが、麦の収穫期は〝麦秋〟というように、昔の日本での大麦収穫は旧暦の六月（初夏）だった。

麦を刈ると、麦の脱穀と併行して田植の準備で、稲苗の育成、田起こし、水田の準備等超多忙で、田植は梅雨の終わりごろ（七月半ば）になる。十月半ばに稲刈りし、稲掛けで乾燥し脱穀。休む間もなく田を耕し麦を播き、十一月（霜月）下旬に麦が新芽を出すので、霜に浮き上がらないように麦踏みをする。ここでひとときの農閑期。すぐに新年を迎える準備をする。地域によって多少の差はあるが、それが日本の歳時記、農事暦でもあった。

つまり、映画『七人の侍』は麦の刈入れ時期から田植時期までの短い間に野武士と七人の非常勤浪人を中心にした村民側の戦いだったことになる。その間、わずか二ヵ月足らず。後半で俳優たちの吐く息が白いことがあるのは撮影が遅れて冬になり、クランクアップが三月十六日になったからである。農事を知ってあの映画を観るといっそう味わいが出る。

私は麦こそつくっていないが、一反に満たない米づくりを二十五年やっていて、五月から田植がすむまでは〝農繁期〟である。野伏せりこそ来ないが、稲穂が熟するのと期を一にしてイノシシの襲来がはじまるので八月になったら新たな敵の防衛策に明け暮れる。広島市内でも近年の刈田狼藉が増えるようになった。平和公園の近くでさえ出没することがある。

昔の合戦は農事暦が左右した。田に水がある期間はなにかと動きにくい。作戦の機動性が失われる。関ケ原では、西軍の宇喜多秀家が八月二十三日（旧暦）に東軍の赤坂陣地へ夜襲をかけるべしと主張したが、石田三成は大兵を動かすのに水田の困難性を説いて反対したという。三成は西軍の〝名ばかり大将〟ではあるが、怜悧な判断をした。これに対して東軍は赤坂から西への道に藁や柴などを敷きつめ行軍の便を図ったという（松好説）。

作戦の巧緻はともかく、合戦の季節的制約は大きく、概して田の水を落としたあと（旧暦では九月初旬）が刈田狼藉にも、野戦にも都合がよく、農民には迷惑な季節だった。関ケ原合戦は、陰暦の九月十五日（太陽暦では十月二十一日）で、合戦にも好都合だった。この日の朝は肌寒く、関ケ原一帯は深い濃霧に覆われていた。八時ごろ霧が薄れるのを見計らって、北側の丸山に陣する黒田長政隊の戦闘行動開始で「天下分け目」のいくさがはじまった。農民たちは傍観するほかなかっただろう。

松好貞夫氏が前著で強く指摘している研究に「合戦場における小荷駄の群れ」がある。

小荷駄とは戦争に備えて軍需品を運搬する輜重《しちょう》で、輜とは本来衣類のことで、転じて軍需品一般を指す。重とはそれを積んで運ぶ荷車のことであるが、明治時代に陸軍は軍需品一切を運ぶ輸送車を輜重と称し、それを担当する兵を輸卒と呼んだ。「輜重輸卒が兵隊ならば、蝶々とんぼも鳥のうち」と後方支援の仕事を軽視する言葉はこれに発祥している。

兵站は合戦の大事な要件であるが、小荷駄がやたらに戦場に入ると部隊行動の邪魔になる

関ケ原古戦場。西軍の主将石田三成陣地・笹尾山から東側（大垣方面）を俯瞰した全景図。合戦の最中、この中で東西軍の多数の小荷駄隊に右往左往されては戦闘の邪魔になるばかり。ロジスティクスの実際場面の難しさがわかる気がする。視点を変えて古戦場を観るのも勉強になる（昭和51年晩秋・筆者撮影）

ばかりでなく、場合によっては作戦行動の妨げにもなる。

「戦場ではただ勝利をあげるのが至上命令である。

だから兵站の生産者や担当者は常に歴史の陰に隠れて苦労し、小荷駄は常に戦場の邪魔ものであった。例の七月七日の軍令にも「小荷駄の軍勢に相交わらぬ様堅く申し付くべし。若しみだりに相交わらば成敗すべし」という厳命が東軍にある」と松好氏も記す。七月七日とあるのは徳川軍が鳥居元忠を伏見城の死守に残して上杉討伐を理由に東征する直前のことで、全軍へその主旨が伝えられた。

ところが、徹底しなかったと見えて、小山軍議でUターンした家康軍の本隊でさえ西へ行くほどに小荷駄が増えていった。

戦国武士の日常は、即「常在戦場」の心がけは佳しとしても陣中にも日常生活が持ち込まれた。指揮官はもとより、家禄のあまり高くない者まで自前でいろいろな日用品を持ち込む習慣になっていた。ようするに、全体としてのロジスティクス統制ができていない。小荷駄が増えるのは致し方ない。上級者は「小屋掛け」といって陣中用のプレハブ住宅まで移動するようになり、道路は小荷駄で輻輳する。

板坂卜斎という家康の書記の記録に、「街道で背が曲がるほど荷を積んだ馬が三十頭ほど通りかかるのを見て、家康公は不機嫌になった。早く通れと合図をするといっそう馬は騒ぐ。誰の馬か、と訊くと二千石の阿部左馬之助という中級家臣のものだという。公は段々と表情が険しくなったが、そんなときまたまた渡辺忠左衛門という三千石の知行取りの十三頭の小荷駄が通りかかったときには目を見据えてにらみつけ、怒る気力もなくなって、いつもの癖で口をただワニワニと遊ばすばかりだった」とある。

あちこちで、しかも一千石くらいの家臣でも戦場に家財道具を持ち込んでいた。どこまでが「常在戦場」「臨戦態勢」なのかわからない。

戦備と兵站のバランスの難しさは日本の歴史にもたくさんあるようだ。

この時代の作戦計画と戦闘指揮は驚くほど緻密であり、周知徹底されている。通信手段や文書の交付が不便な時代に複数の文書、命令書を発信し、部隊としての戦闘行動を統制できたのは不思議なくらいである。その点では、小荷駄の問題のように、ロジスティクス（衣食住）の大半は各部隊任せ、戦場への物資持ち込みも自由――そういう認識だった。

それでも、前記の板坂卜斎の筆記には、公（家康のこと）が夥しい小荷駄の通行を見て「いまどきの若き者、是程の陣へ小屋道具、沙汰の限りと御立腹あり」と書き、さらに「昔の者は斯様にてはなし、とさらに御立腹」と家康は八つ当たりの剣幕だったという（松好氏著『関ケ原』）。家康の不機嫌、八つ当たりは合戦の流れから、すでに関ケ原での戦闘がはじまってからのことのようだ。初戦の勝利に気をよくして上機嫌だったところに次から次に入り込んでくる輜重輸卒の群れ――徳川家康の立場もわかる気がする。

そうは言いながら、東軍は大坂方に比べ兵站は整っていたというのが多くの研究者の所見のようである。やはり、「ロジスティクスだけで勝利した戦《いくさ》はないが、ロジスティクスなくして勝てた戦争もない」というのは真実だろう。

旧陸軍は、当然のことながら関ケ原合戦についてよく研究している。地形、気象、双方の勢力比較、各部隊の行動等は軍事の専門的視点から細かな分析がされている。

陸軍は、明治十八年に陸軍大学校教官としてドイツからクレメンス・メッケル少佐を招聘した。メッケルこそプロイセン時代からの生粋の陸軍軍人で、「関ケ原合戦」の配置図を見せられ、即座に「西軍の勝」と判定した。結果が逆だったことを知って、「信じられない」と驚いたという。事前の寝返り工作や日本人特有の情勢判断力など、内に潜む背景までは知らなかったようだ。

陸軍参謀本部が編纂した『日本戦史』はいまではめったに見ることが出来なくなったが、筆者が防衛大学校勤務のときは同中隊の陸上教官たちはよく図書館から借り出して読んだり、学生館前の砂場で「関ケ原」を模した図上演習をやっていた。陸上自衛官はよく勉強するものだ、と感じたが、一等陸尉の中期になると幹部学校の指揮幕僚課程（CGS＝昔の陸軍大学校に相当）受験に備えての相互研究だったようである。ということは、試験問題に〝関ヶ原〟が出るのかどうか知らないが、関ケ原は幹部陸上自衛官にとって常識的歴史知識のようである。

ただし、旧陸軍が日露戦争、第一次世界大戦はいざ知らず、関ケ原合戦の戦訓、とくにロジスティクスを教訓として大東亜戦争でどのくらい活かせたのか、陸軍だけの問題ではないが、難しいところが多い。

ナポレオン戦争とロジスティクス

十九世紀前半のプロイセン王国軍人で軍事学者として知られるクラウゼヴィッツについては「ロジスティクスの概念・日本と西洋」の項で記したが、その文中で、ナポレオン戦争との関係は「別項を設けて」としたつづきになる。

あまり知られないが、森鷗外には『日本兵食論』という未完の著書がある。鷗外というよりもこの本の内容からは著者は陸軍軍医森林太郎と言わないといけないが、鷗外がドイツ留学中（明治十八年二月＝陸軍軍医大尉相当）にドイツ語で書いたもので、未完とはいえかなりの大書である。日本語訳にしたものを二十五年前に神田の古書店で見つけて、しばらく立ち読みしたことがある。数万円の値がついていたのでそれきりになっていたが、拾い読みしたかぎりでは格別な感動はなかった。ただ、日本の兵食は米が主体となることにふれてあった。

兵食には白米と言えば脚気――しかし、鷗外は子どものころ、津和野藩藩医だった祖父森白仙が「江戸わずらい」のため参勤交代の藩主に遅れて帰藩の途中、鈴鹿峠の土山（滋賀県甲賀市）で亡くなったことは忘れなかった。ただ、脚気の病因が白米の過食にあるようだと知るのは帰国（明治二十一年九月）後のことで、海軍が四年前の遠洋航海実験で脚気が食事内容に原因することを究明したあとだった。ドイツ医学を学んだ森林太郎にとって、明治陸軍が出来たとき「医学は独逸流」（海軍は英国流）を踏襲している陸軍の中で、脚気細菌説に異を唱える状況にはなかった。『兵食論』を執筆したのは森鷗外が渡欧した四ヵ月後のことで、兵食といっても格別な卓見がないのは当然かもしれない。

その点では、クラウゼヴィッツの『戦争論』にある「給養」――つまり「兵食論」はけっこう中身がある。ただし、日本の陸海軍士官はもとより、現在の自衛隊幹部でも『戦争論』は読んでも、大書の真ん中付近にある第五編第十四章の「給養」（中公文庫版では「糧食」）はあまり読まないようだ。私も、よほどの確認の要があるときしか読まなかった。

しっかり読みなおしてみると、どれも当たり前のことばかりであるが、兵術書として後方支援の重要性が具体的に書かれている。昔のヨーロッパの広い戦場を背景にした兵站管理で、また、当時の戦力は軍馬に大きな力があったとはいえ、馬糧（秣）のことにもかなりページが割かれている。いくつかを岩波版から抜粋して読みやすく書いてみよう。

・軍の給養は、近代の戦争においては往時に比して遥かに重要になった。それは二つの理由による。第一は、一般に近代の軍は、兵の数が中世の軍はもとより、古代の軍に比しても著しく巨大になったということである。昔でも兵数が多いことはあっても一時的なものだった。しかるに、ルイ十四世以降、軍は莫大な兵員を擁するに至った。つまり、近代戦争における軍事的行動は以前に比べはるかに緊密な連携を保ち、戦闘力は不断の戦闘準備が必要になった。往時の戦争の多くは、たがいに連絡のない孤立した戦闘から成っていて、ときおり休止したりしていたので専ら自軍の必要を充たすだけでよかった。

それがウェストファリア講和（注：一六四八年、三十年戦争後の講和条約）以後、戦争に関係する各国は軍事行動の目的達成の中で給養の重要性がとくに認識されるようになった。天候不良、とくに冬営（冬場の駐屯）は戦闘休止期間としていたが、実際は戦闘もつづいているのであり、給養も考えるのが当たり前になった。

・給養は軍単位の管理だったのが、軍の建設、運営が政府の仕事になったことで、それが税金によるものであっても政府の為すべき仕事になったということであり、給養は独立した制度が必要になった。

・兵に甚だしい給養の欠乏を強いる将師は、たとえ兵を愛する心情があっても、また、いくら人情の機微を察する気持ちがあっても、いつかはその大きな代償を払うことになるのを知らねばならない。

・給養管理には食材に運搬から製パン所の設置まで、組織として円滑でなければいけなくなった。昔は少々の不足があっても兵に不服を言わせないことができたが、僅かばかりのパンしか支給されない兵に戦力を求めることは困難である。フリードリヒ大王時代は欠乏に耐えるのも軍人の美徳とされたが、欠乏した給養で赫々たる戦果を挙げたというのはいまの時代には合わない。

・攻撃の場合と防御の場合の給養は違うことを一言しておきたい。防御のときはあらかじめ準備しておいた糧食物資をそのまま使用することができる。防御では補給基地が近くにあるからである。しかし、これに反して、攻撃の場合はつねに移動にともない補給基地も遠ざかるから補給も緊急を要することになる。さらに、攻撃では勝敗が決しないうちの前進では物資をみすみす後方に置いて行くことになる。輜重車両もそれに追従していくことは困難である。攻撃ではそのことを考えておかねばならない。

・ナポレオンは、つねにこう言った。「余に糧食のことを語る勿れ（qu'on ne me parle pas des vivres !）」と。しかし、一八一二年のロシア遠征では、それまでの糧食補給に対する無関心が甚だしきに過ぎたことを証明したのがこのナポレオンそのものであった。糧食の不足だけが撤退の最大原因とは言い切れないが、そういう説を言われてもしかたない。それまでの普段の高言が災いしている。

・馬糧は人間用糧食のように製粉したり加工したり、品質劣化を防ぐ手間が要るのに比べ、取り扱いは容易である。しかし、容積が大きいため口糧（兵食）に比較して遥かに調達が困難になる。その量は兵の食糧の約十倍を要し、馬匹の数は兵数の三分の一か四分の一にもなる。そのため以前は、馬糧は現地で調達するとしていたが、近年はその強制徴発も困難になった。そうかといって、馬糧は容積の関係で遠方から運ぶのは難しい。しかも、糧秣が欠乏すると馬は人間よりはるかに早く斃れてしまうものである。

このことから考えると、あまりにも多くの騎兵や砲兵を引き連れることは、その軍の重荷になるばかりでなく、衰弱の原因になることがわかるだろう。

クラウゼヴィッツが言っていることは当たり前のことばかりであるが、それは今だから言えることで、時代背景を重ねると案外立派な兵食論なのかもしれない。当時の兵食管理は部隊任せで、ナポレオン戦争期（一八〇三年五月から一八一五年十一月までのナポレオン一世が関係した断続的な戦争期間）を経てヨーロッパの各国の兵站が様変わりしていった。その意味で貴重な論述になった。

明治陸軍では『戦争論』を座右の銘にする将校も多かったというが、書は読むだけでは役に立たない。戦争となると政治・経済・軍備の総合力が戦力になるところに難しさがある。

南北戦争の教訓が活かされたアメリカの糧食開発

ヨーロッパ諸国に比べ、アメリカは歴史が浅いわりには技術開発が速くて堅実で、過去の教訓が活かされて進歩を遂げているのをアメリカへ行くたびに感じるものがある。南北戦争（ザ・シビル・ウォー）はアメリカ唯一の大規模内戦だったが、その戦訓・教訓は具体的改善となってすぐに表れ、後世に受け継がれている。固有の軍需品、装備品にはすべて過去の戦訓の息がかかっている――各種展示品を見てそんなことを感じる。ここでは、そういう中の代用として兵食を取り上げ、ロジスティクスの体制が日本と基本的に違うのではないかという考察をしてみたい。

いうまでもなく、南北戦争は一八六一年四月から一八六五年四月に亘る北部の合衆国二十三州から成る連合軍と合衆国を脱退した南部十一州から成る南部連合（Confederate States of America）との社会・経済の格差や文化の違いを背景とした四年間の内戦（Civil War）であるが、南部人の多くは「四年ではなく五年」という人が多い。前後をふくめると五年とするのが適切なのかもしれない。アメリカ南部では気をつけて話をしないといけないようだ。

南部には多くの戦跡が保存され、資料館や博物館も多い。サウスカロライナ州のチャールストン、ミシシッピー州のヴィックスバーグ、ルイジアナ州のバトンルージュ、ニューオリンズ、テネシー州のフランクリン、チャタヌーガ、ジョージア州のアトランタなどの激戦地には数回に分けて戦跡を訪ねた。二度行ったところが多い。どこにも資料館や博物館があり、当時の戦闘模様のジオラマやパネル、武器、装備品を通じて丁寧な解説がついているのでわかりやすい。

ヴィックスバーグへ二度目に行ったとき、南軍がいかに軍需品や糧食に欠乏したか、写真や装備品の実物の展示もあった。糧食の欠乏はひどいものだったようで、アメリカで軍用食糧が欠乏に遭ったのは（とくに南軍）このときの教訓がその後の兵食改善に役立ったことも解説してあった。その後の軍用糧食改善の経緯も説明があって、場違いかと思われるが、現在の補助的兵食である多種のレーションも展示してあった。

レーションというのは軍用に加工した携行食品で、早くも独立戦争にともなう陸軍創設のときギャリソン・レーション（駐屯地食といったところ）が考案され、パン、肉、野菜を主体とした簡単な食品が開発された。肉は牛と豚、パンとトウモロコシ、野菜類はグリーンピースか、豌豆か大豆に菜類、牛乳のほか飲物はビールかシェリー酒といったところで、かならずロウソクと石鹸がついている。

ニュー・オリンズ（筆者収集の現地資料）

南北戦争というと日本とは縁遠いアメリカの国内戦のように思われるが、日本では江戸末期で明治維新も近い。南北戦争で開発されたガトリング砲を戊辰戦争で長岡藩が使ったり、西南戦争では小銃や缶詰が使われたり、軍備の近代化に影響を受けている。

蛇足だが、日本近海の海洋調査中台風で遭難し、一八五九年（安政六年）八月下旬から横浜に留まっていたアメリカ海軍士官ジョン・ブルック大尉以下十一名も渡米する咸臨丸に便乗した。咸臨丸の実際の操艦は〝艦長〟名義の勝海舟ではなくブルック大尉たちアメリカ海軍軍人だったという話はよく知られるとおりである。帰国の翌年に南北戦争が勃発し、ブルックは南軍将校として参戦、旋条（ライフル）のある八インチ砲を考案した。ブルック砲と称され、南部戦跡でも展示されている。日本との関係を近くに感じる。ブルック家は代々軍人で、技術改良に貢献している。

兵食に関係して、とくにアメリカのレーション開発についても書いておきたい。

レーションは南北戦争で開発されたものが基本になって、駐屯地用のギャリソン・レーションに継いで戦場用のフィールド・レーションなど勤務環境に応じたレーションが急速に開発された。ネイティブアメリカンの常用食だったビーフジャーキーなど新たに工夫されたコンビーフなどもその途上で多用されるようになった。一九〇八年（明治四十一年）にはコンビーフが保存性の優れた動物性たんぱく源となり、ベーコン、塩漬肉、乾燥肉に替わる改善になった。エバミルク（無糖練乳）も加わり、重要な食材となった。第二次大戦を前に、さらにアメリカのレーション開発は進んだ。

南北戦争、北軍の給食風景（英書『The Civil War』から）

ついでに言えば、レーションタイプの携行食は日本でも大正期半ばの軍用航空機の登場で、大正十三年ごろから主計畑で航空糧食の研究が進められていて、それなりの成果も得ているが、こういう研究開発はやはりアメリカのほうが進んでいたようだ。アメリカのサンドイッチタイプの空軍コンバットランチ（AAF Combat Lunch）、エアクルーランチ（Aircrew Lunch）など二十種以上のレーションを実用化している。なかにはアサルトランチ（Assault Lunch＝特攻飯と言ったところか?）というのもある。

不人気で廃止したレトルトもかなりある。第二次大戦中の製品で、栄養バランスの面から、麦芽を使った錠剤のようなものを実用に供したらしい。いわゆる〝忍者食〟のようなものだったようだ。麦芽はビールの原料でもあり、ビタミンB類に富む。しかし、兵食というのは、「これを食え」と無理に薦めて喜ばれるものでもない。「健康にいい」と言っても、うまくなければ食べてはくれない。余談めくが、明治十七年に海軍で、例の脚気原因を究明し、麦混入飯を採用することになった。当時の麦飯の麦というのは丸麦のままで、押麦や割麦ではない。大麦の原型はフットボールのような形状で、炊いてもプチプチ歯にこたえて美味しいものではない（私も戦時中食べさせられたことがある）。表皮が堅いので前夜から水に浸し、場合によっては一旦煮て米に混ぜて炊くという面倒があった。

明治二十四年の規則改正で陸海軍とも訓令で麦三割の主食を食べることになったが、そのころやっと押麦の製法が考案される。加熱蒸気をかけローラーで圧延して乾燥したのが押麦で、さらに挽き割って黒い筋（フンドシ）を取ったのが割麦であるが、それでも正直言って麦飯は不味い。「海軍は麦飯だった」というのも表向きの話である。

注：「海軍は麦飯だった」と、脚気原因が白米過食にあることを海軍軍医高木兼寛が究明して以来、海軍では麦混入飯を食べていたという話が流布されている。正しいといえば正しい

とも言えるが、ウラ事情もある。

瀬間喬中佐の著書に、「上海でのこと、主計兵が夜陰に紛れて何かを揚子江に捨てていた。ザザーというのは麦を捨てている音だった。基準通り麦を混ぜると兵の評判が悪いので麦は少なめに炊くことが多く、どうしても余ってくる。会計検査のとき麦が大量にあっては具合が悪いのでつじつまを合わせるためだった」とある。昭和時代になると実情にも変化があった。

陸軍も米麦の支給基準は同じだったが、穴掘って埋めていたのかどうかわからない。ただし、陸軍の将官の中にも寺内寿一大将のように「麦は脚気対策に良い」と進んで麦飯を食べていた人もいる。

嗜好性も大事な要件で、兵食も不味いものであってはいけないという意見を尊重して改善に理解を注いだのはアメリカのほうが上手だったようだ。アメリカでは兵站研究所という製造工場を持った大きな研究機関があり、ヒット商品もそこで生まれていった。

同じ時期、日本でもロジスティクス面から同じような研究開発はされていたが、アメリカの開発スピードが速いのは推進しやすい環境条件（軍の体制、組織、食習慣等）があるようだ。

第二次大戦半ばには、朝食用レーションとして、缶詰肉、ビスケット、シリアルバー、フルーツ缶、インスタントコーヒーほか、昼食にはさらにチーズなどが加わり、夕食は粉末ブイヨンなどを加えたメニューが通常の献立とともに支給されるようになった。日本の〝ガ島〟のような飢えに苦しむ米軍前線は一つもなかった（注：「バターン半島死の行軍」と言われる米兵捕虜の扱いでは、日本軍も食糧不足で、捕虜も極度の飢餓になったという事例はある)。

モノがあるだけでなく、それを確実に支給していたところにロジスティクス体制の差があったようである。

第三章　間宮羊羹

〝苦肉〟の策から生まれた甘味品

第一章では、給糧艦間宮の誕生以前の海軍主計科士官たちの建造プロジェクトの動き、折りからのワシントン軍縮会議による大型艦の保有制限等を背景にしてすったもんだの末、大正十三年にようやく給糧艦第一号間宮が誕生したこと、その後特務艦としての任務を暗中模索しながら、試行を重ねて連合艦隊直属の後方支援艦として国内はもとより、日中戦争前後の上海、大連方面での活動（糧食買付け、派遣部隊への供給等）したこと、昭和十七年以降は太平洋戦争戦域（主として連合艦隊泊地への輸送活動）で多くの実績を重ねながら戦争末期の昭和十九年十二月下旬、フィリピン在留部隊の支援に向かう途上のマニラ沖で戦没するまでの生涯を記した。

近年になって、間宮への関心や興味が高まってきている。NHKがシリーズ番組『歴史秘話ヒストリア』で『お菓子が戦地にやってきた～海軍のアイドル・給糧艦「間宮」～』を制作・放映した反響も大きく、わずかな生還者が辛うじて存命して同艦の証言に加わったことも知られる助けになったようである。

間宮への関心の高まりは、なによりも甘味品（菓子類）を供給していたこと、それも艦内で製造していたという、およそ〝軍艦〟（海軍のフネの意）にはふさわしからぬ（？）機能（役目）を持っていたことが最大の理由だと思われる。私の調べた範囲ではあるが、イギリス、アメリカはもとより他国の海軍にも補給艦（給糧艦）は沢山あってもケーキまで艦内でつくって他艦へ補給していた艦艇はないようである。アメリカ海軍では「アイスクリームを欠かしたら乗組員の士気に影響する」と早い時期から給糧艦（ＡＦ）の定番搭載品にし、固有の艦艇でもアイスクリーム製造機だけは装備していたが、それ以外の甘味品を製造することはなかった。海上自衛隊発足当時にアメリカから譲り受けた十八隻のフリゲート（千四百五十トン）全艦にアイスクリーム製造機が付いているのを見て、旧海軍関係者はカルチャーショックを感じたという話はあるが、間宮の多種類に及ぶ食材の艦内製造は規模が違った。

折りから、近年の「スイーツ」ブームも加わってか、間宮が製造していたという菓子類への興味が増している。最近、私のところにも間宮に関する質問や執筆注文が増えてきた。

海軍へ関心が寄せられるのはいいとして、お菓子をつくっていたというだけで知られるのは物足りない。甘いお菓子が誕生するまでには〝苦肉〟の策ともいえるような海軍関係者の苦心や苦労があったこと、海軍の裏方の仕事（後方支援）が見逃されてしまうのではないかという立場から、できるだけ裏事情もふくめて「ホントのこと」を紹介することに努めている。

そういう意味もあって、本書は日本海軍のロジスティクスの実態に結び付けた構成にして、第二章は、一転してアメリカ海軍やナポレオン戦争時代の兵站を引用したりした。

ふたたび「特務艦間宮」に話をもどす。

間宮での艦内製造食品についてはその概要を第一章でふれてはあるが、くどくなるのを承知で簡単に再度説明する。

行動中の艦艇に補給する糧食は、まず生糧品が優先する。生糧品とは鮮度のいい野菜類、魚肉類、加工品の総称で、これとは別に、穀類、豆類、調味料、油脂類、缶詰、瓶詰のように貯蔵の利く食料は貯糧品と称して管理上の区分をしていた。大豆加工品の多くは日本人の食生活から馴染みやすく、もやし、豆腐、油揚げ、がんもどき、おからなど一連の大豆製品、こんにゃく、漬物などは航海中でも主計科員の仕事として生産し、蓄えることも出来た。つまり、間宮が誕生した大正十三年から昭和三年初頭ごろまではまだお菓子製造の発想はなかったということである。

ラムネ（炭酸入りレモネード）だけは、サイダーの同類として特殊なビンを使って明治五年に神戸のイギリス系商社がイギリスから持ち込み、明治十六年には東京製氷会社で製造販売開始していて全国で馴染みの清涼飲料でもあった。フネには消火用の炭酸ガスも保有しているので作ろうと思えば早い時期から艦内でも作ることはできたようである。

甘味品（菓子類）を作ることになったのは昭和四年ごろからで、大福もち、饅頭を試験的に作ったら予想を上回る高い評価を得たのが本格製造のはじまりらしいと第一章で書いた。だれのアイデアだったのかは、いまではよくわからない。NHKの『歴史秘話ヒストリア』では昭和三年当時の間宮艦長がイギリス海軍にあるクッキーと紅茶のティータイム習慣を知って、我が方でも、と上層部へ「上申」したとしてあった。上申書には「糧食品ハ乗員ノ健康ヲ維持シ嗜好品ノ其元気ヲ鼓舞ス何レノ一方モ欠クベカラズ」として、「ラムネ」のほか数種の菓子類の製造を提案している。

当時の間宮艦長というのは、歴代艦長名では昭和二年十一月十五日から翌三年（一九二八年）十二月十日まで第五代艦長を勤めた「入江渕平中佐」になっている。入江中佐は兵学校三十三期（明治三十三年十一月卒業）で、一期上の三十二期に山本五十六や吉田善吾、堀悌吉、島田繁太郎など、昭和海軍史でよく知られる将官がいる。山本五十六はこの時期、軽巡洋艦五十鈴艦長、空母赤城艦長等を歴任し、翌年十一月には海軍少将に昇進しているから、入江間宮艦長は山本よりも一期下とはいえこの時期まだ〝中佐〟というのは、いわゆるエリートではないと思われるが、海軍にはこういう〝B級〟士官にも機会さえあたえられれば抜きんでた知恵や時に応じて大きな力を発揮する人がいた。入江渕平中佐も責任感が旺盛な人だったと想像する。

日本海軍の欠点ともいわれるが、ハンモックナンバーと俗称して、兵学校卒業時の成績順位が在職中は付いて回った。米内光政大将のような例外（百二十五人中六十八番）はあるが、めったなことでは順位の逆転はない。まずまずの位置にある者なら自負心もあり、「馬車曳きじゃあるまいし輸送艦の船頭などやっておれるか」とむくれたりする。入江中佐のように自分の職務にひたすら邁進するのは立派である。

間宮での甘味品製造を海軍省にいつ上申したのかはわからないが、転勤時期（十二月十日）から、転出間際ではなく、上申時期は少なくともその半年以上前で、反応を見届けるに十分な期間を考えてのことだと思われる。イタチの最後っ屁のように、出がけになっていろいろな注文をつけ、言いたいことだけ言って出ていく指揮官もいるが、言い出したことには責任を持って自らもその処理に身を挺することが大事である。

〝苦肉〟の策と書いたが、「苦肉の策」とは「苦しんで考えた末の策」とともに「苦しまぎれの手段」という意味もあるようだ（『成語林』）。

間宮艦長は基本的に一年交替だった。大正十三年七月に就役した間宮がわずか二年半たった昭和二年十一月には五人目の艦長だったのは、初代艦長は建造中からの引き続きで、艦長としての期間は短く、四代目は病気か何かの事情で十四日間だけという理由からであるが、その他の艦長はほぼ一年定期で交替している。

交代時期がほとんど十一月下旬に集中しているのは一年間の活動を終え、間宮も年末年始にかけて艦体の整備や修理で造船所入りする関係からだろう。入江艦長もそれを考えて、「在任中に少しでも間宮の実績づくりに貢献しておきたい」と焦りがあったと思う。「フネをぶっつけたりしないように動かしておればすぐに一年はたつ」と事なかれ主義のような横着な考えはなかったと思う。あと半年しかないという「苦しまぎれの手段」のほうだったのかもしれない。

その苦しまぎれで考え出された〝苦い肉〟が逆に〝甘い菓子〟として実現する。その代表がのちに羊羹にもなったのだろうが、まず、最初に製造に着手した羊羹以外の菓子類について書くことにする。

現在は「スイーツばやり」と書いたが、「スイーツ」と聞くと一般的にケーキ類を想像する。ケーキもお菓子も甘味品であるが、ケーキは、バターや生クリームをふんだんに使う洋菓子が具体的に思い浮かぶが、菓子というと和菓子から駄菓子まで種類が多くてすぐにはイメージに繋がらない。艦長から「菓子は作れんか」と言われた主計長以下主計科員たちは戸惑ったかもしれない。艦長の着想ではなく、主計長以下、関係職域の乗組員のアイデアだったと考えたほうがいいかもしれない。あるいは歴代の主計長たちが温めてきた業務改善策が間宮建造後三年目に本格的に動き出したのかもしれない。

残念ながら初代から第五代までの主計長の氏名はわからない。間宮主計長の基準階級は少佐なので、間宮の年次に合わせて手持ちの主計士官名簿から、少佐か大尉の末期を探すと該当者は経理学校二期と三期の一部を合わせても三十名にも満たないので探せないことはないが、想像だけにとどめた。二期（大正二年十二月経理学校卒）の横尾石夫主計中将は昭和期の主計の大御所的存在で、海軍糧食の改善にも力を振るった佐賀モン（佐賀出身）だった。昭和五十二年二月まで存命だったようで、それを知っていれば無理を押してでも会っておきたかったと惜しまれる。

艦内での甘味品製造の上申は軍需部の有力な主計士官たちの根回しもあってすぐに受理されたようで、そのための設備改造予算も手当され、造船所（神戸川崎造船所）での定期修理を機に短期間で製菓場も出来上がった。幸いなことに間宮建造以来、物置とするほか使いようがなかった第二甲板の牛舎が区画も広く、牛舎の後部の左右にあるウシの飼料置き場も改造できたので、製造作業と製品仕分け作業にも便利で、蒸気パイプ、給排水管を引き、いくつかの蒸気釜、電気ヒーターが増設された。現在残っている間宮艦内見取図に〝製菓場〟とか〝食品製造所〟を明記した区画がないのはこのような理由による（第一章 大正十三年竣工時の掲載区画図参照）。

改造工事が決まると同時に、甘味品類はだれが作るのかも考えてあった。主計科員は経理学校や海兵団で飯やおかずの作り方は習うが、お菓子作りまでは習わない。汁粉、ぜんざいぐらいは一般知識として体験的に教わるが、菓子職人ではなく身分は海軍軍人である。

経理学校のある築地は銀座、日比谷にも近く、一歩出れば日本で最も高級な繁華街であり、ホテルや料亭、レストランも多い。〝海軍〟というネームバリューから経理学校には民間の著名な専門家も講師として簡単に招聘することができた。だから老舗の和菓子店や洋菓子店から専門職人を経理学校に呼んで教えを乞うということも出来たと思うのだが、このへんの下士官・兵の教育についてはよく分からないところがある。

経理学校では明治以来、兵学校、機関学校と並ぶ海軍主計士官の養成校としての歴史が長いが、主計科下士官・兵の術科教育として、とくに調理（衣糧）術を本格的に行なうようになるのは昭和八年の教育法の大改正以降なので、昭和四、五年当時は菓子作りの基本教育を受けるにしてもどこで、だれから習っていたのか不明である。

間宮自体も東京港にいることはめったになく、竣工以来、呉を母港（定繋港）としていた。直接教わるとしたら広島か近県の本職ということになる。

そこで考えられるのは、最初から本職（専門家）の腕のいい職人を雇うことにしたのではないかということである。その方が仕事の出来も間違いないし、軍属として技術の本領も発揮できる――そういう計画で人事面の対策を進めたと考えていいようである。給与や勤務条件等、契約にともなう処遇はそれなりに割りのよい条件になっていたのは、すぐに雇員や傭人として軍属を集めることができたことからもわかる。服装も海軍下士官らしい制服で（第一章の写真参照）、それでなくても下士官待遇だから水兵たちも敬礼してくれる。「海軍にいる」というだけで付加価値（身分）が付いた。雇用された者はすぐに下士官兵たちとも仲が良かった、とは旧海軍の人たちからよく聞いた。

戦艦大和などでも殉職した軍属がいる。「民間人の乗組員はなぜ出撃前に降りなかったんでしょうね？」とテレビなどの取材で尋ねられることがある。

又聞きであるが、「軍属といっても契約条件はいろいろで、一般的には、すこし前に願い出れば簡単に降りることもできた」と、軍属について元主計長から聞いたことがある。よそのフネのことであるが、「じつは……」という〝娑婆〟には帰りにくいワケありの人間もいたらしいが、「やはり……海軍が好きだったからでしょう」というのがいちばん妥当なのだと私は思って、そういうふうに答えることにしてきた。居心地のいい職場だったことは間違いない。

間宮の軍属はパン職人、和菓子職人、洋菓子職人、豆腐・こんにゃく職人が大半を占めるが、数名の洗濯職人、理髪職人、裁縫職人もいたことは前記した。菓子製造立ち上げのころ軍属が何人くらいいたのかはわからない。作ったものが好評なので次第に増やしていったのが実情らしく、したがって、間宮の定員を記した資料はあっても、現員は時期によって変動が激しい。最後の出撃のときは二百名近い軍属数だったらしいことは既述した。中国、関西、四国出身者が多かったようだが、その分析もよくできない。人の命がかかった出動に「おおむね」とか「らしい」と表現するのは申し訳ない気がするが、それが実情である。

数種類の菓子製造からはじめたが、当然最初は品種も少ない。作ってすぐ配って歩くものではなく、部隊の慰問品的に配布する物なので、すこし日持ちがするものでないといけない。牛乳や生クリームを使ったスポンジケーキは適しない。やはり、日本人の口に馴染んだ大福餅、蒸し饅頭、焼饅頭からはじめたようだ。パン職人も雇って食パンのほかあんパンも作るようになった。こういう業界では職人同士の情報網もよくできている。

和菓子は一般に日持ちがする。砂糖は防腐効果がある。人手さえあればかなりストックもできることがわかった。軍属も仕事がやりやすいのか、定着率は高かったようだ。

この時期、世間（民間）では大正デモクラシーのあとの、なんとなく社会的には落ち着いた時期で、海軍の軍属募集にも選択の余地が広まり、いい人材が得られた。人材が人材を呼ぶという循環と当時の海軍の質の高さもあってのことと想像する。ワシントン条約後の手足をもぎ取られたような大きな制約の中で逆に航空部隊の進歩を図り、空母（赤城）も就役、航空本部も出来て質的な充実が高まった。そういう時期ではあったが、昭和七年になって一月には第一次上海事件、五月には五・一五事件という陸海軍にとって緊迫が大きくなる端緒が生起する。やはり間宮を造っておいてよかった。

逆に、大東亜戦争になると不景気になり、食材も自由にならないことから手に職を持つ者が海軍を希望するという現象になった。仕事は厳しくても海軍に行けば（軍属なら）まだ手に職を持った仕事ができるということだったようだ。

寒天の応用が日本独特の菓子に

間宮で製造する甘味品に和菓子系が多かったのは保存性とともに日本人の一般的嗜好性を考えたものとみてよい。

私が中学に入ったころ（昭和二十六年）の熊本の新制中学校には兵隊帰りの教師が多かった。今でも保存している教職員名簿を見ると八人前後もいて、陸軍中尉、少尉だったという人が数名いる。南方戦地ではいかに食糧に窮していたか、よく体験や思い出話をしてくれた。福本則道という体育教師が、「兵隊とは、異性を見ては奇声をあげ、甘味品を見ては歓声をあげるものなり――戦地では、そぎゃんこつばよう言いよった」と話してくれた。戦地では、タバコと甘い食べものがあると兵は一時的に元気が出たという。「コンペイトウ一粒かじら

上＝最も手軽にできる家庭向き健康デザート・牛乳寒天
下＝いわゆる練りモノで、餡と上質の砂糖（和三盆）が決め手になる

せただけで違ったもんだよ」とも言っていた。

海軍は、南方にフネごと移動するためか乗組員たちはわりあい砂糖にアリつく機会はあった。それでも、砂糖と見ると〝蟻つく〟というか、糧食品の搭載のときなど主計員以外の乗組員が砂糖袋の近くに蟻か蝿のように群がるので主計科では見張りを付けていた。サッと砂糖をひと握り掴んでそのまま作業服の尻ポケット入れたりする。なかには砂糖を入れる布の袋まで作っている者もいて、こういう狼藉を〝ギンバイ〟（銀蝿）、袋をギンバイ袋と称していた。ギンバイは一種の裏ワザか戯れ事のようなもので、上手な者には〝ギンバイ長〟と尊称（?）が付いたりした。やはり砂糖は海軍でも貴重品ではあった。

間宮が甘味品を製造しはじめる時期は昭和四年ごろからなので日本海軍の行動範囲は国内や上海であるが、前記したように七年には五・一五事件、その後、社会不安は少しずつ増大し、国際連盟脱退につづき、十一年には二・二六事件、日中戦争……間宮の行動と補給品の供給にも困難性が出てきた。

これまで数回名前を記した瀬間喬元主計中佐から聞いた話の中に、時期は不確かだが、「寒天がなくなって、軍需部の主計兵曹長を何人か手分けして寒天を探しに行かせた」と聞いたことがある。もっとはっきり聞いておけばよかったが、いまとなっては遅い。

呉市音戸産のテングサ

和菓子と洋菓子の材料にはいくつかの違いがあるが、食文化史からみた場合、和菓子は寒《かん》天《てん》を使うものが多いことだと私は思っている。小豆や白豌豆なども和菓子材としての特長であるが、固めたり粘性を出すのに、西洋菓子では動物の骨や腱から採るゼラチン（動物性凝固剤）を使う。植物性の寒天を使うというのは大和民族の食習慣と知恵で、植物性凝固材により保存性が高まる効果は間宮でも発揮された。

海藻を食用にするのはほかの国にもあるが、万葉集にもあるように、とくに日本では古来、日常の食材としてきた。朝菜とか玉藻、浜菜、つまり海藻を読み込んだ歌も多い。

「これやこの 名に負ふ鳴門の渦潮に 玉藻刈るとふ海人少女ども（巻十五 三六三八）」

注：万葉集に登場する食用海藻類　中公新書『食の万葉集』（廣野卓氏著）から一部を引用する。万葉仮名の読み下し文は、中西進氏の『萬葉集』（講談社、昭和五十九年刊）に拠った。ほかの万葉解説書では別漢字も多種ある。

あおさ（阿波佐）・あおのり（青乃利）・あまのり（無良佐木乃利・紫菜）・あらめ（阿良米・荒海藻）・いぎす（伊伎須・小凝菜）・うみぞうめん（奈波能利）・おごのり（於期菜）・つのまた（豆乃万太・鹿角菜・角俣菜）・てんぐさ（古留毛波＝こるもは、古古呂布止・心太）・ふのり（布乃利）・ほんだわら（奈乃利曾）・まこんぶ（比呂女・昆布）・めかぶ（海藻根）・もずく（毛都久）・わかめ（海藻・軍布・和可米）

信州諏訪産の棒寒天

前頁の万葉仮名の中に「てんぐさ」を意味するもの（古留毛波など）が目につく。

心太はいまでも「ところてん」の当て字の一つになっているくらいである。万葉仮名は当時の漢字を当てただけのようなものが多いが、平安時代になると意味を持つ漢字が使われるようになる。昆布のことを平安時代は広布とも言い、もともと幅の広い布に例えたりしたので、広布（こうぶ）が転化して昆布となったともいう。わかめも若布とも書く。そのくらい日本人と海藻の関係は密接であったことを言いたくて余分なことまで書いた。

てんぐさ、いぎす、ふのり、おごのり、えごのりなどは煮汁を冷ますと凝固する。その凝固したものをところてんと呼んだ。抽出液が固まる性質から原料の海藻を大凝菜（おおこるもは）と呼び、平安時代にココロブト（心太）に転化したらしい（『日本人のたべもの』河出書房、昭和三十六年刊）。

ところてんを凍結して乾燥したものが「寒天」で、日本には食用として様々な用途があった。

海藻や寒天のことを少し詳しく書くのは、和菓子にはかなり寒天が使われること、間宮も寒天がなくては仕事にならないくらい大事な材料であったことを書いておきたいためである。

「寒天」とは寛文元年に薩摩公が伏見に宿泊した折りに宿の美濃屋太郎左衛門という主が食事に出した献立材料が縁で、宇治の黄檗山万福寺の隠元禅師が命名したとまことしやかな伝説がある。寛文元年当時の島津藩主は二代目の島津光久で、中国僧隠元の渡来時期とも合致する。ただ、これだと江戸初期（一六六九年）のことになり、トコロテン、寒天はもっと昔から食べていたはずなので、単なるエピソードにすぎない。ようするに、古代から海藻（海草）の多くを食材としていた日本人の知恵から生まれた産物が寒天で、日本人には昔から馴染みの食材だったということである。日本以外にも海草を食べる国（中国ほか東南アジアの一部）はあるが、日本ほど応用性に富む食べ方をする国はない。アイルランドでも食べると聞いたが、石の多い国土のジャガイモ畑の肥料にしていた関係から「食べることもある」程度のようだ。

その寒天が国内から姿を消す時期があった。

前述の瀬間元中佐の「寒天探しに行かせた」というのは、瀬間氏の勤務歴から昭和十二年から十三年ごろの話ではないかと推定する。

もちろん、和菓子にはすべて寒天を使うわけではない。夏向きの水菓子や羊羹にはなくてはならない材料であるが、練りモノの硬度安定材（ゲル剤）として水飴とともに使われることが多い。

二十五年以上前になるが、ある縁で寒天製造で著名な伊那食品工業株式会社から製品サンプルや出版資料を多数もらったことがある。私の出版物に「寒天の健康食品としての効用」

アメリカ人に多い肥満体（2016年、テキサス）

を書き、とくに単身赴任者向けに寒天を使ったメニューを紹介したことがきっかけだった。現在でも、ノンカロリーの代表的食品として寒天の価値がもっと世界に広まってよいと思っている。伊那食品社の「かんてんパパ」などの商品は老人ホームの食材として使いやすいタイプになっているので栄養士会で薦めたこともある。二〇二〇年の東京五輪、二〇二五年の大阪万博はそのいい機会だと思う。「ダイエット食品」と聞くだけで飛びついてくる外国人も多いはずだ。

私が若いころから勉学してきた栄養研究のつづきで、アメリカ人の肥満と食生活の実態を観察したく、これまで十五回ほどレンタカーでアメリカ本土のほとんど隅々まで走り回ってみた。三年前で総走行距離十二万キロに達した。

アメリカ人の肥満は年ごとに増し、「どうしようもない」くらいになっていると感じる。「もっと低カロリーの摂取と適度の運動でスリムになれる。そのための手近な食改善として植物性繊維、とくに海藻類の摂取を」というのが栄養学の立場からの私の提唱である。

アメリカ女性は「ダイエタリーファイバー」と聞くとたいへん興味を示す。しかし、シーウィードがいいといくら説明しても海草の食べ方は知らない。半面、菜食主義者が増えているのは健康食志向が増えているからだろう。コロラド州のプエブロの先住民には海を見たことはないという太った中年女性もいた。アイオア州で泊まったミシシッピ川ほとりの田舎町ドブークのレストランで、百キロもありそうな女主人が私の顔を見ながら、「日本人には初めて会った」と珍しがられた。「日本へ行ってみたい」とも言っていた。飛行機の座席は狭い。海鮮サラダでも食べて、座れるくらいの体形にしないと憧れの日本にも来れない。

その点、男性は兵役でけっこう海外へも行っているが、兵役中の豊かな食習慣が身に付いたアリゾナのナバホ族の男性たちのように、退役後も同じようなものを安易に食べられる生活環境、走ったり歩いたりせず、どこへ行くにも車、仕事と言えばモニュメントヴァレーの観光案内くらいなので皆肥満している。

話が飛んだが、日本の食材が健康的であること、とくに海藻類の食品的価値が高いこと、そういう食材を利用してきた日本人の知的食文化こそ世界に誇れるものであることを言いたくて余談をした。万葉集にはほかにも「須磨の海女《あま》……」（巻六）、「伊勢の海女……」（巻十一）などとたくさん海女が詠まれている。安麻乎等女、白水都、海未通女などの万葉仮名はみな「海女」と読むらしい。NHK朝の連続テレビ小説の「あまちゃん」のような職業的な海女ではないのだろうが、昔から海藻を採るのは女の仕事だったのだろう。海女乙女と言ったりするからいっそうイメージが広がるがけっこうお婆さんもいたことは間違いない、エーゲ海やアドリア海にも海女がいる（一九五七年の米映画『島の女』のソフィア・ローレンのスケスケ？　海女姿がよかった！）。地中海の海女が獲るのは海綿（スポンジ）で、食用ではなく入浴や化粧道具としてクレオパトラの昔から使われているが、海綿は固着性生物と言って海綿動物門に属する動物で、食用にはならない。

もうすこし寒天の話をつづける。

寒天（学名 agar agar ＝アガー・アガーまたはアガー）は食用のほかに利用価値がある。その代表が医学分野で、明治初期から世界各地で細菌培養に寒天培地が使われるようになった。液体培地よりも安定性がよいという理由である。ギリシャやモロッコなどでも地中海から産する寒天培養に使えるてんぐさ（紅藻類海藻）があるらしいが、昭和十年ごろになると日本でも国内産は品薄になってきた。医学用が優先して和菓子材料にまでは回らなくなってきたからである。十二年には準戦時下の時局から白米食廃止運動が活発になり、菓子類は贅沢品となって寒天や砂糖も入手困難になった。てんぐさは輸入もしていたが、それもなくなった。羊羹の老舗虎屋も営業に窮したというのはこのころからだろう。

虎屋羊羹を見習って羊羹づくりを目指したのが逆転して、（間宮の羊羹は）「虎屋のよりもうまい」と評判だったのは、海軍ではなんとか小豆、砂糖、寒天が手に入ったが、民間では各種制約があったからだと思われる。

間宮では昭和十年以前から（寒天を大量に使う）羊羹を本格的に製造していたのだと推定できる。前述した、昭和十二、三年ごろ瀬間中佐が「寒天がなくなって、手分けして主計科員を寒天探しに行かせた」と言っていたのと時勢も合う。長野では冬の間は屋外で寒天づくりをすることを知って、行けばなんとかなるという気持だったようだ。統制品に指定されたものは軍需部でも基地近くの納入業者から買えないので自分で探すほかなかった。そのくらい間宮にとって製菓材料の確保は大事だった。はるばる信州まで行って果たして寒天入手の糸口が開けたのかどうか、そこまでは聞かずじまいだった。

間宮が艦内で生産していた甘味品の多くは小豆や白豌豆を使う〝餡モノ〟が多い。豆を煮て、潰す。潰し餡と漉し餡に分け、砂糖を加えて加熱しながら練る。海軍では羊羹もモナカも潰し餡が好まれたようだ。

昭和五十一年の舞鶴の第四術科学校設立に際して私は給養科科長教官としてカリキュラムの編成などにもかかわったが、入校する給養課程の隊員学生に和菓子・洋菓子の作り方も体験的に学ばせる時間を設けた。舞鶴は京都に近いだけあって京菓子の流れを汲む和菓子店もあり、老主人を実習講師として招聘していた。その人が言うには「日本人の技術と文化が結集されているのが京の和菓子です。とくに餡モノにはそれがよく表現されています」と、指と親指の下の付け根付近を器用に使ってさまざまな技を披露してくれた。黄楊《つげ》のヘラを使って見る間に菊の花や桜模様の入った和菓子ができあがるのを学生たちもただ驚嘆するばかりだった。洋菓子にはないもう一つの日本の文化を感じた。洋菓子はチョコレートや生クリームを絞り出して飾るだけのものが多く、華麗ではあるが、ワビ、サビまで感じさせる和菓子のような繊細さはないように感じる。

講師の師匠さんは餡づくりに対する心構えが違うようで、京都での厳しい修業は餡づくりで明け暮れたという。餡だけは自分の店で作ったものでないと授業にならないと、毎回授業用の餡は持ってきていた。餡練りは時間がかかり、それだけで半日以上かかるらしい。「練る」は和菓子の餡の場合は「煉る」という字を使う和菓子店が多い。火加減に細心の注意を払いながらゆっくり時間をかけて煉るという気持が感じられる。「ちょっとでも焦げ臭かったらオシマイ。作り直し」と言っていた。餡を使った和菓子を〝煉りモノ〟ともいうのはそこからきている。煉ることで保存性も高まる。

師匠は、「つぶし餡もこし餡も作る難しさは同じですウ」と言っていた。潰し餡は簡単に見えるが、和菓子の通人《つう》は潰し餡で職人の技がすぐわかるものだと言っていた。

餡菓子作りはそういう高い技術を要するので、やはり海軍の主計科員がかかりきりでやれる仕事ではない。専門職人を雇用していたのは当然だった。

間宮で製造していた和菓子は限られた種類であり、基本的に補給用なので京都や金沢、松江などで現在見るような伝統的和菓子ではないのは明白であるが、昭和三十六年ごろ術科学校教官堀江一尉（元海軍主計兵）から、「雇員の菓子職人が作って見せる京菓子はまさに芸術品のようだった」と聞いたことがあるので、ときには余技で本職の腕を発揮して煉りモノをつくり、艦長や司令官などのお茶菓子として供していたのかもしれない。

この堀江氏自身が菓子づくりには驚くほどの技を持っていた。やはり海軍の主計兵は器用で研究心が旺盛な人が多かったのだと思う。堀江氏から聞いた和菓子のイメージに近い見事な製品写真が二十五年前に伊那食品工業㈱からもらった資料にあったのでその一部を左に転載した。もちろん、すべての和菓子に寒天を使うとは限らず、モノによってはゲル材としてゼラチンの特性を生かしたものもあると思われるが、上生菓子づくりには寒天が大きな役割を果たしているのがわかる。間宮の菓子職人たちが寒天の欠乏を主計長に報告したことも想像できる。

それにしても、海のない信州信濃が昔から海産物の一大産地であるところに日本のもう一つの地政学的特色と多様な食文化史が感じられる。

寒天の話に終始しているが、間宮が初めに製造を始めた菓子は洋菓子ではカステラ、ロールケーキのようなスポンジもの、和菓子では大福、饅頭、もなか（最中）だったようである。どれもあまり日持ちがしないことが分かって寒天を使って保存性のある羊羹に行きついたと

寒天が主役の和菓子（伊那食品工業㈱刊、『和菓子創造』（1995年）から

いうのが「間宮羊羹」の誕生の経緯だと思われる。

餡モノといえば、モナカは餡が勝負の和菓子代表であるが、皮は民間の菓子問屋などを通じて既製品を購入していたのではないかと思われる。モナカの皮は糯米（もちごめ）を粉にした白玉粉が原料で、水と捏《こ》ねて一度蒸し、薄く延ばして型に入れて加熱するという手順で作る。技術的には難しいものではないが、製造には場所を取り、出来不出来もそれほど差はない。モナカやアイスクリームは皮で品物の良し悪しが評価されるというものでもない。保存性もあるので出来合い品を軍需部で手配していたようだ。モナカ一個分に潰し餡三十五グラムから四十グラム、二枚の皮を容器にして挟むと簡単に作れるので餡さえあれば空いた時間を見てストックできた。主計科員もそのくらいの手伝いはできた。

注・もなかネーミングの由来（伝説）「最中《もなか》の月」を思わせる円い皮を使った形状から〝もなか〟と呼んだらしい。角型もあるが、円形が標準のようで、海軍のも丸かったと、昭和四十五年ごろ元機関兵だった大の甘党の人が言っていた。

「給糧艦では一日に六万個のモナカを製造できた」と書いたものがあるが、モナカばかり作るわけではない。その餡だけでも膨大なものになることは第一章でも書いた。広島に住む私の自宅のすぐ近くに広島名物「もみじ饅頭」の製餡所がある。特定の老舗の直属会社で、毎日の製造品は小豆餡だけらしい。それでも朝夕出入りする社員数は相当な数である。大型の運送車両もよく見る。間宮は作業場の制約もあるので菓子の生産数は不明というほかない。大福や饅頭になると文字どおり手づくりなので職人の手が必要になり、製造数にも限度がある。「航海中は夜通し菓子づくりをした」とNHK番組で生存者の乗松金一氏の証言の中でも、「おいしいものを食べてもらいたい一心で、みんなよく働きましたよ」と語っていた。軍属も真心を込めて仕事をしていたのがわかる。

製パンは毎日の生産量がほぼ決まっていたと思われるが、大福や饅頭は在庫量と行動計画、前もって注文数やその内訳がわかる配布先もあるので製造数を把握できたものもあるだろう。

昭和七年に短期間だったが間宮主計長をつとめた角本国蔵少佐の体験談の中にも、「呉や佐世保に入港すると在泊している艦艇の主計長がよくワシのところに挨拶に来るので、何の用事かと思っていたが、あとから考えると南方に入港したときの顔つなぎであることがわかった。日ごろから縁をつくっておきたいと主計長たちも間宮の補給品をもらうのに必死だったことがわかった」と言っていた。間宮勤務の充実感はそんなところにもあったのだろう。

それぞれの甘味品がどういう包装になっていたのか、それも今ではまったくわからない。世間にあるような一般販売商品とは違うし、現在のようなビニール袋や真空パック、保存剤もなく、紙箱なども全体にわたって不自由な時代だから、印刷したレッテルやリーフレットさえ貼付するのは難しかったと思われる。実態を知りたいが、仕様書も写真も一枚も残っていない。

間宮羊羹については「こんなものだった」と聞いたことがあるので、次項でそのイメージを記すことにするが、それぞれ言うことが違うので決定版はないのを承知で書くことにする。

海藻やら寒天やら、すこし退屈するような講釈がつづいたので、この項の終わりに大の甘党だったという山本五十六元帥の甘味品とのエピソードを紹介して次項にうつる。

山本五十六が甘いもの好みだったことは伝説的でさえある。映画などではオーバーに演出されることが多い。二〇一一年の東映映画『聯合艦隊司令長官山本五十六』では山本五十六（役所広司）がどんぶりのぜんざいにさらに白砂糖をたっぷりかけて食べるのを見て南雲中将たちが目を丸くするシーンがあった。

余談だが、あの映画で南雲忠一を演じていたのが私の従弟の俳優中原丈雄だったので、上映後すぐに電話をしたら「南雲中将という人物を演じるのはむずかしく、戦史や海軍史を研究して自分なりにやったら監督は評価してくれた」と言って、山本五十六のぜんざいシーンのことも愉快に話してくれた。役者の役づくりも苦労があるようだ。

山本五十六は、酒は飲まないこともないが付き合い程度で、若いころ酒で失敗したことがあり、「しょせん、オレには酒は向いていないと気づいてやめたんだ」と、霞ケ浦航空隊副長時代に独り暮らしの官舎に呼ばれた甲板士官の三和義勇中尉に語った話を拙著『海軍と酒』（潮書房光人社刊、二〇一六年）でも紹介した。中尉のころ、飲酒して江田島の脇道の溝に落ちて悟ったという。

三和中尉の日記には、「そのとき副長は、かば焼きの夕食のあと、デザートに二つ割りの西瓜にワインとたっぷり砂糖をかけて食べていた」とあるそうである。この話は反町栄一著『人間・山本五十六』（光和社、昭和三十年十一月刊）にも、阿川弘之著『山本五十六』（新潮社、昭和四十年十一月刊）にもある。

反町栄一氏は山本五十六の同郷・越後長岡の郷土史家で山本の後輩として少年期から一番身近に山本を知る研究家だけに山本五十六の人物評も正鵠を射ているのではないかと思う。尊敬するあまり、文中ではほとんど「元帥は……された」という語調になっているのは郷土の偉人と崇めるところから無理もないが、山本五十六という人はいまでもそれくらい人間的魅力もあった提督だったと思っていいようである。阿川弘之氏の〝砂糖かけ西瓜〟の場も反町氏の伝記から引いていることがわかる。

越後人だから皆酒好きとは限らないが、酒どころに下戸は少ない。「酒ぐらい飲め」とか「酒が飲めんじゃつまらんゾ」と言われて育った環境にもよる。山本（高野）五十六は少年時代から甘味品には親しむ機会が多かったようで、長岡藩士の家では伝統的に盆・正月の馳走には甘いものが付いた。反町本にも、八月十三日の献立に「朝・白団子、午（昼）水菓子、夕団子類」と記してある。昭和十年のこと、帰郷した山本少将は熱烈に歓迎され、母校坂之上小学校で講演などもするが、帰省中に墓参りのあと出された郷土ゆかりのこぶし大もある大きな草餅を〝つづけざまに〟五、六個平らげるのを見て地元の語り草になったという。阿川氏の小説『軍艦長門の生涯』（新潮社、一九七五年刊）にも元従兵長の「長官はぜんざいは必ず二椀はお代わりしておられました」という証言が入れてある。

羊羹も好きだった。反町本に、

「郷土の名産の中でも水まんじゅう、またたび、あんにん、ぜんまい、わさび漬、鱈の親子漬、鮭、塩引き、帆立貝、干鱈の煮たもの、味噌漬、越後味噌などは御好物であった」
「越後三島郡片貝村の衣かやは、越後一の銘菓と仰せになり、羊羹は上皮が砂糖に返ったものを好まれた。果物の中でも柿が一番お好きで……（後略）」

などとある。越後にはうまいものが多い。村上鮭など左党にも垂涎の肴があるが、甘味品も多い。甘党だった漱石は『坊っちゃん』で「越後の笹飴」を入れている。「衣かや」というのは片貝町（現在は小地谷市）の三島製菓業者が作っていたカヤの実を砂糖で衣のようにまぶしたお茶うけ菓子のことだろう。「羊羹は上皮が返ったもの」というのは表面がすこし固くなった羊羹のことで、現在でも意図的に固くした羊羹が岡山（古見屋製「田舎羊羹」明和元年＝一七六四年創業という社歴）にある。多分そういう羊羹のことだろう。

羊羹の由来と歴史

間宮が艦内製造し、供給していた甘味品の代表が羊羹で、いつとはなしに〝羊羹を作っていたフネ〟として知られるようになっているので、少し詳しくふれることにする。

羊羹という字からは、なぜ砂糖と豆を使った菓子をそう呼ぶのか不思議である。

字づらから見るかぎりでは「ひつじ」の「あつもの（羹）」――つまり、羊肉のスープということになり、モンゴル料理のようになる。まさしく蒙古にそういう料理の仕方があるらしい（食物史）。冷えるとコラーゲンで固まるところから、中国（唐）を経て日本に入って来たときに獣肉は食べない僧侶の工夫で代わりに豆が使われ、砂糖の利用とともにネーミングと中身がすり替わったとする説が多い。

　砂糖は同じ唐の鑑真和上が渡日（七五四年＝たいへんな苦労があって、そのために失明もした）のときに伝えたとされるが、その砂糖というのは石蜜《せきみつ》と言って、凝固した蜜か氷砂糖のようなものだったようだ。当時は甘い味のものと言えばカズラの汁液の甘葛《あまづら》か甘草、蜂蜜くらいで、平安時代になって粗悪な結晶体の砂糖が渡来するが、薬用だったらしい。清少納言も『枕草子』で言っているように、氷室から出した氷に甘葛かけて食べるのが〝いとをかし〟かったくらいで、世に砂糖があることは知らなかったようだ。

　足利時代になると天竜寺船で形を変えた砂糖菓子が日本に伝わった（『日本人のたべもの』河出書房新社、昭和三十六年刊）。羊羹も数種の砂糖餅や砂糖饅頭と一緒に天竜寺船で伝わったとする説もある。ポルトガル宣教師の来航でさらに砂糖（コンペイトウなど）が知られるようになる。

　豆類のうち大豆、小豆は奈良朝以前から渡来しており、豆腐や納豆などは早くから日本で食べられていたが、豆は種類によって渡来時期が違う。インゲン豆は万福寺の僧都になった隠元が伝えたからだとなると、江戸初期（一六〇〇年代後半）ということになる。砂糖はあいかわらず高級品だったが、琉球との交易や甜菜の国内栽培で味わえる機会が広まった。羊羹は砂糖の普及とともに江戸後期から国内での製造が盛んになったのだろう。虎屋の社歴で、創業に繋がるのは室町期となっている。虎屋は京都がルーツだから羊羹の歴史も長いのかもしれない。それだけ日本では歴史のある羊羹の製造を給糧艦間宮が目指すのは当然だった。

表面を固くした岡山の老舗古見屋の田舎羊羹。愛好者も多い

伝統和菓子だからというよりも保存性があることが最大の理由だったと考えたほうがいいかもしれない。

「菓子を作って艦隊にサービスするのはいいが、少々作っても間に合うものではない。補給能力を一万八千人の糧食二週間分というのは品目も数量もほぼ決まっていて、日持ちも考えてあるからいいが、甘味品となると缶詰や冷凍というわけにはいかない。冷凍するのはアイスクリームくらいなもので、届けたときに傷んでいたり品質が低下していたのでは艦隊士気高揚どころか逆効果になる。たくさん作っても保存が利く菓子でないといけない」

そういうことから、砂糖をたっぷり使った羊羹ならストックも利く、ということになったのかもしれない。間宮で羊羹を作るようになるのは昭和七年以降と思われるのは、六年当時に主計長を勤めていた井川一雄元主計少将の後年の経理学校の研究誌への寄稿からの推測である。

和菓子、洋菓子を総合して、最も保存の利く生菓子に近いものは羊羹を置いてほかにはない。洋菓子ではタルトやアップルパイ、和菓子ではモナカやきんつばは日持ちがする方であるが、羊羹は包装さえしっかりしてあれば一年常温で置いても変質しない。試しに私は平成二十二年五月に東京で購入した銀座・清月堂製の一個長さ十センチサイズの練羊羹（菊の御紋入り）を数箱買っておいて、一つずつ半年おきに試食してみたが、七年経ったものでも外観はもとより、食味も異常を感じられなかった。羊羹は砂糖が五十パーセント前後あり、完全密封されているからか、あるいは私の胃腸が丈夫なのか分からないが、よく煉られた羊羹というのはそういうもののようである。一応、賞味期限は一年としたものが多い。

間宮で羊羹が艦内製品に加わったのは補給品として適切な判断だった。たちまち評判を呼び「間宮」といえば羊羹の代名詞のようになった。

間宮艦内での菓子製造風景。羊羹製造中と思われる（長崎県主任学芸員・齋藤義朗氏提供）

昭和四十年代に、〝間宮ヨウカンを食べた〟という海軍出身者数名の話を聞いたことがある。一人は一緒に給油艦「はまな」で勤務していた機関長の山中泰孝三等海佐で、この人はアルコールはまったくダメな典型的な下戸で、そのかわり大の甘党。士官室で饅頭を食べるときの表情がなんとも幸せそうに見えた。海軍機関兵のとき間宮羊羹を食べたことがあるという。

〝太平洋戦争〟となって南方泊地が補給品の届け先になると間宮の補給品の全体的計画が変わってくる。昭和十五年まではまだ連合艦隊も内地にいることが多く、糧食は主として訓練泊地の大分（佐伯湾、別府湾）、高知（宿毛湾）、鹿児島（錦江湾等）が洋上補給基地になっていたが、十六年後半はまったく様相が違った。さらに十七年になると印度洋作戦、珊瑚海敵前上陸部隊支援、ミッドウェー作戦、そしてソロモン海戦へと戦場が拡大していき、間宮の行動に伴う糧食準備も規模が大きくなった。

そうなると間宮もあまりお菓子を作っておれなかったのではという疑念があったが、山中三佐は菓子に目がないだけに、いつ、どこで、どういうものを食べたか特殊な記憶データが頭にあるらしく、一等機関兵で二十歳の誕生日に近い昭和十八年秋だったということまで言っていたから間宮羊羹は健在だったことがわかる。機関科の居住区で上級者が切り分けてくれたというから「このくらいあった」という一本（一棹）の長さも見た記憶からだろうが、記憶というのは曖昧なところもある。釣り逃がした魚は一回りも二回りも大きく見えるものだ。「大きかった。こんくらいあった」と両手を突き出して示す間隔は肩幅くらいあった。いくらなんでもそれほど大きい羊羹はないはずだと知りながらも、あまりにも愉しそうに話すので水を差すような質問もしなかった。当時、下級兵で間宮羊羹にありつけるのは宝くじに当たるようなものだったようだ。

ほかの人から「虎屋のより大きかった」と聞いたこともある。当時の虎屋の最大サイズの羊羹がどんなものかわからないが、現在の虎屋羊羹、小城羊羹ともに最大の商品は長さ二十四センチで、重さも一本六百六十グラム（内容量）ある。

最近（平成三十一年二月）、間宮羊羹の形状について信頼できる情報を提供してくれた人がいた。元海軍次官澤本頼雄大将の甥御で、身内には兵学校、主計短現、技術短現、予備飛行学生出身等十名を超える海軍士官の親族の中で育った元中国放送ラジオ部専任局次長田島明朗氏（昭和十年生まれ）である。澤本大将は水交会第二代会長でもあり、田島氏自身もながく水交会会員として活動し、二つの兵学校クラス会の家族会員として会員の世話もしてきた人なので証言も確かなものが多い。聞いた思い出話が具体的だった、その数日後さらに確認したいこともあってメモまでもらった。田島氏の証言はつぎのようなものになる。

「従兄（筆者注：澤本倫生氏＝兵学校七十二期＝十八年九月卒）は卒業後、少尉候補生として第二水雷戦隊司令部付を命ぜられ旗艦・能代（注：阿賀野型巡洋艦＝六千六百二十五トン）に乗ったが、候補生には実戦を体験させろという指令を受け、麾下の駆逐艦・海風（注：白露型駆逐艦＝千六百八十五トン）に派遣された。その後間もない二月一日にトラック北水道で潜水艦の攻撃を受け、海風は沈んだが、反撃したときの自艦の爆雷で傷を負って長く別府の海軍病院で療養していた。そのあと横須賀の山城に配置され、ヒマなフネなので従兄は度々親のところに帰京していた。そのときの手土産が間宮羊羹だった」

注：山城　明治四十四年度計画の扶桑型戦艦（三万四千七百トン）で、当時は練習艦として使用されていた。のち（十九年九月）に戦列復帰するが速力が低く、スリガオ海峡で米艦艇との交戦で戦没。

「包装は蝋紙の上を和紙で包んであったように思う。〝売りモノ〟ではないので、デコレーションもレッテルも不要、原則的にフネからフネへ渡すのだから白い和紙で充分だったのだろう。竹の皮も使ってはなかったと思う。細長ではなく、角が取れた四角に近かったという

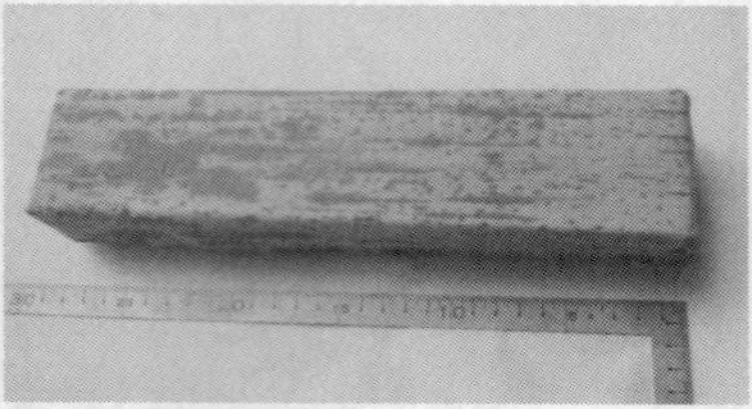

呉青年会議所に示した間宮羊羹のイメージ（筆者作）。長さを30センチにしたが、実態は不明なところが多い。サイズ、包装ともに不詳

印象がある。しかし、当時の横須賀線も混んでいたから途中で変形したのかもしれません（笑）」

田島氏のこの話が事実らしく感じられる。

五年ほど前、呉青年会議所から「間宮羊羹を復刻して呉の町興しにしたい。ついては間宮羊羹のレシピを作ってもらいたい」と相談を受けたことがあった。

こういう相談も困る。「とくに間宮羊羹のレシピというのは残っていない。大きさも、目方もわからない。虎屋のより大きかったと、いい加減な話しか残っていない」と返事はしたものの、それでは話が進まないので現在の虎屋製最大の羊羹「おもかげ」「夜の梅」をもとに、この場合は唯一の証言「大きかった」という伝説的な話を強調するのが海軍の宣伝にもなるとの考えで、大きめのサイズでレシピを作って提供した。小豆、砂糖の配合割合は伊那食品㈱提供の和菓子本『和菓子の創造』を手本にし、同社製品の寒天を使ってモデルも作ってみた。小豆餡と砂糖はほぼ同量になっている。

イベントで展示するものは数を限定して呉の蜜屋本舗㈱に注文するというので蜜屋饅頭で知られる製菓の老舗蜜屋（呉市中通）へ行って間宮羊羹の説明もしておいた。和菓子の専門店に羊羹の作り方を説明するのは本末転倒であるが、この場合は私が聞いたイメージを伝え

ればいいことで、職人さんも笑いながらも熱心に聞いてくれた。蜜屋も寒天は伊那食品製を使っていると聞いて安心した。

虎屋のより長さ一センチ、幅を〇・五センチずつ大きくしただけで全体がかなり大きく見え、出来上りを計ったら九百グラムになった。最大級の竹の皮のサイズをあらかじめ計算したうえでの試作だったがやはり大きくて、果たして間宮羊羹がこんなものだったかどうか確信はない。

伊那食品工業㈱から提供された『和菓子の創造』にある皆川一氏（日本菓子協会東和会副会長＝一九九五年出版当時）の手になる「本煉大納言」（写真）の説明には、「煉羊羹が流行し始め安永三年（一七七五年）には乾物である寒天は国内でも流通していたはずです。以降、各地で羊羹が工夫されていきました」とある。

参考までに、上掲写真には『和菓子創造』にある皆川一氏の解説中の材料配合も付した。

同氏の解説によると、天正十七年（一五八九年）春に太閤秀吉が京都聚楽第に諸国大名を招いたときの自慢の菓子が煉羊羹で、原形はその百二十年も前からテングサを応用した煉羊羹はあったらしい。京都伏見の鶴屋の創業とともに伝えられる。茶の湯の発展とともに和

最も典型的な煉羊羹で、砂糖の日本移入とともに安土桃山期に考案されたと考えられる。伊那寒天13g、水400cc、白砂糖650g、和三盆200g、小豆餡550g、水飴30g、蜜漬け大納言150g

菓子、とくに羊羹は日持ちもするところから大名家が製造を奨励し、加賀、松江などのように現在に伝わる菓子文化が発達した。間宮羊羹のルーツを遡ると独特の日本の食文化に行きつくようである。

といっても、海軍と羊羹の関係となると元亀天正に遡る（？）というわけにはいかない。現在残っている海軍でいちばん古い料理教科書は明治四十一年舞鶴海兵団発行の『海軍割烹術参考書』である。内容は驚くほど充実しており、日本料理からはじまって西洋料理のかなり高度な、現在でも通じるメニューとその作り方の解説がある。デザート類も三十種近くある。しかし、どれも洋菓子に類するものばかりで、和菓子はない。もちろん羊羹もない。海軍でプリンやスポンジケーキ、シュークリームは作っても、大福や饅頭、羊羹を食べさせる発想はなかったのだろうか……。

憶測であるが、饅頭や羊羹などの和菓子類は酒保販売品として艦内にある売店で個人的に買って食うことができるのでいくら主計兵でも作り方を教える必要はないということだったのかもしれない。

蛇足になるが、広島の扇屋製菓（明治三十三年創業）が製造していた「江田島羊羹」は兵学校生徒最大の嗜好品として校内売店養浩館の目玉商品だった。その伝統的銘菓が海上自衛隊時代になって復刻、長い間販売されて江田島名物にもなっていた。近年製造されなくなったが、海軍と甘味品の縁という面からは「江田島羊羹」も海軍の歴史の中にある。

間宮羊羹に話をもどす。

書いていることが羊羹のようにねちっこく（？）感じられるかもしれないが、羊羹は給糧艦間宮の〝顔〟でもあったので、この際もうすこし「煉り込んで」おきたい。

間宮での補給用羊羹はすべて乗組み軍属の和菓子専門職人たちが作っていたものなので、海軍といえども手出しはできない。不特定の客を対象にした商用の甘味品ではなく、一応福祉用品に相当する廉価で代金は取るが、営業が目的ではないのでプロ職人たちも存分に腕を振るって技を発揮したものと思う。「娑婆で働くより海軍のほうがいい」という職人もいたというのも事実かも知れない。

海軍料理教科書に「間宮羊羹のレシピ」はないのが当たり前であるが、海兵団や経理学校で主計兵たちに教えていた一般的な羊羹の説明だけ紹介しておく。あくまでも間宮製とは関係ない、参考までの転載である。

明治の教科書には〝ない〟と書いたが、大正半ばになると教科書に「甘味類」として汁粉、おはぎ、羊羹、淡雪羊羹が出てくる。羊羹だけ取り出して、当時の作り方を記す。

大正七年発行の教科書による「羊羹」

材　料　小豆餡　砂糖　寒天　（この時期の教科書では分量の記載はない）

先ツ小豆ヲ汁粉ノ製法ノ如くク煮テ漉シ絞リテ之ニ寒天ヲ湯煮シテ漉シタルモノト砂糖トヲ餡ノ目方ト同量ニ入レテ弱火ニテトロトロト気長ニ煮之ヲスクヒ試ミテ固キ位迄煮詰メ箱ニ流シテ固結セシメタル後切ルモノトス（この後はありふれているので割愛）

昭和七年に海軍経理学校が『海軍研究調理献立集』という教科書タイプの約二百四十ページの本を発行している。その中には洋菓子はカスタードプリン等約二十種に加えて、日本的甘味料に類する三色汁粉、小豆汁粉、栗饅頭のほかに二色羊羹というのがある。

その二色羊羹というのは小豆餡と抹茶、卵白泡、寒天、砂糖、牛乳で作るもので小豆の部分を下に流して、その上段に抹茶入り牛乳の寒天液を流して固めた夏向きの水羊羹のようで、これでは保存も運搬もしにくく補給用デザートにはならない。

汁粉、ぜんざいといえば「入港ぜんざい」という海軍俗称がある。長い訓練航海を終えて母港へ帰る前夜の夜食は汁粉かぜんざいをつくる風習があった。ぜんざいを食って帰港ムードも高まった。海軍下士官・兵に大歓迎される甘味品で、自分のフネで作れる。兵ばかりでなく士官にも喜ばれた。山本五十六連合艦隊司令長官が大の汁粉（ぜんざい）好きだったことは前記した。

水晶汁粉というのもあるが、小豆や餅がなく、砂糖湯に白玉団子を二つか三つ浮かせただけのもの。名前も蔑称に近いが、いかにも海軍らしいネーミングではある。

昭和十七年三月に海軍省教育局が発行した『海軍主計兵調理術教科書』（十九年五月改正）にはめずらしく詳しい羊羹の作り方がある。

羊羹（十人前）　材　料　餡一〇〇〇g、砂糖一五〇〇g、寒天四本、水一リットル。

備　考　豆ヲ軟クク茹デ之ヲ漉シテ餡ヲ作ル。

調理法　寒天ヲ水ニ入レ湯煮シタ中へ砂糖ヲ入レ能ク混ゼテカラ餡ヲ入レ、弱火デ気長ニ煮テ掬ツテ見テ「ネバ」ル迄煮詰メテカラ型箱ニ流シ込ミ固マッテカラ適宜ニ切ツテ供卓スル。

大正七年の教科書『海軍五等主厨厨業教科書』と同じことを言葉や順序を変えて説明してあるだけで新しいものではない。少し読みやすくはなっている。昭和十九年五月は終戦まであと九ヵ月で、国民生活は物資不足の究極にあった。海軍にどのくらい砂糖があったのかわからない。なお、間宮の戦没はこの六ヵ月あとの十一月二十一日である。

羊羹に終始して長々と書き過ぎたきらいもあるが、海軍と甘味品は切り離せない関係があったと思っていいようである。

世界を征したスイーツと虎屋羊羹

この項はまったくの余談であるが、東西のスイーツの対比として書いておきたい。

羊羹、モナカ、饅頭、汁粉などに狂喜（?）した日本海軍だったが、いまでも外国人、とくにヨーロッパ系人種には、羊羹を勧めてもヘンな顔をする。甘いのが嫌いというのではなく、小豆餡などに対する味覚がまったく違うようだ。おそらく十人に一人も、前記した元機関兵だった超甘党の山中泰孝氏のように羊羹、饅頭を見ただけで破顔一笑……一笑どころか、人生最大の喜びに出会ったというような表情になる者はいないと思う。口に入れて、とたんに怪訝な顔をする欧米人が多い。もみじ饅頭のような小麦粉や卵を使った餡モノとオートメ

ウィーンの伝統ケーキ、アップフェルシュトゥルーデルと老舗ラントマン

化された製造機がめずらしいのか、観光地の宮島では欧米人らしい外国人も食べてはいる。

二十五年前、海上自衛隊定年退職時に長年温めていたウィーンへの一人旅をした際に羊羹を持って行った。ウィーンで一週間でも音楽の雰囲気に浸りたく、舞鶴「第九」合唱団団長だった伊関病院長の紹介でウィーンの声楽教師に会うのも目的だった。

紹介された音楽教師マンフレット・ジンガー氏はウィーン少年合唱団出身、福永淳子夫人は若狭出身のソプラノ歌手。国際結婚でジンガー先生とウィーンに住んでいた。

淳子夫人はさすが若狭の育ちのよさが感じられる女性で、私がプレゼントした羊羹の箱を見るなり、「ウア～、虎屋ですか！」と宝物に巡り会ったかのごとく興奮の表情でご主人マンフレット氏に詳しく虎屋羊羹の説明をしていた。

初日に招待された場所はウィーンのリング（環状通）の北側（市役所のある方角）に位置するラントマンというモーツアルト時代からつづいているというカフェだった。

淳子夫人は「ウィーンのお菓子というとザッハトルテが有名ですけど、ここのアップフェルシュトゥルーデルはもっとも歴史があるケーキなんですよ」とアップルパイのような甘いケーキを勧めてくれた。粉砂糖がたっぷりかけてあった。ついでに、ウィンナコーヒーというのがホントにあるのか確かめたく、その旨を希望したら、日本で飲むウィンナコーヒーと似ていて、〝アインシュペナー〟というらしい。ジンガー夫妻もウェイターも笑っていた。

ウィーンは音楽の都のつぎにスイーツの都でもあるようだ。どのケーキも甘い。ケーキだから甘いのは当たり前であるが、ハプスブルグ家の定番スイーツだったザッハトルテなどは尋常な甘さではない。これでもか！　というくらい甘い。

ハプスブルグ家は、スイスを原点として政略結婚で領域を拡大してウィーンを本拠地に多数の周辺国家を支配して王朝を築いた血族集団だった。一族の〝女帝〟マリア・テレジアの十五番目の娘マリー・アントワネット（モーツァルトも幼年時代に一度拝謁した）の「国民がパンを食べられないのならお菓子を食べたらいいのに」と言ったという、お菓子好きアントワネットはバカの見本にされているが、あの言葉の発言の真相は叔母にあるらしい。

そんなことはどうでもいいが、ヨーロッパでスイーツが発展するのはハプスブルグ家が大いに関係している。周辺各国との血縁の集積みたいなもので、フランス王ルイ十六世の妃となってブルボン王朝の最後を飾ったマリー・アントワネットを通じて（？）スイーツもオーストリアからフランスへ渡ったものが多い。トルテが転じたタルトは日本にもある。

洋菓子は砂糖、バター、生クリーム、小麦粉が主原料で、オーブンで焼いたものが多く、

東西二大銘菓、ザッハトルテ（木箱）と虎屋羊羹

固めたり美しく見せるためにはゼリー（ゼラチン）を使う。寒天は使わない。グリンピースや空豆は一般食材にはするが、菓子には使わない。

当然、砂糖は大量に使うが和菓子のような和三盆とか上級なザラメのような和菓子で使うような砂糖も使わない。

そういう菓子文化の分岐点はやはり材料にあるようだ。和菓子はすべてではないが、小豆や白いんげんを主材にするものが多い。和菓子をウィーンで売ってもあまり商売にはならないだろう。

しかし、パリには虎屋パリ店がある（コンコルド広場の北側一ブロックの一等地）。「とらや」と右側からひらがな書きの暖簾も掛けてある。一九八〇年の開店で、もちろん羊羹が看板だが、菊や梅の花の形をしたモナカにとくに人気があるという。さすが芸術の都。和菓子は芸術として理解されているのかもしれない。

食文化というのは食習慣が背景になる。ジンガーさんが虎屋羊羹にどんな感想を抱いたか、聞かずじまいになった。虎屋や小城羊羹は輸出もしているようで、案外隠れた和菓子ファンがいるのかもしれない。茶道は国によって盛んなところもある。タルトに薄茶、濃茶にチョコレートケーキ……それでもいいのかもしれないが、やはり正式なお茶席は菓子もせめて雅のある干菓子や日本の老舗の練り物でも欲しいところだが……。

和菓子は日本文化の代表的芸術品。やたらに飾り立てる西洋菓子との違いが大きい

日本とヨーロッパのお菓子の違いは宗教の違いから来るのかもしれないと感じた。キリスト教に教会でデコレーションケーキなどは供えていないようだが、日本では仏壇にはお菓子や果物を供える。果物も甘いものであって、レモンや柚子は供えない。仏様は甘党のようだ。神社では榊《さかき》か樒《しきみ》だけでもいいが、生米や鮮魚の鯛、何もないときは落雁くらいは供えるお宮もあるが神様には甘党は少ないようだ。

日本の家族への土産に、ウィーン中心街のリンク南面にあるホテル・ザッハで木箱入りのザッハトルテを買って帰国した。

少し切り分け、さらに小さく切ったものを家族は口に入れたが、「甘すぎる」と言って一口で十分だったようだ。残りを東京で会社勤めをしている娘に送ったら、会社で出したらしく、皆「ん……」だったようで箱ごと送り返してきた。羊羹よりも長持ちしそうだった。

「間宮羊羹は虎屋のよりおいしかったと聞きますが、どん

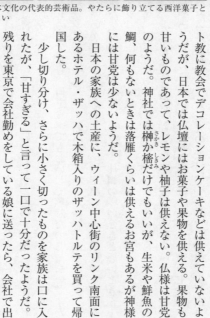

な味だったのでしょうかね?」と数年前、テレビ取材などでよく訊ねられた。この質問はさらに困る。

私は昭和十四年生まれなので間宮羊羹を食べたことがあったとしても、こういう味だったと言えるものでもない。話せるほうがおかしいし、ウソっぽくなる。大人でも、「あのとき食ったものはうまかった」とは言えても、どんなふうにおいしかったのか、他人にわかる具体的な説明はできないものである。

取材では「戦争末期は食べものも欠乏し、何を食べてもおいしく感じたのじゃないですかね」と、期待を裏切るような答え方をしてきた。人間の五感(視覚、聴覚、味覚、臭覚、触覚)の中で、味覚はいちばんいいかげんなものかもしれない。空腹のときと満腹のとき、その中間のとき、あるいは愉快な気分のときと不愉快なとき、体調のいいときと悪いとき……などなどそのときのコンディションによって味覚は全然違ってくる。

しかし、間宮羊羹は海軍将兵、関係者にあまねく知られるようになり、間宮のシンボルとなった。そうなったからといって「もう材料がなくなった」とか「寒天が手に入らないから」とか言って羊羹づくりをやめるわけにはいかない。間宮艦長はじめ、主計長や主計員、軍属たちの苦心は大きなものだったと察する。ある人の証言に、「もらった羊羹に少し白カビが出ていた」というのもあった。戦争末期でなにかと窮迫した事情があったのだろう。

昭和十六年十二月五日に給糧艦二番艦として伊良湖が竣工するが、真珠湾攻撃の直前の就役、その後負けつづけの戦況、物資の入手困難などもあって、羊羹は作ったことはなかった

（最後の主計長石踊大尉の談話）とのことだった。

蛇足であるが、東西のスイーツの違いは、牛乳、クリーム、バターはもちろんであるが、とくに、鶏卵を材料とするか否かで発展が違ったともいえる。日本人は、生命が宿る鶏の卵を食べる食習慣はなかった。食べるようになるのは江戸後期になる。現在の和菓子では卵黄と白身をうまく分けて効果的に使うことはある。

第四章　主計長たちの奮戦

二番艦伊良湖の活動と最期―石踊幸雄主計長の体験

第一章では、給糧艦一番艦間宮は、日露戦争の教訓から主計士官たちの間で「給糧艦が必要だ」という声が実って誕生したことを書いた。

しかし、すぐには実現せず、出来たのは大正十三年（一九二四年）だった。アメリカ海軍はその七十四年前の米西戦争（一八九八年）のときすでにセルティックという艦名のストアシップ（Stores Ship 補給艦）を建造して運用していたことを「ロジスティクスの差」として本書第二章で紹介（P149写真参照）したとおり、そもそも動きも遅かった。しかし、誕生後は主計関係者が中心となって知恵を絞り、甘味品生産など創意工夫で実績をあげつつ〝太平洋戦争〟の末期にその生涯を終えたことを書いた。

間宮の活動実績から「給糧艦をもっと増やせ」とはなったものの、二番艦が出来上がったのはやはり遅くなった。それもかなり遅かった。

給糧艦2番艦の伊良湖（9750トン）。トン数は間宮の6割に圧縮されたが、性能はほぼ変わらない。速力は間宮に勝る。17.5ノット。25000人／2週間分。石炭・重油混焼。定員361名。川崎重工業。昭和16年12月5日竣工

本来、軍用艦船は少なくとも同型タイプが二隻以上なければ動きが取れないものである。駆逐艦等でも海上戦闘ではデュエット（二隻）あるいはチームを組んで敵を相手にするほうが戦力が高くなる。部隊運用も修理も効率がよくなる。給糧艦二番艦建造と同じ時期に建造された陽炎型駆逐艦（二千トン）には陽炎、不知火、黒潮など同型艦が十九隻ある。終戦後まで生き残った不死身の雪風はその陽炎型のうちの一隻である。

同じ軍用艦艇でも、特務艦のような後方支援艦は二隻以上で一緒に行動することはないが、戦闘艦とはまったく違う理由で保有しなければならない理由がある。

艦船は特別修理や定期修理で年に数回造船所に入る。その期間動けないでは戦力維持ができない。給糧艦でも同じであるが、そういうところにロジスティクスに甘い日本海軍の弱点があった。待望の給糧艦二番艦が出来上がったのは昭和十六年十二月五日で、戦艦大和の竣工も真珠湾攻撃二日前の十二月六日。この時期はほかの各種艦艇の建造が急務だった。

給糧艦二番艦は伊良湖と命名された。間宮と同型艦のはず

が、当初の計画が大きく変更され、間宮の六割（九千七百五十トン）になっていた。

伊良湖主計長だった石踊元海軍主計大尉には海上自衛隊で昭和三十年代後半、私は第一術科学校（江田島）で部下として仕え、石踊科長教官から聞いた話を少し書いたが、同氏の没年直前の平成十六年に東京で再会して海軍時代のことを聞くことができた。

石踊幸雄主計長と「給糧艦伊良湖の最期」のことは第一章「主計科士官憧れの配置」の項で「後述する」と書いたとおり、ここであらためて少し詳しく書いておきたい。

石踊氏は海軍経理学校二十八期で、同校卒業は昭和十四年七月。私が生まれたのが十四年の二月なので十九歳ばかり年齢差があるが、中野駅ビルで再会したとき（平成十五年五月三十一日）も八十四歳には見えない容姿で、戦傷で歩行が少し不自由に見えるくらいで、昼食にも健啖ぶりを発揮しておられた。その翌年秋に亡くなられた。

同氏の伊良湖での回顧談も内容が明瞭で、聴きとったことをそのまま文章にしてもいいくらいだったが、長年温存していた好個の資料があるので、それをもとに石踊氏の伊良湖体験記を紹介する。

温存していた資料というのは、昭和三十六年に石踊氏が第一術科学校発行の季刊誌『研究季報』に寄せた「特務艦伊良湖の思い出」と題する記録である。一部に筆者（高森）の記憶等を追加し、一般読者への海軍組織、用語等の理解の便を図った。

特務艦伊良湖の思い出

石踊幸雄（二等海佐・第一術科学校補給科教官）

特務艦伊良湖の勤務は私にとって最も思い出深いもののひとつである。それは旧海軍の主計科士官としての待望配置であり、わずか数ヵ月であったが悲惨な死闘の連続で、九死に一生を得た私には思い出が尽きないからである。当時は若干二十四歳の主計大尉であり、判断や取った行動が適切だったかどうかもまったく自信がない。

勇躍して伊良湖に着任

昭和十九年三月末、軽巡洋艦大井主計長から伊良湖主計長への発令を受けた。当時間宮、伊良湖は聯合艦隊所属で、糧食、酒保物品を満載して入港すると停泊中の全艦艇の士気がいっぺんに揚がると言われ、主計科士官にとって最大の配置だった。

ところが私の後任者が一ヵ月たっても着任しないので私も転出できない。大井は当時パラオから転進する（ようするに撤退のこと）陸軍部隊を載せてニューギニアへ移動中だったが、疲れ切っていたのだろう、赤痢菌を艦内に置き土産にしてニューギニアに上陸してしまったようで、大井艦内に百名を超す保菌者がいることがわかり、交代要員を手配するのに忙しかった。軍医長が「主計長も菌を持っているかも知れんから退艦できんかも」とか脅かすのでいよいよ伊良湖へいつ着任できるのかわからなくなった。戦争中の離着任は円滑にはいかない。私の発令は三月末だったが、後任主計長と交替し新任務である伊良湖主計長に就任できたのは三ヵ月後に近い六月二十二日で、伊良湖は佐世保工廠で修理中だった。トラック島輪送任務で雷撃を受けた修理をまもなく終えるというときだった。

伊良湖は当時最新鋭給糧艦

間宮が唯一の給糧艦として華々しい実績をあげていることを我々主計科士官はよく知っていた。一隻だけで貯糧品はもとより新鮮な肉魚、野菜、豆腐などの生糧品を補給し、艦隊で歓迎されていたが、とくに喜ばれたのは酒保物品の生菓子で、間宮が泊地に入港すると、羊羹、切りパン、洗濯板、アイスクリームなど受給するため各艦が争って内火艇を走らせて来たものだった。洗濯板とは奇妙な名前に思われるが、中に餡が入った長形のパン菓子で、表面の刻みが洗濯板を思わせるところから付いた俗称である。

間宮だけでは大艦隊の需要を賄いきれなくなって太平洋戦争勃発直前に完成したのが伊良湖（九千八百トン）だった。間宮よりもひと回り小さかったが、石炭・重油混焼で十八ノットは間宮より速く、兵装はあとで改装されたらしく、五インチ高角砲三門、四十ミリ、二十五ミリ機銃計三十門くらいあった。小さいとはいえ、糧食搭載能力は間宮に劣らず、生糧品は五万人の二十日分、肉魚の冷凍、野菜の保冷施設等が完備していた。平時は艦隊通信の特別任務を有しているので艦長は代々通信の権威者が配置されていたようである。

戦時になり艦隊艦船の増強と行動海域の拡大で補給が間に合わず冷凍冷蔵能力のある徴用船が一時補充され、十七年から十八年にかけて小型給糧艦として九百十トンの杵崎、早崎、白崎、荒崎、六百四十トンの野崎が戦列に加わった。北樺太石油会社所属の「おは丸」（二千三百七十一トン）が十九年五月に海軍に購入されて給糧艦に改修、鞍崎と改名されマニラ方面行動に従事したが、わずか二ヵ月後に敵潜の雷撃で戦没した。

伊良湖はこれらの中でもとくに高速の優秀艦であり、護衛船団の編成にも高速船団の嚮導艦として立派に責務を果たし得るものだった。伊良湖主計長は主計中・少佐の配置だったが、戦争中は階級も若くなって、初代榊原伝主計少佐（海経十八期）、二代高木彰主計少佐（海経二十四期）、三代古川信行主計大尉（海経二十七期）、そして四代が私（石踊主計大尉＝二十八期）という順であった。もっとも、小官の交替が前述したように大幅に遅れたので四期後輩の梶間健次郎主計中尉（海経三十二期）が約二ヵ月代行していたので、私は五代目というべきかもしれない。

南方出撃準備完了

着任早々であったが、修理完了間近なある日、艦長から「海軍省に出頭して今後の任務行動について打ち合わせてくるように」と命ぜられた。一瞬、伊良湖主計長として実動する職責の重要性を再認識して緊張したのを覚えている。

ただちにその準備をして海軍省軍需局に出頭し、詳細な指示を受けた。伊良湖はGF（聯合艦隊）所属であり、GF司令部から行動指示を受けたはずであるが、このへんについてはあまり記憶がない。私の打ち合わせ内容は、主として糧食搭載の種類別積込地に関するものだった。

急ぎ佐世保に戻り、佐世保軍需部の手配で搭載物品を満載し、船団編成が整うまで佐世保港外で仮泊して出航を待った。

この数日の港外待機のときに副長とちょっとしたトラブルがあった。

私の部下の主計科士官から「港外待機中に機械の試運転のため豆腐、生菓子、アイスクリームを少しずつ試作してみたい」という申し出があった。試作には当然これから南方へ届ける食材を使うことになる。副長に報告すると、試作に反対だった。「南方で本艦の糧食到着を待っている最前線の将兵には少しでも多く届けるのが我々の任務である。試作したものは本艦乗員で食べることになり、それは筋違いだ」という所見だった。

この副長も立派な人で、私が着任以来、伊良湖の実情と主計科員たちの労苦をよく理解していつも励ましてくれたが、従来考え方に硬いところがあったのか他の士官たちには表に出せない不満があったのだろう。試作に対する副長の反対意見で士官室内の雰囲気がおかしくなった。大事な任務行動を前に、これではいかんと思い、副長にあらためて意見具申をした。

「副長のご所見、まことにごもっともですが、今回私が嗜好品の試作に応じたのはフネの修理も終わったばかりで試運転もしていません。今が試運転のチャンスです。万一不具合があってももう工廠へは戻れません。機械不具合では前線に失望をあたえることになります」と言ったら、聞き分けよく同意してくれたので試作した。さいわい機械はちゃんと動き、士官室、先任海曹室で試食してもらったので士気があがったように感じた。若造の主計長の向こう見ずな判断と意見具申ではあった。

マニラ入港、急速荷揚げ
昭和十九年八月のマニラへの道は険しかった。三十隻あまりの大船団（種別の違う貨物船等）が橘湾で編成され、護衛駆逐艦の先導で出航、途中高雄寄港までの航海は緊張の連続だったが、船団の一隻が機械故障で落伍、敵潜水艦の雷撃で二隻が軽微な被害で台湾に着いた。高雄で船団を再編成しての出港はさらに緊張が加わった。バシー海峡には敵潜が跳梁しているからこのところ船団も満足に航行できた例がないと聞かされていたからである。

これもまた軽少な被害で船団は無事にマニラ港内に投錨できた。八月三十一日の午後七時を少し回った時刻だった。

（注：橘湾＝長崎半島東側と島原半島西側に囲まれる大きな湾）

マニラでの本艦の荷下ろしは当初は一週間かかる計画だったものを四日間に短縮し、両舷同時稼働に計画をし直し、入港したら直ちに作業に入ることにしていた。

ところが、どうしたことか陸上からは何の連絡もなく、担当者も来ない。信号を送っても返事がない。しびれを切らして、主計長の私が自ら連絡のため上陸した。

軍需部のマニラの出先機関に行くと部員一名が当直しているだけで、伊良湖が入港したことを伝えてもいっこうに要領を得ない。あきれ返って、南西方面艦隊司令部に出頭したら、ここも関係者は不在である。ついに怒り心頭に発して司令部付主計科士官を呼び戻してその不誠実をなじり、艦隊主計長に即刻面会を求めた。艦隊司令部付はひたすら詫びるだけで、「明日にしてくれ」と弁を繰り返すだけである。

それを聞いてますます腹が立ち、「戦争に明日まで待ってくれと言えるか！　糧食を一刻も速く届けようと張り切って来たのに、何の受け入れ準備も出来ていないとはどういうことか！　荷揚げしないうちに空襲でもあって沈められたらどれだけ悔やんでも追いつかないぞ！」と後輩に対する気安さもあって面罵した。夜のことで、後輩は少し酒が入っていたが、私の剣幕ですっかり酔いがさめたようだった。

これだけは私の判断も間違ってはいなかったと思う。当時のマニラの陸上部隊はマッカーサーのあの「アイ・シャル・リターン」の言葉どおり帰ってくるとは思っていなかったのか別の戦略に目が向いていたようである。ろくに防空壕すら掘らずに惰眠をむさぼっていたと責められても仕方がない。むろん、中には例外の部隊もあったようだが、一般に戦闘の勝利に酔って外地の陸上生活を愉しむ悪習がこの時期に至っても残っていたのがこのマニラ地区だったと言えそうである。それは各地を回ってきた艦船乗員の目からも、これで空襲を受けたらどうなるであろうと心配されたくらいだった。

注：昭和十七年三月にマニラ西方のコレヒドール島からオーストラリアに避退していたマッカーサー大将の「アイ・シャル・リターン」が本物になってレイテ島に帰って来たのは十九年十月二十日だった。

この心配は一ヵ月も経たないうちに現実となった。九月二十一日の大規模な空襲となって表れ、マニラはたちまち大混乱に陥った。地盤が固くて掘れないとか言っていた防空壕もこのときになって初めて島内のあちこちに掘られたのはどういうことだったのだろうか。

とにかく、翌日早朝から三日半で全物資を陸揚げし、ひとまず無事に大任を果たしたときは安堵と満足感に大きなものがあった。長途の航海にもかかわらず乗員たちが連日連夜働いてくれ、予想を上回る速度で任務を完遂してくれたことには感謝の念でいっぱいだった。

この大作業を完了した翌日、あらたまって副長の同意を得て、艦隊司令部へその報告とともに次の任務行動の指示を受けに行った。マニラ到着後、伊良湖は当分の間、南西方面艦隊所属になっていたからである。艦隊主計長から慰労の言葉がかけられると、いくら強心臓の私でも入港当時の艦隊司令部の不手際を責めたり不満をぶちまけることはできなかった。

艦隊主計長といえば我々若手主計士官にとっては経理学校の大先輩である。そういう人から「どこへ行きたいか」と聞かれて驚いた。「行動に希望が容れられるのですか？　すでに司令部のほうで計画されていて、どんな任務にも就けるように準備していますが」と、内心ではまた不満が起き始めた。「参謀副長に会わせる」と、案内された。参謀副長からは「ロンボク島に行ってできるだけ米を積んできてもらいたい」とのことなので、やはりマニラでは食糧不足で幕僚たちから伊良湖に対する期待が大きいのが分かった。

しかし、なかなか出港命令が出ない。停泊中、本艦ではできるだけ豆腐やアイスクリームを作っていたので、司令部は伊良湖の製造品欲しさに足止めしているのじゃないかと邪推したりしたが、あとでわかったことは、特務艦の護衛にあたる駆逐艦の手配が付かず、司令部も焦慮していたのがもたついた原因だったようだ。まわりは敵潜水艦だらけで、そんなところへ装備も弱い給糧艦がのこのこ出てきたら一発で餌食になる。しかし、伊良湖の士官たちも司令部に出撃を訴えるべきだった。乗員たちからは「どうなっているのだろう」と出航を待ち望む雰囲気が高まっている。

親の心、子知らずか？

足止めを食っている毎日で、士官室はじめ乗員全体の空気が沈滞していくのが分かった。とくに下士官、兵たちは何をしていいのかわからない。不平不満の声が聞こえてくる。ある日、職種別の科長たちが揃って私の部屋に来て、「このままではもう我慢できない。副長が上級司令部とうまく調整しないからこんなことになる。我々は副長に反旗を翻すことにしたからシケ（主計長）も我々に協力してもらいたい」……そういう話だった。穏やかではない。こういう特務艦は、艦長こそ大佐であるが、副長は少佐で、機関長の兼務。あとは士官はたたき上げの特務士官や准士官が大半で、若手の大尉といえば二十四歳の私と軍医長だけで、序列的には私がいちばん上の先任士官になる。私も自分の立場を知っているからそうやすやすと一緒に反乱の図に乗ることはできない。私はとっさに次のように言った。

注：特務士官　一般兵として長い勤務を経て下士官最高位の兵曹長（准士官）をさらに最低五年以上の勤務者から選抜された少尉以上の士官。本人の専門職から「機関特務少尉」等と呼称する。特別な進級試験はないが、下士官の専修学生課程を卒業しているのが選考の優先条件だった。昭和十年ごろ、一般兵から特務士官に昇進できるのは五百名に一人くらいの確率だった。みな技量、識見、人格ともに秀でた古参であった。

私事になるが、筆者（高森）の伯父（明治三十一年生まれ）に橋本実という機関特務中尉がいた（昭和十三年没）。大変努力家だったようで、伯父の生前の手記によると、昭和初期の機関兵の勤務は厳しく、燃料はほぼ全艦石炭で、石炭搭載、機械整備や分隊内作業で日夜休む時間がなかったようだ。伯父は軍艦那智の機関科士官として勤務中に脳溢血で急死し、艦内で盛大な葬儀が営まれたらしく、その写真も見たことがある。佐世保海軍墓地に戒名とともに「海軍特務機関中尉」と刻字された墓がある。

「あなたたちはいいトシしてなんですか！　そんなことをしても解決にはなりません。ここは私に任せて下さい。私から皆さんの気持ちを副長に申し上げます」

と、とんでもない大役を自分で引き受けてしまった。

副長橋本少佐は機関長兼務で、当時五十六歳。機関兵から特務少佐になるというのは当時としては下士官・兵の神様のような存在で、めったなことで現役中に佐官まで昇進できるものではない。多数いる海兵団同年兵のトップの座にいる人だった。長年の海軍勤務で下士官や兵のことは裏の裏まで知っているから伊良湖の特務士官たちも畏敬の念を持っていた。その長老へ二十四歳の私が意見しようというのだから大胆なことである。

一晩考え抜いて、翌日昼食が終わったころ合いを見計らって、一同固唾を飲む雰囲気の中で口を切った。

「副長、ただいまから士官室一同の気持を率直にお伝えしたいのでお聞き願います」

と、言葉は丁寧でも、まさしく慇懃無礼、副長の上級司令部との不十分な連携、不明瞭な日課からくる乗員の士気低下、今後の任務行動不明による準備不足など、すべて副長の優柔不断から来ている――そういうことを言い並べた。副長は、息子くらいの年の私の〝説教〟にじっと耳を傾けておられた。

一同、緊張のなか――十数秒だったのだろうが、副長が口を開いた。

「ご忠告、ありがとうございました」と言葉を切った。つづいて、

「私は海軍にご奉公して三十年あまりになりますが、これほど面と向かってはっきりと忠告されたことはありません。しかし、お聞きした内容はいちいちごもっともと思い当たる節もあります。今日ただいまより即刻改めます」

と堂々と悪びれずに挨拶されたのには驚いた。副長の立派なその態度に私は涙が出そうになるのをこらえて、お礼の言葉を返すのが精一杯だった。

果たして、副長はその日から私の進言を採り入れて実行され、乗員の日課の士気高揚になるような別課――銃剣道、相撲などを設け、艦内娯楽を拡大したり、自分でも上級司令部との積極的な調整に忙しく動かれた。士官室、艦内の空気が変わったように感じられた。

いまもって、私はこの立派な副長橋本少佐のことが忘れられない。生意気な若い士官の忠告を真摯な態度で受け止め、いさぎよく詫び、自分の至らなかったところを是正すべき実行に移されたのはなかなか出来ないことである。副長はその後の戦闘でも副長として艦橋で毅然とした態度で艦長を補佐し、重傷を負って周囲から救急治療を勧められながらも自分の持ち場を離れようとされなかった。戦闘配置では主計長も艦長の近くにいて戦闘記録を取るのが任務であり、副長の態度を見ていっそう尊敬の念を深めたものである。

海軍のベテランで、それまでも立派な業績を上げていた人が、なぜ士官室の不満のもとになったのか今でもよくわからない。それだけ戦局も逼迫していて人員の統率にも隙間ができ

たのだと思うほかない。

橋本少佐は伊良湖最期の戦闘で前述したように重傷を負い、離ればなれになってしまったが、幸い一命を取りとめ、戦後は島根の三朝に復員され、数年間は文通も交わした。同氏を知る人はだれもが異口同音の立派な人であったと評されるのを聞いて、私はあのときの若気の至りとはいえ、思い上がった所業に冷汗が出るくらいだった。

マニラ大空襲を受ける

昭和十九年九月二十一日マニラ湾で待機中、艦内に警報が鳴り響いた。

すわとばかり艦橋に駆け上がると、マニラ湾港からバターン半島にかけて数百機の敵機（この時期味方機というのはない）が文字どおり雲霞の如く突入してくるのが分かった。湾口付近で遊撃中だった味方駆逐艦が砲火の火ぶたを切り、見る間に増速して回避運動をはじめた。数機がこれに襲いかかり、水柱と黒煙に包まれた。この大編隊をはたき落とすような火砲はないものか切歯扼腕する一方、こういうときは留まったままの艦船よりも動いているほうを先に抑えようとするのが相手パイロットの心理なのだろう。ともあれ、これだけの大編隊に寄ってたかられては在泊艦船もひとたまりもないと、観念のホゾを固めた。

ようやく飛び立った友軍戦闘機は瞬く間に撃墜され、頭上の敵機に思わず目をつぶったとき、大多数の編隊は味方のニコラスフィールドとクラーク飛行場に分かれて殺到して行った。と、突如一個編隊が栈橋横付け中の艦船に襲いかかってきた。我が伊良湖の高角砲機銃も一斉に砲火を噴きはじめた。艦橋の左正横に至近弾が落下し、ものすごい水柱が立ち上がった。前方で伊良湖の砲火の手ごたえあったと思われる敵機が引き続いて三機まで墜ちるのを確認した。攻撃を終了して引き揚げた敵機が、再び湾口付近の上空で悠々と編隊を立て直して去って行く姿がただ悔しく見えるばかりだった。

結局、我が方の在泊艦船は駆逐艦一隻が撃沈されただけで、ほかにたいした損害もなく、伊良湖は機銃掃射による兵員二名の負傷者を出したのみだった。司令部からは直ちに伊良湖ほか数隻の艦船に即時出港、マニラ南方二百マイル（パラワン群島の北＝第一章章末の間宮最期の行動時の地図と併せて参照。P118）に避退せよとの命令が出た。

パラワン群島で伊良湖被爆

翌九月二十二日にパラワン群島北部の無数の島に囲まれた格好な錨地に着き、ようやく昨日の大空襲を悪夢だったと忘れるくらいの余裕を取り戻した。ここは島影に隠れて誠に安全な錨地に思えたから不思議である。

二十四日朝は士官室有志の発議で先日の戦闘の勝利を祝おうということになった。〝戦勝〟とはヘンだが、伊良湖に関するかぎり、敵機を三機撃墜、被害は軽微で、負傷者もごく数名。あの寄ってたかっての空襲に無事だったのだからという趣旨だが、実際は不吉な悪夢から心機一転して乗員の士気を鼓舞しようというものだった。

その祝宴の昼食の寸前、けたたましい警報。戦闘配置に付くと「敵戦闘機爆撃機連合の大編隊八十機、高度五千、距離三万」と見張員が報告している。味方艦船は五隻で、伊良湖、八重山（注：敷設艦、千百三十五トン）のほかは徴用の輸送船だった。大戦以来、本艦伊良湖が明らかに敵の標的にされた雷撃、爆撃、銃撃はこれで六十四回目である。戦闘配置の艦橋で、いつも自分の命も今日まで、と緊張したものだったが、この日ほどの悪条件はなかった。いろいろな想いが駆け巡る。味方の砲火が発するまでの一、二分がとても長く感じられた。敵機が編隊を解いて急降下で襲いかかり、たちまち輸送船は火柱と黒煙に包まれていた。伊良湖の反撃は間断なくつづき、頼もしげだった。爆撃と機銃掃射が交互に繰り返され、至近弾の炸裂で右舷の二十五ミリ機銃は水柱を被るとともの、ハタと鳴りをひそめた。機銃員は負傷したらしいが、再び応戦していたのは立派だった。

突如、三機が艦橋に突っ込んで来るのが見えたが、艦長、副長は依然立ったまま指揮されている姿が映った。思わず「危ない！　伏せてください！」と怒鳴った。つぎの瞬間、機銃掃射の弾が艦体ではじけるすさまじい音がした。顔をあげると、艦長も副長もまたすっくと立っておられた。

パラワン諸島位置図
間宮戦没位置（第一章参照）に近いのも因縁が感じられる

前記したように、主計長の戦闘配置は、艦橋で戦闘記録を作成するのが任務である。私は過去数十回の経験からとっさ戦闘できちんとした記録が取れた例がないので、出来るだけ冷静に刻々の時間経過を見守り、一段落してから記録するのが賢明であると考えていた。

どさくさの中で書くことはえてして誤記もある。

私は、当日も手元に用具を持たずに艦橋に駆け上った。当日に限りこれが気になった。一字も記録を書き残さずに死んだら恥ずかしいと不安になってきた。やむを得ないので周囲の状況を正確に見極めて記憶に留めようとした。その瞬間、爆音が高まり、つづいて艦全体が躍り上がるような衝撃を感じた。命中したかと思った瞬間、バサッと異様な物音とともに体が前方に投げ出された。艦橋は真っ暗になって一瞬何も見えなかった。つづいて機銃掃射で艦橋前部の鋼板一メートル間隔でブスブスッと穴が開いていった。

煙が薄れ、艦橋内が見渡せるようになると、大部分の士官も兵員も倒れていた。起き上がろうとしたら膝がひどく痛い。足が折れたのかと思ったが、かかとは動かせるので、腰まで埋まっていた鉄板と鉄屑をどうにか払いのけて立ち上がることができた。艦長、副長はもとの艦橋左舷で指揮を執っておられる。副長は傷を負ったようだ。

頭上にはぽっかりと大きな穴が開いて青空が見渡せた。周囲から白い煙が立ち上っていた。大きな肉片が鉄板の裂け目からぶら下がり、ふと下を見ると自分が倒れていたデッキのすぐ前に、これまた直径五十センチくらいの孔が艦艇まで貫かれていた。

そのときになってわかったが、自分が投げ出されたのは艦爆の直撃弾によるものだった。爆撃機によるこの二百五十キロ爆弾は、艦橋上部の射撃指揮所から鉄板九枚を貫通して不発のまま艦底に不気味な姿を横たえていた。貫かれた大穴から覗くと、白色に塗られた爆弾はいつ爆発するかわからない。不発だったから助かったようなものの、爆発していたら艦橋の右半分は吹っ飛んでいただろう。それでも、指揮所の伝令は胴体が真二つに切断され、かたわらの砲術長のほうを向いて、両手で身を起こしながら、ひとこと「水」と言って絶命した。彼をふくめ、艦橋の右半分にいた兵員三名は即死した。その真ん中に占位していた私だけが些少の傷で助かったことになる。今思い浮かべてもゾッとする。ちょっとでも位置を変えていたらやはり即死だったに違いない。

なぜ、直撃弾が不発だったのか、その直後艦橋を下りてみると、例の巨大な煙突の右側面を削ったため落下方向が少し変わったものだろうというのが生存した砲術長との考察した結論だった。

給糧艦一号艦も二号艦伊良湖にも、俗称〝風呂屋の煙突〟という長い一本煙突があった。石炭専燃、石炭重油混焼、どちらもこのタイプの建造には手慣れた神戸川崎造船所の手になる給糧艦で、間宮の就役訓練中に石炭の煙がひどく、艦橋内まで入るので長くなったものである。艦隊泊地での入港目印にもなる利点があったが、敵にもいい目標になったに違いない。良し悪しということになるが、私にとって伊良湖の〝風呂屋の煙突〟が思わぬ命の恩人になったということになる。

もっとも、「伊良湖遭難」の報はいち早く佐世保にも伝えられ、「主計長も戦死」になっていたようである。後日談になるが、佐世保に帰ったら、軍需部でも下宿でも「足を見せろ」と真顔で言われ、こちらの方が驚いた。幽霊ではないことを証明するためにはあのときのことを詳しく話す以外ない。今まで艦橋で左肩にふれるくらい近くにいた伝令が突如首から上がなくなって倒れ、夥しい血液と脳漿が艦橋の左に飛散していた。私の伏せていた位置が艦橋後部の中央で、右前方には信号員長が両足をやられて卒倒していた。敵機の執拗な攻撃は次第に緩慢になったが、その後もつづいた。痛む左足を引きずりながら落ちていた棒を杖にして、これから為すべき仕事を探した。

揚弾薬機が故障し、人力で巻き上げるには一人の下士官が力不足で困っているのが目に映った。これこれとばかり二人でハンドルを動かしている間は銃撃もさして恐ろしくなくなった。それに気づいて数人の兵員が応援に来て「主計長、代わります」と慣れない仕事を取り上げられた。

仕事がなくなるとまたもや不安が増して落ち着かず、杖を突きながら反対の左舷に出てみると、血まみれのマットの下に二、三人の兵が泣きわめいている。マットをはねのけてみると、なんと私の部下に属する主計科分隊員で、倉庫番の不足を埋めるため佐世保出港時に相浦海兵団から補充で本艦に乗り込んでいた第二国民兵役のかなり年配者たちだった。途端に、自分の怖さも忘れて、「戦争で泣くヤツがあるか！　立て！　すぐ上甲板の消火作業に行け！」と、気合を入れようと思いっきり杖で叩いてやった。かれらも叩かれてびっくりしたのか、上空に敵機がいないのを確かめると上甲板へ駆けて行った。

このときも戦争の現実を見せつけられた気がした。自分のオヤジのような人たちが初めて、それもいきなりフネに乗せられて戦闘を体験する。怖いのが当たり前である。

損害状況確認のため艦橋を下りてみると、直撃弾二発は左舷中央よりもやや後部の補機室に命中、その真上の烹炊所を粉砕、さらに、その上部の戦闘治療室まで吹きあげていることがわかった。補機分隊は分隊長以下総員死亡、烹炊員もほとんど全滅と知り、残念を通り越して体中の力がいっぺんに抜けてしまった気がした。三番船倉に格納してあった特攻用の練習機に火が移り、貯糧品ももはや取り出せないと知って、倉庫員に、他の倉庫から貯糧品をできるだけ上甲板付近に集積するように命じた。上甲板付近から火の手が上がっている。消火作業は残存乗員を総動員してバケツリレーで消火するほかなかった。火勢から判断してさらに最悪の事態が予想される。消火の隙を見て私は貯糧品の搬出準備をしたり、艦長室に入って御真影は、と見た。部署では庶務主任が搬出担当であるが準備が間に合わなかったらしい。格納場所の扉をたたき破って御真影を艦長室から一番近い主計長室に移した。再び艦橋に引き返して、艦長、副長に、火災の位置と火勢から見てとても消火は不能と判断されることと御真影の奉遷準備が終えたことを報告して重症者の揚陸を進言した。艦長は眉をぴくりと動かされただけで深くうなずかれた。同意されたと読み取った。副長は左腕に弾片を受け、それも相当な重症で、出血多量で顔色が悪かったので、「私ができるだけやりますから応急処置を……」と言った。艦長もしきりにそれを促された。艦長が私の顔を見て、「君も相当怪我してるじゃないか」と言われ、私も初めて頬から出た血で上着が真っ赤に染まっているのに気づいた。数ヵ所弾片が入っているのが分かった。

主計科の先任兵曹がさっそく三角巾を顔に巻いてくれたが、あまり大げさに見えるようですぐに取ってしまった。いまさら火災現場に引き返すのも白々しいが「消せるぞ、もう一息だ」と督励しながら貯糧品の搬出準備が出来ているのを確認できた。
士官私室は主計長室の二つ手前まで煙に包まれていたので、今なら小官の私物はほとんど取り出せるのだがなあと、その良し悪しに迷った。意を決して近くの主計科員に「何でもいいからできるだけ行李に詰めていざとなったら貯糧品と一緒に搬出するように」と命じた。命じながら、あとで物笑いのタネにならぬか、私欲を図ったと非難されまいか、本心では迷ったのだが、結果的に行李に詰め込んだ私物がこのあとの無人島生活で随分と役に立った。日用品や事務用品、筆記用具などは無人島には当然のことながらなかった。もう一つ判断に迷ったことがある。掌経理長が「主計長、今なら金庫が明けられますが、どうしますか」と訊いてきた。とっさの判断で、一束の軍票だけ自分のポケットに押し込んで、残りは火中に投ぜせしめた。近くの数名に立ち会ってもらったら、異口同音に「燃やすのは惜しい」と言ったが、あとで間違いが起きるよりも焼き捨てたほうがよいと説明した。日清戦争のとき、松井少主計は多額の現金を軍艦のマストにくり付け、自分も艦と運命を共にしたという逸話がある。この話がちらっと頭をかすめた。

注：少主計　海軍の主計担当官は、海軍主計学校（経理学校の前身）になる明治十九年七月までは大蔵省会計局に属する海軍主計学舎で養成されていた。当時の担当官は大主計と少主計と職名が区分されていた。大主計は主計中佐相当、少主計は主計少佐〜大尉相当と考えればよいだろう。

この種の問題には複雑な要素がふくまれるので画一的な取り扱いは困難であるが、原則的な指導方針は主計科士官の間で考えて、あるいは指導方針的なものが示されていた方がいいのかもしれない。時と場合により、また軍票は所によっては紙くず同然の場合もある。ようするにそういうことが原因で統制を乱すことがあってはならないということである。

火災はやはり消火不能と判断された。弾火薬庫にはすでに注水してあるので大爆発の危険はないものの四十ミリや二十五ミリ機銃弾が熱により炸裂するたびに肝を冷やした。

敵機は完全に退散していたが、第二波、第三波攻撃も予想され、火砲が使えないでは自滅を待つほかない。艦長はついに意を決されて「総員退艦」を令された。沈着ながら老齢な艦長の身辺が気になって、わざと「もう一度見回ってきます」と言って、杖を突きながら歩き回ると、艦橋への通路に下士官が一人倒れてうなっている。昨日まで柔道の稽古で散々痛めつけられた三段の猛者の操舵長だった。声をかけると、両足の骨折で動けぬと言う。人力操舵に切り替えるため動いていて後部で倒れ、なんとかここまで来たのだという。その気力に舌を巻いた。重傷に屈せず艦橋を下りて二十メートルは動いていることになる。

「総員退去だ。立て！」

「……立てません」

「立ちさえすればオレが背負ってやる。このままじゃ犬死するだけだ」

と叱咤激励した。苦痛に顔をゆがめながら、手すりに掴って立ち上がろうとするのを手伝って背負い、二十貫もある巨体を支えながら艦長の背後につづいて長い舷梯を降り、内火艇に乗った。副長とは離ればなれになったようである。

無人島での四百名の生存のかかった生活

近くの無人島に艦長とともに総員上陸したが、伊良湖はすぐ近くで、火炎は依然として燃え上がっている。あとさきの話になるが、一週間燃えつづけていた。

上陸して点呼してみると、この島にいるのは伊良湖以外の乗員、輸送船の船員を合わせて約四百名、伊良湖の戦死者は五十五名と判明した。大尉の私が最先任者のようなので、直ちに籠城態勢をとるべく、逐次艦長に報告しながら設営準備をする一方、軍医長は自ら衛生兵に担がせた担架に身を横たえながら診療と治療に従事した。重傷者の大部分は機関科員で爆発の際の火炎と噴出蒸気による火傷だった。

揚陸した糧食を点検してみると、米麦ははじめから承知していたが、乾パン数十箱がこれに代わるものと安心していたのが大間違いで、なんとビタミン食ばかりだった。これでは副食の缶詰が数百個あったところで間に合わない。目先が真っ暗になった。

このビタミン食は腹の足しにはならないが脚気の予防に特効があった。あとで聞いた話であるが、ほかの島では辿り着いた乗員たちがひどい脚気に悩まされたという。主計科先任下士官を呼んで、此の多数の箱が乾パンではなくビタミン食だとわかると士気に影響するから内緒にせよと口止めし、総員集合をかけた。

集まったところで、軍刀を片手に厳重な申し渡しをした。

「糧食はこのとおりである。半月やひと月の籠城に支障はない。このような生活がつづくかぎり、糧食はきわめて大事であるから居住地帯の真ん中に置いて総員で厳重に管理しなければならない。万一不心得な者があって勝手に持ち出すことがあれば、この軍刀で叩き斬るから左様心得よ」と大見えを切った。私の訓示を皆黙って聴いてくれた。聴くというよりも、激烈な戦闘から解放されて虚脱状態にあり、飛び散った血肉が脳裏から消えない時機にこのような申し渡しをしても馬耳東風だったのかもしれない。夕食に配給した乾パンもだれの喉にも通らなかったようである。

パラワン諸島のひとつ

戦闘記録、戦闘概報、戦闘詳報の作成にかかった。関係士官に集まってもらって正確を期した。しかし、当然のことだが、記録担当責任者である主計長としての私の記憶が最も全般状況に通じていたようである。しかしながら、艦橋の配置に付くときいつものように記録用紙を持たずに上ったことは弁解の余地がない。これほどひどい戦闘になるとは思いもしなかったとは言い訳に過ぎない。記録が、取れる取れないは別問題で、全般の戦況把握がおろそかになる。演習と実戦は違うことも分かった。

翌朝までに三人の重傷者が息を引き取った。三人とも全身大やけどで風貌も変わり果てていた。その一人の金城という上等機関兵は長身、面長な特徴のある容姿だったが、死に顔は別人のように腫れあがっていた。埋葬の際に彼の上司である分隊士に金城に間違いないかと質《ただ》すと、昨夜まで自分の名前を名乗っていたから間違いないという。小官が作成した生残者と死没者の名簿とも符合するので別段問題は残らないと思ったが、三人のうちこの金城上等機関兵（死後機関兵長）に限ってとんでもない問題が起こった。そのことは後述する。

籠城二日目の朝食はビタミン食をたっぷり入れた雑炊で、けっこううまく、乗員の士気も回復した。主計長としていちばん心配なのは主食の入手だった。果たして無人島なのかどうか、保安上の不安もあったが、先任伍長に小銃を持たせて島内巡りを行なった。野鳥はなかなか射るのが難しく、サルはいるが状況により今後の食料にするため撃つのをやめさせた。結局椰子も果樹もないのが分かって失望は大きかった。突如、爆音が低空にとどろきわたり、退避を命じたが味方の水偵（注：水上偵察機）とわかり、我々の生存を合図すると了解したようだった。

翌日駆潜艇が入港してきたので、負傷者を託送とともに、米麦二十俵をもらい受けて糧食の心配はほとんど解決した。

一週間後の雨のあと、内火艇を出して本艦に戻ってみたが、鉄板はまだ相当な高熱を持っていて、各部がくすぶっていた。各分隊代表者ができるだけ丁重に遺骨を収容した。

つぎの一週間はひどく無聊に苦しんだ。艦長もひそかに、「ひと思いに沈んでくれていたら皆にこんな思いをさせずにすんだのになあ……」と嘆かれた。つねに温厚にして沈着な艦長であったが、当時胸には思っても誰も口に出せないことを率直に言われた艦長の人柄にたいへん親近感を覚えた。

ともあれ、一応生活の不安が減少した以上、この大戦中に南海の孤島でふいに無期限休暇をもらったようなものであった。無聊を慰め、士気を鼓舞するために各分隊ごとの演芸会を計画させた。主計科分隊員は約百名のうち三十名を失ったが、生き残った第二国民兵の中に字がまったく書けない者が二人いた。よくしたもので、小学校教師だった応召兵がいたので、文盲やこれに近い者七名を教育した結果、一応カタカナだけはほぼ全員読み書きできるまでになった。死亡した烹炊員はこれらの者の取り扱いに往生して、ハンモックに○△等の記号札を付けさせ、早朝からの烹炊員、明け直の○△を起こして来いと指導して苦労させられましたと苦笑いしていた。

また、郵便物の検閲の際、たどたどしいカタカナで「オッカア　ヨロコンデクレ　オレハブンタイチョウノオカゲデ　ジガ　カケルヨウニナッタ」と記してあって、ホロリとさせられたのを思い出す。この連中が演芸会で、手拍子の俗謡をとめどなく美声を張り上げて歌うのを聞いて、別人ではないかと疑った。文字と言葉はこれほど違うことを知った次第である。

格別の事故も病人もなく、一夜入港した駆潜艇が司令部の命令を伝えてきた。下士官を長とする見張員若干を残して、総員マニラに帰投せよということであった。直ちに仮設基地を撤収して駆潜艇に便乗した。マニラへの途中、訓練のブザーにそのつど心臓が凍りつくような異様なショックに襲われた。この恐怖心は後日、佐世保の経理部に勤務しても抜けきれなかった。我ながら恥ずかしいと思いつつ、パブロフの条件反射とはこんなことかと思ったことだった。

当時のマニラは我々のような乗艦を失った軍人軍属が何万と滞留していた。それから一ヵ月、来る日も来る日も小皿に薄く盛られた外米の主食の片隅にパパイヤの漬物、たくあん二切れ、いいときで一寸くらい小鰺の干物が付くくらいで、次第に栄養失調に陥った。十七貫あった体重が十四貫に落ちた。先日までこちらが配給していた酒保物品を今度は自分が買いに行くみじめさ、浅ましさは、王侯の生活から一挙に乞食に落ちぶれたような気がした。栄養失調はひどいもので、せっかく快方に向かっていた私の負傷は再び悪化して、ことにかかとの傷はいつまでも回復しなかった。かかとの傷は冬になると今でも痛む。

マニラ基地での残務整理はほぼ終わったので、毎日の日課は、第二航空艦隊司令部へ行き、用済みの関連電報などを見せてもらい、治療所へ戻り、艦長副長に戦況を報告していた。副長の負傷はひどくてなかなか快癒しない。

伊良湖はパラワン島の近くに着底したままのようだが、当分何の情報もなかった。

十月下旬のレイテ海戦、神風特攻の開始、マリアナ諸島からのB29による本土爆撃など、敗色濃い中で日が経って行った。マニラにもこのままながく留まってはおれないこともわかってきた。

あのとき伊良湖ほか数隻の艦船を攻撃した米海軍機動部隊の約八十機はほとんど全機が母艦に帰還できなかった模様であると知らされた。これは深追いしすぎて燃料不足となり、母艦側が必至で平文で捜索していたのを日本側が傍受したというものだった。多少の慰めにはなっても、我々には気休めのための誇張のような気がして聞き流したが、のちの米軍側の戦闘記録（「モリソン戦史」）を紐解いてみたら、一九四四年九月二十一日の戦果は大々的に記録されているが、我々を散々な目に遭わせたあの二十四日の戦闘についてはほとんど触れられていないのが分かった。理由はわからないが、若干なりとも佐世保で聞いたような事実があったのかもしれない。

伊良湖のその後であるが、十月末にマニラへ帰投して本体に合流した監視隊の報告によると、丁度あれからひと月経ったころ、敵機数機が爆撃し、無人の残骸艦に止めを刺し、海底に没したということだった。私にとってわずか数ヵ月の勤務だったが、伊良湖の最期を想うと痛惜に堪えない。

マニラで、なぜもっと早く出港の手を打たなかったか、木製布張りの練習機を積んでいなかったら（火災類焼の原因になった）、あるいは発電機が健在であったら、いずれは同じ運命をたどったかもしれないが、人為的な手段によって多少なりとも運命を変えられたかもしれないと思うと残念である。ことに、途中哨戒機に発見されたことを承知しながら、島陰に隠れてもう安全と奇妙な錯覚を抱いたのは何だったのだろう。青天井は吹き抜けに開いていたのを乗員に忘れさせる何かがあったに違いない。

南西方面艦隊司令官三川軍一中将は大河内伝七中将と交替され、たしか参謀長も同時に交替されたと記憶する。その三川中将が帰還される輸送機便に伊良湖艦長と主計長の同乗が許可された。主計長は御真影奉遷の補佐として一応許可するが、当日の状況で不許可になるかもしれない。とにかく、所定時刻まで飛行場に来いというのであった。突如の指示で慌てたが、もはや航空機便が利用できるとは思っていなかったので有難く、座席がなければ機尾にまたがってでもよいくらいの気持だった。機長から、なんとか頼んでみるからとしきりに慰めてもらった。このはからいは機長の温情によるものではなかったかと今になって想像する。とにかくさいわい便乗できて十一月二日、マニラ発、台湾経由で翌三日に大分航空隊に到着、我々だけがここで降りた。

前後するが、途中高雄を過ぎて間もなく遥か雲の彼方にグラマン戦闘機四機が視認された。急に機内は緊張した。武装のない輸送機では観念するほかなかったが、本機はなんとか雲隠れした。二十四歳の主計大尉の私以外の便乗者は大佐以上の高官ばかりで、終始沈着に振舞われる態度はとても敵機を認めているような態度ではなかった。

台北に降り立ってから、「いやあ、助かったなあ」「攻撃終了後で弾がなかったのだろう」などと笑っておられるのを見て二度びっくりした。私としては、本機の敵機発見のほうが早くて敵が気づく前に避退したからだったと思うしかない。

三日の夕刻、大分から夜行列車で佐世保へ向かった。私がずっと御真影を護持しているのを見て、艦長がたびたび「交替しよう」と言われたが、断って殊遇に応える気持ちでいたので、大分からの夜行列車で佐世保に着いたときは両手の震えが暫く止まらなかった。艦長は夜汽車の乗客に迷惑をかけないように網棚に安置するように言われたりしたが、車掌が私の持つ黒い防水布の内容が何であるか察知したようで、佐世保駅に着くと駅長、助役が飛んできて案内を先導してくれた。車内、ホームの乗客たちは一斉に最敬礼していた。私も衰弱気味で疲労しきった身体だったが、御真影の奉持者であるので、最後までその任務を遂行したかった。艦長宮本大佐の数々の温情は今でも忘れられない。

伊良湖の残務整理と後日談

十一月四日、佐世保に着くとそのまま艦長に随行して鎮守府に出頭し、まず御真影を還納した。先任副官がうやうやしく防水布をほどいて内容を調べた。厳重な包装にもかかわらず御写真のひと隅の余白にポツンとシミが出ていた。「これは何ですか！　このままお返ししたら宮内省でえらいことになりますよ」と睨みつけられた。

艦長が、「誠に申し訳ないことをしました。なにぶんかくかくの状況で今まで検める時期も場所もなく、また何の措置もとれず艦内から搬出したときのままになっております」と陳謝された。先任副官はなおも厳しいことを言った。

司令部を退室したあと、温厚な艦長が、「なんという言い分だろう。我々はやれるだけのことをしたんだ。あれ以上の何ができるだろうか」と憤慨しておられた。それは私への慰撫の言葉だったと思う。

その後、佐世保経理部の勤務で前記の副官としばしば業務上の接触を持ったが、実際の人柄は温厚誠実な人だったのであのときの不快な気持ちも忘れてしまった。

佐世保海軍経理部には残務整理班が組織されていて、ここでの仕事は経理と人事の後始末で、マニラでほぼ完了していたので、報告書を作成し、いくつかの資料を提出すればよかった。日ならずして私は佐世保経理部部員として発令された。

こういう経過があって伊良湖の残務整理は十九年の年末には完了したと思っていた。

ところが、明けて二十年の二月になって人事部から、ある照会があった。戦死者の遺族から「公表された戦死者名簿に誤報があるらしく、遺族が承知していないので再調査してもらいたい」という。パラワン群島での戦闘のあと、無人島に上陸後息を引き取った金城機関兵長のことは前に書いたとおりで、大やけどで風貌が見分けがつかないくらいで、機関科分隊士の認定でその後の処理をしたが、別人だったのではないかと言うのである。

沖縄地方人事部の庶務班長が来訪しての私への説明によれば、金城機関兵長は昨年九月に南方で戦闘に遭遇したあと内地へ帰還する途中の便船が首里に寄港したので親戚の者が本人に会ってシャツや日用品を贈ったら本人からたいへん喜ばれた事実があるという。他人ならいざ知らず、親戚が言うのだから間違うはずがないと父親が頑として承知しないとのことのようである。

念のため、その便船の那覇入港期日を聞いたら九月二十五日となっていて、この日の未明に金城機兵長は息を引き取っている。あまりの符節に一瞬背筋が凍る思いがした。

前にも書いたが、六十名の戦死者のうち、彼は他の分隊員だったが、私は生前の顔と名前に記憶があった。孤島に上陸直後に重傷者を見舞ったこと、埋葬直前に念には念を入れて、機関科分隊士と氏名の確認をしたこと、埋葬にも立ち会ったことなど、絶対に間違いないと確信をもって対応した。庶務主任も、不思議な顔をしながら、「そのお話をもう一度遺族に話して納得できるように努力します」と言って翌朝の航空便で沖縄へ帰って行った。

ほどなく沖縄に敵軍が上陸して、この庶務主任も戦死し、佐世保での面会で「再度連絡します」と言って別れた約束が望めえない結果になってしまった。

まことに不思議な話で、怪談に類するものかもしれない。しかし、奇妙な偶然の一致ということはあっても、幽霊や亡霊の存在を実証する気持ちにはなれない。庶務班長が持参した彼の履歴を調べてみたら、二人の弟が陸軍と海軍に召集されていた。また、沖縄の親族関係はきわめてややこしく、ほとんど全島民がなんらかの姻戚、親戚関係にあったと言っても過言ではない土地柄である。金城機兵長を目撃したというこの〝親戚の人〟を調べることによってこの怪談めいた話に終止符が打たれると判断して庶務主任にも念を押して頼んでおいたのだが、庶務班長も戦死してしまった今となっては事実を明かすすべもない。

あとがき

長々と伊良湖主計長の身辺雑話になってしまった。一般的に、多くの戦記には弁解がましいところがあるように、私の戦闘体験も自分の立場からのことしか書けず、弁解に終始しているように受け取られるかもしれない。

私自身、振り返ってみると、二十四歳の海軍大尉で、主計長という職務から現在の二等海佐の眼でみると生意気盛りだったことがわかる。現在第一術科学校教育四部補給科科長教官としてときおり教壇にも立つが、幹部学生から、「海軍の先輩方からは米海軍の話はよく聞くが、日本海軍の、とくに主計科の話はめったに聴けない。我々経理補給幹部学生（注：昔の経理学校甲種学生＝主計科士官課程）に将来役立つような話を聴きたい」と注文がよく出る。

本稿が何ほどの参考になるかわからないが、特務艦伊良湖主計長の手記によって昔の主計科士官の一端を知ってもらうとともに、戦争の現実を知ってもらえれば幸甚である。

肝に銘じた体験であるが、戦争とは恐ろしいものであるということに尽きる。身命をかけて尽忠報国と教えられ、鍛えられた身が、いざ戦闘となると、その都度身の毛もよだつほどの恐怖心に駆られた。次第に慣れて度胸が付くものだと考えられたのは緒戦のころの話だった。自分には絶対に弾は当たらないという信念も、身辺に死傷者が出ると怪しくなり、自ら負傷するに及んで完全に自信を失ってしまった。はたして、歴戦の勇士というのがありうるのだろうか。それは昔の話であって、近代戦にはそんな余裕は与えられないとも考えた。

しかし、現実には有名無名の歴戦の勇士が沢山存在する。心中大いに恥ずかしい思いをしながらクラスの数名に訊いてみた。皆、異口同音に「恐ろしい」と答える。

そこで自分なりに思い知ったことは、恐ろしくても勇敢に戦うのは責任感によるものではないかということである。正直に申し上げて、私の場合は、乗り組んでいる艦の主計長として卑怯と笑われたくないという一心で動いたような気がする。身の至らぬ修練のほどをさらけ出して結びとしたい。　以上

（筆者注：原文は海上自衛隊第一術科学校研究部昭和三十六年十月発行『研究季報』所収）

石踊元主計大尉の本稿が書かれたのは昭和三十六年で、戦後まだ十六年経ったときである。

当時、筆者（高森）は二十二歳で、栄養専門学校卒業後、縁あって海上自衛隊第一術科学校教官として海上自衛隊に入隊したばかりで、江田島で栄養学などの教官を勤めていた。そのとき教官室で石踊科長教官に仕えることとなった直後に術科学校研究部が発行したばかりの『研究季報』の石踊二佐の本稿が目に留まった。

そのころの術科学校は、学校長はじめ各部長、科長クラスはほとんど兵学校、機関学校、経理学校、学徒等出身ばかりで、それが当たり前のことだと、民間人から入隊したばかりの私は思っていた。しかし、『研究季報』の石踊科長の寄稿は直属の上司の筆によるものであり、読んだ印象には殊更深いものがあった。私が海上自衛隊を退職したのはそれから三十三年後のことだったが、海軍史研究者として、とくに海軍主計科士官の実体験を書くことも多く、石踊幸雄氏のことはいつも脳裡にあった。石踊海将補は昭和後期に海上自衛隊を退任され、再会したのはそれから二十数年たった平成十五年の五月のことだった。

『研究季報』のことを思い出し、あらためて読み返したいと江田島を訪問して古い発行誌を探し出した。それが、右の転載のもとになっている。

初めは、本書採択にあたっては手記の抜粋をと考えていたが、あらためて読み直すうちに、全編貴重な内容であることがわかり、また、本書の主旨にも即した内容であると判断し、全文を掲載することに計画を変更した。幸い東京都中野区の石踊幸雄氏のご長男・石踊彰氏とも連絡が取れ、ご遺稿の扱いについては私に一任するという了解が得られた。おそらくご子息も、またご親族の皆様も手記を読まれるのは初めてだろう。

近年、給糧艦間宮についての関心が高くなっているのは第一章で書いたとおりである。本書のタイトルも『日本海軍ロジスティクスの戦い――給糧艦「間宮」から見た補給戦のすべて』としてあるが、戦力の後方支援を任務とする裏方の苦心と努力を日本海軍の〝ロジスティクス〟の断面として描きたいのが執筆の目的だった。

間宮は、幸いにして「羊羹など、海軍将兵がよろこぶ甘味品を艦内で製造していたという特異な実績が後世に名を残すもとになった。その点では同じ任務を持ち、同じく勇敢に戦い戦没して逝った伊良湖にはあまり注目されていない、ようするにそれを伝える機会がなかったからだろう。

先次大戦ではこのように目立たないまま、語り継げられる機会もあまりないままに時が過ぎてしまった海軍艦艇がほかにもたくさんある。少なくとも、伊良湖については私がいくらか知っているデータもあり、これは私が記しておきたいと思うところから、第四章の大部分を伊良湖の戦闘模様に費やした。

なお、石踊元伊良湖主計長と最後に会った平成十五年五月三十一日の中央線中野駅での別れ際に、石踊氏は私に言い伝えておきたかったらしく、「そうそう、高森さん、何かの機会に軍令承行令のことも書いておいてもらいたいな。ボクの実戦部隊の経験ではその問題で直接迷惑をこうむったことはなく、後任（下級者）の兵科将校でも私に気を使って、「このように下達しようと思いますがよろしいでしょうか」と事前に相談してくれたが、よそではそのことで部隊運用に支障をきたした例もあったと聞いているので……」とのことであった。

部隊運用とロジスティクスに関係する問題でもあるので。本章の終わりに軍令承行令とは何かにふれておきたい。

さらに、中野駅構内で、思い出したように、「伊良湖では羊羹やモナカを作ったことはなかったようで、私にもその記憶はありませんなぁ」と付け加えられた。

伊良湖の就役が昭和十六年十二月五日の本格的大東亜戦の幕開け（真珠湾攻撃、ハワイマレー沖海戦）時期で、多難な戦況、戦没が十九年九月下旬という艦歴から考えるとそれが本当だろう。「伊良湖には軍属の人たちは何人いたのでしょう?」と訊き損じたことが思い残りである。間宮のように二百名近い軍属がいたとは考えられないが、戦没者六十名の中に数名はいたはずである。

なお、前掲の石踊氏の昭和三十六年の手記の中には一ヵ所だけ「艦長宮本大佐」とあるだけで、詳しい名前や経歴が書かれていないので、歴代艦長の氏名とともに列記しておく。

特務艦伊良湖歴代艦長

初　代　辻　榮 作大佐　（兵39 昭和十六年十二月五日〜十七年四月十日）※艤装員長から継続

第二代　富沢不二彦大佐（兵41 昭和十七年四月十日〜十八年三月十五日）

第三代　岡野慶三郎大佐（兵40 昭和十八年三月十五日〜十八年九月十九日）

第四代　宮本八十三大佐（兵40 昭和十八年九月十九日〜十九年十一月十日）

短現・高戸顕隆主計大尉の場合

海軍には「短期現役士官」という〝民間人〟を採用時から海軍中尉（高専卒は少尉）として任用する制度があった。ようするに、兵学校、機関学校、経理学校で最初から職業軍人としての専門教育を受けて士官になるのではなく、最高学府を卒業し、一旦社会人として官公庁、民間企業等に身を置いている者（事前に志願）の中から選考し、一定期間海軍士官として海軍で勤務するという、いうなれば、期限契約付きアマチュア士官たちである。二年経ったら除隊し、職場復帰させるという人事上の約束事から「短期現役士官」——略して「短現」という名が付いた。

その背景を簡単にいえば、陸軍なら士官、将校になるには陸軍士官学校卒業者が本チャンで、そのほかは兵曹長から選抜試験等で士官になるルートがあるだけで、いくら大学を卒業していても二等兵としてしか陸軍に入る道はなかった（軍医など特殊な職種は別）。有能な人材を二等兵から出発させては、本人はもとより、国家の不利益でもある。有能な青年たちを陸軍二等兵に採られてはもったいないという理由でも、ロンドン軍縮条約の時代が終わり、世界が再び建艦競争に入った時期で、海軍ではとくに建艦にともなう主計科士官が不足してくるという考察もあって考えられた特異な人事制度である。

この制度を海軍が考えたのは昭和十一年ごろのことで、その第一期生三十五名を海軍主計士官として任用し、築地の海軍経理学校で約四ヵ月の特別教育を経て卒業させたのは昭和十三年十二月だった。その後、当初の二年契約は延伸も可能で、実際に二年で除隊する者はほとんどいなかった。採用時の階級も第十期以降は少尉となり、昭和二十年四月、経理学校で海軍少尉に任用され、六月の卒業後、戦争末期の各部隊に配属されたのが最後のクラス第十二期になる。私の知り合いだった十二期の國松久男氏（平成十六年没。享年九十二）は、「経理学校の本チャン生徒たちは分校だったのに我々だけは築地の本校を使ってくれたところに海軍のいいところを感じた」と述懐していたことを第一章で書いたとおりである。短現は総勢三千三百八十一名に及び、戦死者もあるが、戦後の日本復興の力になった人が多い。

この制度に関係する話は第一章のＮＨＫ番組『お菓子が戦地にやってきた』の中で少しふれてあるので、ここでは簡単に記して、短現主計科士官の戦闘の実例を紹介する。

高戸顕隆主計中尉は大正四年熊本の天草生まれで、昭和十三年に京大経済学部に入学した。海軍の短現主計科士官を友人に奨められ、三学年時の夏に受験、十六年十二月末に繰り上げ卒業で、翌十七年一月に短現第八期生として主計中尉に任用された。築地の海軍経理学校で四ヵ月の補習教育を受けたあと徳島航空隊に配置された。

高戸中尉の戦場での奮闘はそれから四ヵ月後の第六十一駆逐隊・駆逐艦照月に異動してからである。駆逐艦がどんなものか知らない高戸中尉は、親しくしていた軍医長の家を訪ねて、新配置は駆逐艦の主計長らしいと言うと、軍医長は「駆逐艦乗りか……君は死ぬな。あれは死ぬために造られているフネなんだ」とこともなげに言って、「まあ、いっぱい飲め」と酒をすすめたという。

駆逐艦主計長の勤務

乗った駆逐艦は照月という最新鋭駆逐艦だった。秋月型駆逐艦の二番艦で、二千七百トン。三菱長崎造船所で八月三十一日に竣工したばかりの駆逐艦の初代主計長だった。

就役訓練等のあとの息つく間もなく秋月、涼月、初月とともに四隻から成る第六十一駆逐隊の一艦として南方戦線へ主計長として初陣となった。糧食、需品を満載して出港したとき長男が生まれたと電報が届き、「ああ、長男の顔も見ず死ぬのか」と思ったという。

十七年十一月はまだ南方へ出撃するといっても、行くだけは辛うじて予定どおり航海できた。高戸中尉は、航海中は烹炊所に入って主計兵の手伝いなどをして喜ばれた。自分は天草の漁村育ちで、海産物の扱いには馴れてはいるが、それは生モノのことであって、せいぜい魚をさばくくらいのこと。海軍の烹炊員がやる調理のように手順よく、野菜なども無駄のないように処理していくプロセスは見るだけで面白かった。京大出身者が海軍のフネで料理を手伝うというのは想像するだけでも面白い。そうかといって、主計長にあまり口や手を出されると主計兵（烹炊員）もやりにくい。その手伝い加減が程よい程度だったのだろう。本人も自著『海軍主計大尉の太平洋戦争』（光人社、平成六年刊）で食事づくりへの興味や戦闘食の握り飯づくりのコツなどを書いている。

駆逐艦というのは戦艦、空母、巡洋艦などの大型艦と違って乗組員の気質も違う。早い話が、艦長も自分は馬車曳きみたいなもんだと自嘲気味に言いながらも勇敢な人も多い。「ヒゲの昌福さん」こと木村昌福中将（兵四十一期）などがその典型である。駆逐艦長は大型艦

秋月型駆逐艦（公試中の秋月、昭和17年5月）

のように艦長室での孤食（？）ではなく、乗組士官たちと一緒に食事をする。あまり形式ばらない。
海上自衛隊になってからも昔駆逐艦に乗っていたという給油艦艦長がいた。悠々と越中ふんどし姿で艦長室から出て来て食卓に着くので、同じく海軍通信兵出身の船務長森本一尉が、たまりかねて、「艦長、それだけはやめてください」と言ったら、聞き分けのいい艦長（Y・K一佐）で、「そうか、そうか」とズボンだけは履いて食事をしてくれたと昭和四十三年に乗っていたフネで私が聞いた話である。海軍時代はそういう駆逐艦乗りもいたらしい。
家族的ともいえる絆の強さがある。秋月型では定員は約二百六十名なので食事も手の込んだものでもできる。戦艦大和や武蔵は二千五百名以上いるから、朝食に生卵を出すだけでも大変な数になる。夜食におはぎを一人二個ずつで五千個である。もち米を丸めるには七十人の烹炊員がいるとはいえ、一人で七十個以上作ることになる。その点、駆逐艦はコンパクトな台所事情が幸いして「駆逐艦の飯はうまい」という特色もあった。「ここでは食卓料は安いのにうまいものが食べられる」と大型艦から

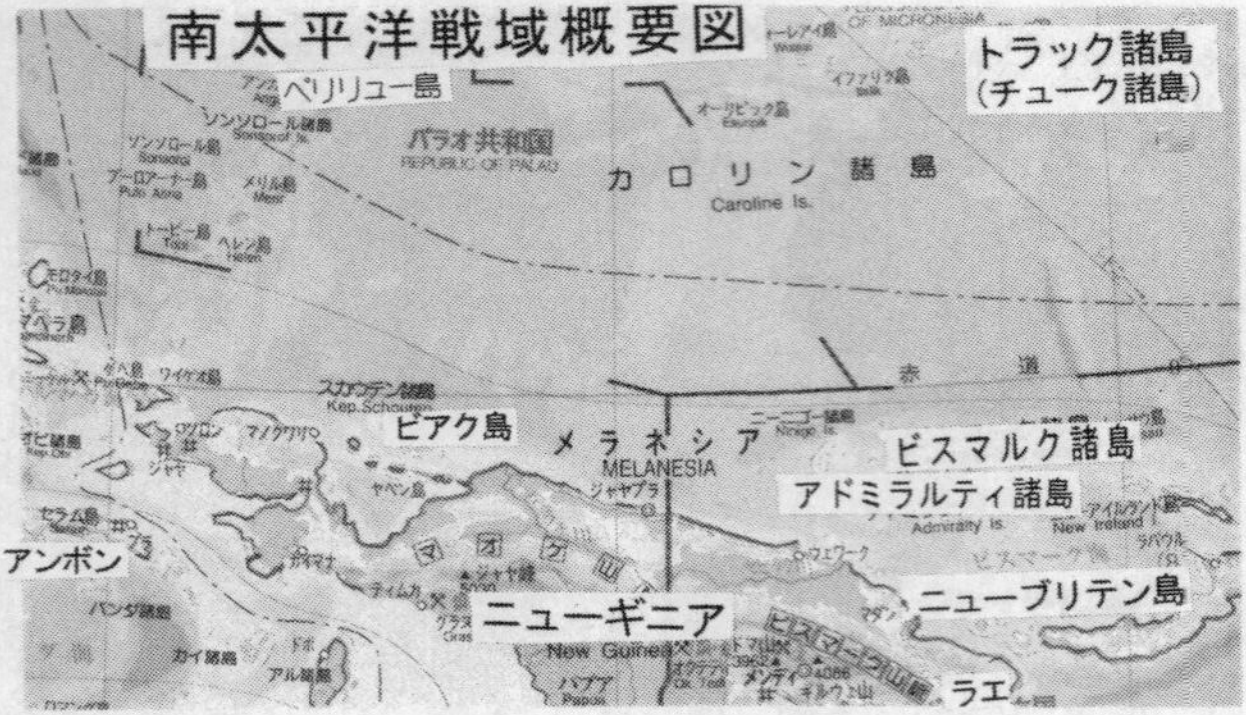

転勤した士官たちが驚いたという。

士官は食事代が自弁で、かかった食費は翌月にまとめて払っていた。士官たちはおおらかで、飯代は卓長から言われるとおり支払い、「今月はずいぶん安いな」と言うことはあっても「高い」という者はいなかった。飯代だけでなく酒保代なども一緒だから本人自身何が何だかわからない食事代だった。

しかし、駆逐艦の危険度は高い。そういう勤務環境に学士出身のエリート短現を乗せる海軍人事もつらいことはよくわかっていたらしい（元海軍省人事担当だった末国正雄氏から筆者が直接聞いた談話）。

照月も昭和十七年八月三十一日の就役だったが、誕生からわずか三ヵ月半の生涯で、十二月十二日にはガダルカナル島沖での海戦で自沈することになる。

それは少し後の話で、十月にトラック島に進出した照月はガダルカナル島奪回のための作戦に加わる。

トラック島とかトラック諸島というが、グアム島やサイパン島と違って、トラックは固有の島ではなく、

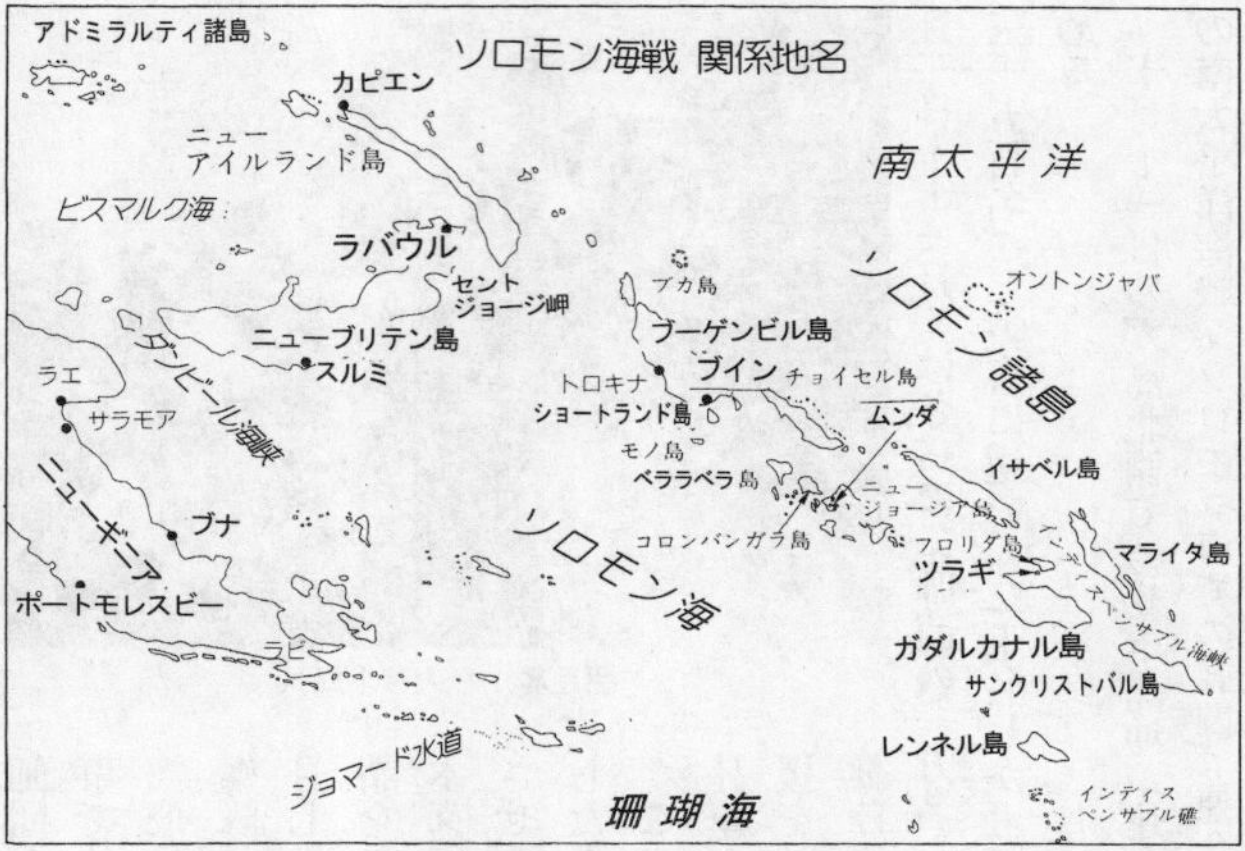

地域的にはカロリン諸島にふくまれるミクロネシアの大きな環礁地帯にある島嶼で、水深もあり艦隊泊地に適していた。あちこちの小さな島に住民もいる。

あらためて地図を見るまでもなく、フィリピン東部のパラオ、ミクロネシアに含まれるマリアナ諸島、カロリン諸島、その南部のニューブリテン島、ニューギニア島からさらに東方八十浬（千五百キロ）に拡がる、唖然とするくらいの広大な戦域である。間宮、伊良湖を主題とした日本海軍の給糧艦とロジスティクスを重ねて考えてもあまりにも広大すぎて行き届いた後方支援はとても手に負えそうにない。

この時期になるとトラック島を泊地とする連合艦隊の部隊行動は一層慌ただしい。

海軍がガダルカナル島に飛行場を完工したのはミッドウェー海戦敗北の二ヵ月後の十七年八月五日だったが、二日後には兵力二万の米海兵

駆逐艦からの移乗風景

師団が三隻の空母に護衛されて上陸、二ヵ月の突貫工事で仕上げた飛行場は簡単に奪われてしまった。

飛行場を奪回するためにラバウルから急行した第八艦隊（重巡鳥海以下の主力艦）と米豪連合部隊との八月七日の戦闘が第一次ソロモン海戦である。海軍の要請を受けて陸軍は一木清直大佐率いる九百十六名（一木支隊）を陽炎型駆逐艦六隻に分乗させ、ガ島に上陸させるが、八月二十一日の陸上戦闘で、後方守備に残した百二十数名のほか一木支隊長以下ほぼ全滅した。

このころの海上戦闘を第二次ソロモン海戦という。陸軍の増援はこの後もつづき、二十四日以降、上陸支援を試みるが、九月四日に上陸した川口支隊（川口清健陸軍少将以下四千名規模）もほぼ全滅、三回目（十月三日～十一日）はさらに二師団の一万名を送り込むが大敗を喫し、四回目は輸送船の一万三千五百名ごと被害に遭い、二千名しか上陸できなかった。この間、海上戦闘は熾烈をきわめる。

十月十一日のガ島北側でのサボ島沖（連合国側の呼称・エスペランサ島沖海戦）、二十六日の南太平洋海戦（ソロモン海での戦闘。連合国側ではサンタ・クルーズ諸島海戦という）を経て、いよいよ日本軍の体勢保持は困難になってくる。

照月もガ島近くにいた。十月二十六日早朝、「戦闘配置」がかかった。時計は朝五時を少し回っている。照月も大艦隊の輪の中にいる。大艦隊――まさしく、昭和期の日本海軍が結集した総力と言っていい。すでに六月のミッドウェー海戦で大きな戦力を喪失しているが生き残りのかかった海上戦力である。その部隊を列挙するとつぎのようになる。

前進部隊　第二艦隊　第三戦隊・第五戦隊・第二水雷戦隊・第二戦隊
機動部隊　第三艦隊
本　　隊　第一航空戦隊　翔鶴・瑞鶴・瑞鳳・熊野
　　　　　第十六駆逐隊・第四駆逐隊・第六十一駆逐隊
前衛部隊　第十一戦隊・第八戦隊・第七戦隊・第十戦隊・第十駆逐隊・第十七駆逐隊

部隊名だけでは艦隊のイメージが湧きにくいが、空母、巡洋艦、駆逐艦から編成された、ざっと約六十隻に近い連合艦隊の艨艟である。これに給油艦、敷設艦、給糧艦など多数の支援艦が随伴するから大変な規模になる。当然、空母には戦闘機ほかの航空機が搭載されているから兵員数は約二万人になる。給糧艦間宮、伊良湖が建造計画に当たって「艦隊支援のための糧食・一万八千名分三週間分」として要目を設計してある根拠もこのへんにある。

高戸主計中尉の乗る駆逐艦照月は右の第六十一駆逐隊の一艦である。各艦に主計長はもちろん一人ずつであるが、この編成では合計六十名以上の主計長（特務艦等を入れるとさらに増える）が居ることになる。高戸中尉のようについ九ヵ月前までは大学生だった者はまず何人もいなかったと思う。しかも今は海軍最前線のトラック島の機動部隊の駆逐艦。

機動部隊（第三艦隊）は、司令長官南雲中将が率いる第一航空戦隊の空母翔鶴、瑞鶴、瑞鳳、巡洋艦熊野、第四駆逐隊の駆逐艦二隻に第六十一駆逐隊の照月から成り（前記）、照月は旗艦翔鶴の直衛艦として随伴した。このあとに、四隻の駆逐艦に守られた補給部隊のタンカー四隻、貨物輸送船三隻がつづく。前衛部隊は戦艦比叡、霧島、巡洋艦利根、筑摩、鈴谷、長良に駆逐艦四隻である。高戸中尉でなくても目を見張る出動風景だっただろう。

前衛部隊の戦艦に霧島が入っている。昭和十六年四月から十七年の六月までの一年二ヵ月、この霧島の主計兵（烹炊員）として勤務した元神戸新聞記者・高橋孟氏の著書に『海軍めしたき物語』という沢山の自筆イラスト付きのユニークな本（新潮社、昭和五十八年刊）がある。高橋氏はソロモン海戦三ヵ月前に経理学校学生として転出するので、高戸中尉たちの戦闘には同時行動をしていないが、その前の真珠湾攻撃、ミッドウェー海戦には参加している。海軍兵として〝参加している〟とは言っても、配置が違えば体験するものもまったく違う。真珠湾攻撃の日の朝は、高橋二主水（二等主計水兵）は朝飯づくりの当番で烹炊所にいた。まだ薄暗い時間に、「総員見送りの位置」という艦内スピーカーから発せられ、味噌汁を作りながら「航海中に見送りとは何だろう?」と思うくらいだったという。

その半年後（十七年六月）のミッドウェー海戦では、早朝から戦闘食準備で、牛肉、ニンジン、ゴボウを刻んで一緒に炊いた五目飯の握り飯を作り、休むひまなく、昼食、夕食の準備をしていた。そのうちズシン、ズシンと大きな振動と轟音が間断なく艦内で鳴り響き、戦闘がはじまったことがわかった。高橋主計兵は、戦闘がしばし止んだときに、烹炊所の上級者から「高橋、ニンジン取ってこい」と言われて上甲板の野菜庫へ行ったとき、海上の遠くで我が部隊の空母らしいのがオレンジ色の火を上げ、黒煙に包まれながら動いているのをチラッと見たという。空母は加賀か赤城だったのだろう。その空母のあとに付いていく駆逐艦かなにかの僚艦も見えたという。ニンジンを持って烹炊所に下りたが、見てはならないものを見てしまったようで、上司や同僚にも何も話さず、そのあと涙が出て仕方なかったとある。幸い霧島は大きな損傷がなく、その晩は夜食の汁粉づくりに忙しかった。

高橋孟氏の描く戦艦霧島での戦闘中の主計兵のイメージ。艦外で何が起きているのかわからなかったという（筆者作画）

高橋二等主計兵はソロモン海戦には〝参加〟していないが、主計科の下士官・兵の戦闘配置は、戦闘食づくり、そのあとの食事準備、戦闘中は、機銃員補助、運弾員、伝令、救護員等、戦闘配置で定められた配置の任務がある。これもりっぱな〝戦闘〟である。九月から十一月までつづくソロモン海戦での各艦の主計員も同じような体験だったと想像する。二十年四月の戦艦大和では約七十数名の主計兵のほとんどが戦死している。

南太平洋海戦から駆逐艦照月は空母翔鶴とともにトラック島に帰った。十月二十九日のことで、泊地には戦艦大和も陸奥などもいた。照月は修理艦明石に横付けされて被害個所の修理が行なわれた。このときに照月は給糧艦間宮から糧食補給を受けている。

主計長高戸中尉は泊地に着くと部下の松島主計兵曹を帯同していち早く内火艇で間宮へ参じた。トラック入港のとき目ざとく最初に間宮がいるのを確認していた。照月の糧食も乏しくなっていたが、それよりも乗組員にうまいものを食べさせたかった。間宮に着くと松島兵曹が行こうとする間宮主計長室とは反対の糧食庫の方へ高戸主計長が行こうとするので「こっちです」と新任主計長で間宮のことはよく知らないのかと思ったら、「いいんだ。一緒に来い」と言い、自分で間宮糧食庫の中身を見たり、酒の倉庫を倉庫番に開けさせたりしていた。酒は「日本盛」の一升瓶がびっしり並んでいた。ウィスキーもサントリーなどがかなりあった。虎屋の羊羹もあったというから、甘味品は艦内製造だけでは間に合わず老舗の商品も購入していたのかもしれない。

それだけ確認してから高戸中尉は間宮主計長室に入った。

「照月主計長高戸中尉、糧食をいただきにまいりました」と姿勢を正して言うと、書きものをしていた間宮主計長は手を止めて高戸中尉の方を向いた。

「お、照月主計長か……ご苦労さん。疲れたろう。何が欲しい?」と言うので、

「まず、肉はアレ、魚はコレを……」と注文すると、

「こっちもここに来てからだいぶ配給していて品薄でねえ」と、間宮主計長。すかさず、

「じつは主計長、私は間宮は初めてだったものですから先に艦内見学をさせてもらいました。この時勢に内地でこれだけ調達されたご苦心がわかります。肉と魚はまだかなり残ってはいるようですが……」と丁寧に希望を述べた。高戸中尉の事前偵察を知って、いまさら「ない」とも言えなくなって、間宮主計長は、ちょっと笑顔になって、肉、魚、若干の生鮮野菜のほかに酒と羊羹まで支給してくれた。

帰りの内火艇で、松島主計兵曹が、「主計長が、さきに糧食庫へ行かれた意味が分かりましたよ」と愉快そうに笑ったという。（筆者注：高戸氏の著書では、このときの間宮主計長は「少佐」となっているが、角本氏の経歴では、このときはまだ大尉で、翌年七月に少佐に進級している）

この〝理解の早い〟間宮主計長こそ本書第一章で歴代主計長の代表として紹介した、私のよく知る角本国蔵主計大尉（のち中佐）に違いない。

角本大尉は昭和十七年九月から翌十八年五月までの約八ヵ月間、間宮主計長の任にあったことは既述した。昔（昭和三十八年ごろ）海幕厚生課長の角本一佐に会ったとき、間宮では六回トラックに運んだと言っていた。十七年なら九月半ばごろにも間宮は呉を出港しているので、前任主計長の松原中佐とマカオかどこかで交替したのではないかと思う（角本氏の前任地は馬公＝マカオ＝防備隊主計長）。間宮主計長として角本氏が給糧艦の実務の采配を取ったのはトラックが最初だったのかもしれない。

私は角本氏をよく知っているだけに高戸主計長とのやりとりも目に見えるようである。戦

10月14日、第3次ソロモン海戦で米機に応戦中の秋月型駆逐艦。右上に米機の機影が認められる

後になっても角本氏を慕う短現主計士官出身者は多く、第一章で終戦間近のとき鹿屋で勤務の関係があった短現最後のクラス（十二期）の國松久男少尉の話とも合うところがある。

駆逐艦照月の戦いは、そのあとの第三次ソロモン海戦までつづく。ガ島奪回を主目的とした海域制覇作戦だったが敵の戦力のほうがはるかに上回っていた。米海軍は、空母エンタープライズ、戦艦サウス・ダコタ、ワシントン、重巡ペンサコーラ、サン・ディエゴ、ノーザンプトン等を主力とする多数の駆逐艦、給糧、給弾、物資補給支援艦等を整えている。三川軍一中将率いる日本軍との夜戦が多い会戦になった。

照月が出撃したのは十一月九日。これが第三次ソロモン海戦で、十二日夜の激戦で戦艦比叡は炎上、十三日に米軍機の猛攻で操艦不能となり自沈した。

つづく十四日の夜戦で戦艦霧島、駆逐艦綾波も撃沈され、照月は、前日に比叡の乗員を、十四日には沈没直前の霧島の乗員を、合わせて約三百名を救助し、ズタズタになって十八日にトラックに帰ってきた。

トラックでは修理の合間を見て、主計兵曹を連れて島内の奥地探査にも出かけた。何か食料になるものはないか現地調査である。島の奥には原住民の老夫婦も住んでいて協力的だったらしい。タバコ園の栽培などをしているらしく、多少の野菜をもらったりした。

十二月になってもガ島奪回作戦はつづいた。奪回というよりも日本軍残留部隊（陸軍二万、海軍七千）の支援のための武器弾薬、糧食補給等である。ガダルカナル島が「餓島」と呼ばれたように、とくに食糧は究極の飢餓状態にあった。

連合艦隊司令部が、そのための輸送手段を考えたのが、米麦をドラム缶に詰めて紐でつなぎ、陸上から引っ張るという作戦（？）である。一本の紐に約二百缶を連結したものを数十本ずつ陸揚げすれば計画ではうまくいくはず。これを「鼠輸送作戦」と呼んだ。ラバウルで搭載したドラム缶をショートランド島に運んで米麦を詰め、十一月末から十二月十二日までの輸送（？）が計画されたが、いずれも失敗。予行演習なしの実動だったが、敵側がすぐに察知して行動できなかった。数珠つなぎでやってくる長い駆逐艦の隊列を見て、連合軍は〝トーキョー・エクスプレス〟と呼んだ。

第二次鼠輸送作戦は十二月三日夜。敵機が上空から鼠の隊列を襲ってくるが、日本側駆逐艦の損傷は少なかった。しかし、千五百缶投入してガ島で揚収したのは三百十缶だけだったというから、成功とも言えないが、少しは糧食補給が出来たことにはなる。鼠輸送は、駆逐艦がだめなら潜水艦を使ってでもという提言も出てくるようになった。

本書は日本海軍のロジスティクスを軸にして書いているが、こういうソロモン海戦、ガ島奪回作戦を研究するほどに日本軍の兵站の乏しさ、国力の不足――ロジスティクスに大差がある中で日本軍も国民もよく戦ったものだと驚く。やはり、一八〇〇年代初期にクラウゼヴイッツが『戦争論』で書いた「戦争は政治におけるとは異なる手段をもってする政治の延長にほかならない」（第一部第一章二四）の言葉が、この原稿を書きながら頭をよぎる。

鼠輸送は十二月十一日（第四次）にも行なわれた。照月は警戒隊として二水戦隊（第二水雷戦隊）五艦の一艦として任に就いた。

ドラム缶投入は夜だから、当然だがこの日も夜戦だった。

夜十時半すぎ、照月は米海軍魚雷艇三隻の襲撃を受け、ついに被雷、復旧困難な被害が確実になって十一時三十三分に「総員退去」となった。

高戸主計長は艦長ほかの乗員とともにかろうじてカッター（ボート）で脱出し、僚艦・駆逐艦の嵐に一旦身を置くことができた。第四次輸送で投入した米麦のドラム缶は千二百個だったが、ガ島で陸軍に届いたのは二百二十個だけだった。

照月主計長高戸中尉の奮闘は、このあとガダルカナル島に上陸、引き続き、近くの島カミンボの海軍警備隊へ移動後の年末に一旦内地（呉）に帰り、佐世保で竣工したばかりの同じ秋月型駆逐艦涼月乗組が発令された。横須賀へ先回りして涼月の回航を待つ間の昭和十八年の正月明け、経理学校へ行き、補習教育中の一期後輩になる第九期短現学生たちに前線での体験講話をした。主計科士官の某少将が目を付けたらしく、三月十日過ぎになって海軍省軍務局第四課勤務に人事異動が発令された。わずか三ヵ月足らずの涼月主計長だった。

高戸中尉はその後、海軍報道部員としての任務に就く。当時の陸海軍報道部には、軍令部組織ではないが報道班員という制度があって、当時の中堅作家、画家、新聞記者等に委嘱して前線でそれぞれの立場から国民への士気鼓舞をしてもらっていた。海軍では丹羽文雄、石川達三、山岡荘八等がよく知られる。陸軍では火野葦平が知られる。

短現主計科士官は総勢三千三百八十一名に及び、約一割の戦病死者があるが、戦後の日本復興に力を示した人たちが多い。高戸大尉（終戦時最終階級）は住友重機社等で要職に就くが、エリート集団だけに政財界、民間企業で活躍した人が多い。私が海上自衛隊勤務中に接した（ホンのちょっとだけだが）短現の人で、とくに印象深い一人に、高戸顕隆氏と同じ八期短現の、昭和五十四年当時の防衛政務次官有馬元治氏がいる。有馬氏は鹿児島（薩摩川内市）出身で、東大卒後、短現八期として海軍主計士官に任官、戦後は鹿児島二区から衆議院議員となり、自民党国防部会等で活動した。昭和五十四年に、私が鹿屋の第一航空群司令部幕僚のとき有馬政務次官の部隊視察があり、土橋琢治群司令（兵七十二期）、冨田成昭首席幕僚のもとで担当幕僚として接遇に当たったことがある。

有馬次官から、行事の終わりに「隊員と一緒に入浴したい」と言われ、とりあえず海曹士十名ばかり（もちろん男子隊員）をさきに手配し、その中に薩摩川内出身の若い隊員も三名ほど入れて、先に浴場に入ってもらっていた。

十七時ごろ、次官を隊員浴室に案内したら、「監理幕僚、君も入れよ」と誘ってもらったので、私も制服をさっさと脱いで有馬次官に同行した。

脱衣所で、裸の次官から「これ、機銃の傷跡なんだ」と右側だったか、腹部の傷を見せられた。よく聞かなかったが、造船所かどこかで仕事中に空襲にあったらしい。有馬次官の経歴では、中尉任官は前記の高戸顕隆氏とまったく同じで、経理学校の補修課程を修了して佐世保海軍工廠勤務になったらしい。造船所の空襲というから終戦少し前の六月の佐世保大空襲のときだったのかもしれない。湯船に入ってから有馬議員の地元出身の海士たちを紹介したら、若い隊員のほうが、そこら辺のことはよく心得ていて、話を合わせたらしく「ホウ、君のウチはあそこか」などと会話が弾んでいた。地元民に会うと議員も元気が出るらしい。

鹿屋で一緒に入浴させてもらった四ヵ月後、土橋第一航空群司令のお供で海幕へ行った際、群司令と私は有馬次官の接待で渋谷の羽沢ガーデンパレスに招かれ、大沼肇政務次官秘書官も入って四名でたいそうな食事をご馳走になった。土橋海将補のお供なので次官とあまり話をすることはできなかったが、短現に入れたことが人生の転機になったと言っておられたことだけはよく覚えている。

短現・小泉信吉主計大尉の場合

元慶應義塾大学塾長小泉信三氏の長男——と先に書いた方がいいのかどうかわからないが、高戸顕隆主計中尉（終戦時・大尉）の一期先輩にあたる第七期短現主計科士官に小泉信吉主計中尉がいた。高戸主計中尉が照月でソロモン海戦、南太平洋海戦で戦っている同じ時期に八海山《はっかいさん》丸という特設砲艦（五千百トン）で主計長として乗艦していた。

八海山丸は鏑木汽船会社の貨物船として東京播磨造船所で起工されたが、昭和十二年五月に、海軍の徴用で特設砲艦として就役した。この時期は徴用船が続々と増えていた。昭和十七年後期には大小七千隻以上の徴用船があった。

注：砲艦（Gunboat）「砲艦外交」というように、小なりと言えども国威（プレゼンス）を示威する意味もあって昭和初期の揚子江のように各国が沿岸に常駐させたのが河用砲艦。米映画『砲艦サンパブロ』（二十世紀フォックス）は一九二〇年代末期の上海が舞台になっている。

下駄ブネともいう喫水の浅い小艦でも艦首には菊の御紋が付き、艦長も大佐乃至は大佐一歩前の中佐が配員されていたが、河用砲艦としてトン数も大きくなり、区分上、戦争末期に菊の御紋も外された。特設砲艦は特務艦と同類に種別変更された。

小泉主計中尉は、大正七年一月生まれ。昭和十六年に慶応義塾大学卒業後、三菱銀行に就職するが、卒業前（一月）に受験していた短現主計士官採用試験に合格したことから十六年八月二十日に海軍主計中尉に任用された。経理学校での補習教育後、巡洋艦那智庶務主任として約七ヵ月勤務のあとの十七年八月初旬に八海山丸主計長となった。

八海山丸は特務艦の部類なのでその行動や実績がよくわからない。幸いなことに、小泉主計中尉は小泉塾長の家系的な育ちの良さもあってか、なにごとにもプラス思考の性格だったようで、筆まめな家族通信の中に、折りにふれた艦内生活の模様がたのしく記されている（『海軍主計大尉小泉信吉』小泉信三著・文藝春秋社刊）ので様子がよくわかる。

着任直後と思われる八月十九日付の〈八海山丸通信第一号〉は、つぎのような書き出しである。内容から、八日午後、南方へ向けて横須賀を出港、その約十日後に書かれたもので、家族のもとには九月五日に届いている。

●「その後、お変わりありませんか。小生は至って元気。再び愉快な海上生活が始められ、たのしい気持ちで働いております。何しろ千人に近い大所帯から乗員百四十人という小所帯に天降ったので、四五日間は馬鹿に人間が少ないような気がしてなりませんでした。一体、鶏頭たるが良いのか、牛後たるが良いか、嘗ては牛後たる方が良いと考えた小生も、本艦に移ってからは些か思想的変化？が起こり、最近は「鶏頭ヨカヨカ」の有様、主計長たるのも悪くないワイとほくそ笑んで居ります。

筆者注：「鶏頭」は「鶏口」の誤り。「鶏口となるも牛後となる勿れ」（「史記」）＝〝小さくてもお山の大将のほうがいい〟というたとえ。慶應出身の小泉中尉でもこういうミスがあるところに人間性が感じられ、原文のママとした。

返事が良く、態度が良好と自分で感心していた那智七ヵ月の生活も、単に返事と態度のみが良かったものでもなかったらしく、幾分かは仕事も覚えてらしたようです。兎に角本艦に於いて主計兵に或る事柄に説明してやったり、なかなか正鵠を衝く質問をしたりする自分自身を時々見出し、なんともくすぐったい気持ちがするときがあります。（後略）」

小泉信吉中尉の手紙は文筆も優れ、人柄を彷彿とさせる。本当に惜しい人を戦争で亡くしたと、小泉信三元慶大塾長が私家本だったものを本にして出版された昭和四十一年に私は読んで、感じるところが大だった。その二年後に防衛大学校の学生指導教官として二年半防大で勤務したので、海上要員学生たちにもしばしば本書を紹介した。

小泉主計長の体験やモノの見方がユニークで、とても毎日が緊張する戦時の前線とは思えない愉快な内容が多い。その一部を、すこし私見を交えて紹介する。「主計長たちの奮戦」の一部でもある。

●「話は前後しますが、三巻から成る落語全集を詠み、いまさらながら古い落語の良さを知りました。七ヵ月余り佐世保の艦に乗っていたので（筆者注：巡洋艦那智は佐世保が母港）、「何々したと」とか「よかたい」「どぎゃんした」なぞという言葉に馴れ、本艦に移ったら、ここは関東、東北、北海道の兵隊です。「主計長（スケイチョウ）、そうすますと……」と東北出身者、「主計長、そうしやすと」と（まさかこれほどではありませんが）江戸っ子の兵隊。生活環境がすっかり変わりやした」　八月十九日付　八海山丸通信第一

●「生糧品がここ一週間ばかり切れて毎日缶詰が主となった食事をしております。尤もジャガイモ、タマネギは残っていましたが、今日でそれも品切れ、缶詰のホウレンソウなどが出ることになりました。野菜の缶詰はあまり有難くないが魚、肉類の缶詰はいずれたりとも小生の好物なので困りません。自分が好きなのでわざと補給しないんじゃないかと母上が心配するといけないから言っておきますが、給糧艦が来ないことが原因です。

兎に角新鮮なものに暫くご無沙汰しているのですが、一昨日機関兵曹長が艦の周りを遊弋しているマグロを小型にしたような二尺くらいの魚を釣り上げ、夕食は艦長を招待し、刺身にしてビールの肴としました。久しぶりの生魚はなかなか旨いものでしたが、すこし固い感じでした。話によると釣ってから少し放置しておくと軟らかくなる由。

例の「南海封鎖」で生糧品が切れて、本艦でもキリボシが現れてきました。切干しは姿形を変えて現れるということはなく、専ら味噌汁に用いられています。今日は八月三十一日、珍しく天候悪く、風強く波がありますが生糧品（野菜のみ）を積んだ船が入港してきたのでその積み込みをやる予定です。

昨日慰問袋が配給されました。静岡県からのもので、さすがにお茶が入っていました。そのお茶ウケとしてでしょう、羊羹四本、氷砂糖一箱が入っているのに驚きました。いまどき羊羹など内地ではなかなか手に入らないだろうに、と気の毒に思いました。静岡からの慰問袋にはどれにも羊羹とお茶が入っています。小生はこの羊羹を忠実なる従兵に進呈してしまいました」　九月五日付　八海山丸通信第三

●「ところで、すこしこちらの様子をお話ししましょう。

兵隊が盛んに釣りをして刺身にして食べる話はすでにお知らせしましたが、嘗て小生が「南方の魚には毒魚が多い」と書いたことを覚えておられると思います。しかし我々の居るところには殆んど毒魚らしきものは棲息せず、ただ内地の平鯵のごとき二三尺もある魚、これは時々食べた者が「シビレ」ることがあると聞いていました。しかし、必ずシビレるものではないので兵隊は平気で食べます。

ところが二三日前の夜のことです。その日の夕食にビールを一本ずつ出すことにしていたので、釣糸を垂れた者が相当ありました。その中に釣り好きの看護兵曹もいて、彼は三尺近いヒラアジを釣り、主計兵曹と、同じく主計科の、前身は魚河岸のアンチャンだった

一等水兵の手によって刺身にされ、看護兵も加わって四人で刺身を食ったのです。ことに主計兵曹は刺身が大好物で、もりもりと貪り食ったそうです。ところが、就寝後、主計兵曹は全身がシビレてきて目を覚ましました。驚いた彼は隣の看護兵曹を起こそうと、シビレる口に力を入れ、「フィビエタ……」（しびれた）と言いました。起こされた看護兵曹と看護兵が主計兵曹にヒマシ油を飲ませてシビレ兵曹を看護したそうです。さいわい、〝フィビエタころが峠だったらしく、翌朝になるとかなり回復したようで、一日休ませたら二日後には糧食搭載にぴんぴんと働いていました。しかし、危ない話ではありませんか。魚河岸のアンチャンも軽くしびれた由。この平鯵、我々は食べませんからご安心ください」　九月二十二日付　八海山丸通信第五

慶應ボーイらしい(?)ののびのびした艦内生活の愉しみ方があったらしい。小泉中尉の手紙の端々にそんなことを感ずる。

しかし、戦局が益々激しさを増すのはトラック泊地を中心とする南太平洋戦域で象徴されている。「十月十五日付」とある小泉中尉の家族に宛てた八海山通信が最後になったようだ。

●「今日は十月十四日。本艦は明日からまた航海に出ます。これで帰って来ると手紙などが相当溜っているだろうと楽しみです。

十二日付の手紙に鱶《ふか》を釣った話を書きましたが、あのとき鱶を釣り上げた釣り好きの機関長が昨夜一尺くらいある鯛のようなモノを三、四匹釣り上げました。機関長は「タイそっくりもなにも、鯛そのもの」なのだそうですが、この我々は鯛みたいなモノと呼んでいたもの

です。先般、鯵を食った主計兵曹がシビレた話を書きましたが、今度は本艦の猫が被害者（？）です。

今日の朝食は朝っぱらから大きな魚の切り身の塩焼きが食膳に現れました。一同、「あ、機関長の魚か」と言います。機関長は得意顔で「おお、俺が釣った鯛だよ」と威張ったら、だれかが、「そういえば、夕べ猫のヤツ、ただじゃない声を出して狂いまわってたぜ」「そうだ、俺は眠れなかった」と、そんなことを話しているところへ軍医長が来て、「猫はシビレちゃって、よだれを流してオレの部屋に居るよ」と言います。

「やっぱり、あの鯛みたいな魚は危ないな」と言う者もいますが、「いや、そんなことはない」と向きになった機関長は、「猫のヤツ、あの鯛のはらわたを食ったんだよ。昨夜一匹は釣りの餌にするワタを出して置いといたのを俺が目を離したすきにすっかり食べちまいやがった。はらわた食っちゃ、シビレルさ」と力説していました。

これを聞いて、士官室一同、「猫でさえシビレルのじゃなあ」と言って、塩焼きを食べようとする者はいませんでした。その塩焼きの切身を見るに、いかにも旨そうです。遂に食欲に負けてその四分の一ほど食べました。ところが食べてみると全く旨い。四分一以上食べてしまいました。

猫は、と見ると、一晩でゲッソリとなっていました。この猫は南洋産で、本艦にもらわれてきた当座はコンデンスミルクなどで育てられたという贅沢な猫なのです。しかも飼主が軍医長なので、エビオス（注・ビタミン強化剤）を常にあたえられ、エビオス大好きという小

生意気な奴です。（中略）

十月ともなれば南洋にも秋が来るような気がします。日射しがどうも秋の感じなのです。秋の感じを助けるのは秋刀魚ですが、これがまた二三日前に内地から届きました。南国で食う秋刀魚は旨いと感じました。

烹炊所で秋刀魚を焼く香りが匂っていたその日の食事準備には、烹炊所を覗いている兵隊が随分居ました。兵隊どころか、よい年をした特務士官も烹炊所を覗いていましたよ。

では、今日はこれで失礼します。祖母上様に手紙を出す暇なし。次の機会に譲ります。よろしくと小生が申した旨お伝えください。

信吉　昭和十七年十月十五日」


小泉信吉主計長の手紙の末尾にある「祖母上様に手紙を出す暇なし。次の機会に譲ります」の「次の機会」はなかった。この手紙が東京の小泉家に着いたのは、十月二十三日だったと『海軍主計大尉小泉信吉』の終わりのほうにある。いつもながら気楽な無駄話に家中で笑ったというが、その前日の朝、信吉氏は敵弾に倒れていたことになる。

海軍省人事局から小泉家に信吉氏の戦死の電報が来たのは、昭和十七年十二月四日で、「コイズミシンキチカイグンシュケイチュウイ一〇ツキ二二ヒミナミタイヘイヨウホウメンニオイテメイヨノセンシヲトゲラレタリ……（後略）……」

この手紙が家族のもとに届く前日に小泉主計長は戦死していたことになる。

追記　小泉主計長がどのような戦死を遂げたのか、よく分からない。父君の小泉信三氏が信頼できる筋から聞いたというのは次のとおりである。

「信吉が果たしてどのようにして戦死したのであったか、それは詳細に記すことはできないが、ただ幾人かの海軍部内者の話してくれたところに由れば、信吉の乗艦は南太平洋上の最前線に、命ぜられた任務の遂行中、十月二十二日の朝、優勢なる敵艦を発見してこれと決戦し、艦長の傍らの艦橋上の配置に就いていた信吉は、炸裂した敵弾に当たって戦死したということである。艦長が打たせた無電の文言を伝え聞いた。「見ユ 敵ノ駆逐艦ラシキモノ 一七五度東 四度南 ワレ決戦ス」というのである。この種の電文案は主計長が作るのが常であったという。若し果たしてその通りとすれば、これが我々に聞こえた信吉の最後のことばのようなものである」

小泉信吉海軍主計中尉は戦死のあと「海軍主計大尉」に昇任が認められた。

軍令承行令について

ここで取り上げるのは異質に見えるが、戦闘中には起こり得る問題として取り上げた。元伊良湖主計長石踊幸雄氏と平成十五年五月末に中野駅で会っての別れ際に「軍令承行令のことをぜひあなたに書いておいてもらいたい」と言っておられたことが長年気になっていた。ただ、この問題は主計科士官にはあまり関係ない——と言ってはいけないが、そのことで大きな問題になっていたのは兵科士官と機関科士官の間でのことが多かった。

軍令承行令とは、〝軍隊として命令を承けて行なうことができる下級者への命令権〟とでも解釈すればいいかもしれない。簡単に言うと、指揮官が戦死するとか、なにかの出来事で急に指揮系統が混乱した場合に、とっさに指揮権を受け継ぐのはだれか、という問題である。指揮権は兵科士官にしかないという考え方だった。艦長が死んだら兵科である副長がその職を執るのは当然であるが、たまたま近くに兵学校出身の次席がいないということもある。大統領が急死したら副大統領が大統領になると国法で決めてあるアメリカの例は少し次元が違うが、似ていないでもない。ルーズベルトやケネディが死んで副大統領だったトルーマン、ジョンソンが直ちに大統領に昇格した事例がある（二人とも評判が悪い。とてもアメリカ合衆国大統領の器ではなかったが……）。

戦時法令として指揮権の継承序列を定めておく必要の声は明治時代からあった。

海軍将校というのは古くは（曖昧であるが）兵科士官——つまり海軍兵学校出身の士官の別称で、一般の士官よりも格が上にあるという自尊心があった。機関学校や経理学校出身者は士官には違いないが「将校」ではなかった。

部隊の指揮は将校が執るものと決められたら、その兵科将校である艦長が戦死して、中佐や少佐の機関長は無事でも兵科士官は少尉しかいないという極端な場合、機関科中佐は兵科の砲術士や通信士の命令に従わなければならないということになる。紆余曲折があって、大正初期に機関科士官も〝将校〟にはなったが、〝承行令は不明瞭のままになっていた。

この問題は長く尾を引いて、とくに機関科士官側の要求が強くなった。兵科士官の代表者が、すでに引退した東郷平八郎元帥（大正二年元帥称号）にこの問題について〝お伺いを立てた〟という話がある。そのとき、東郷大将が「缶焚きどもがまだそんなことを言うとるか」と言ったというのは伝説で、東郷元帥を担ぎだす方が悪い。元帥には迷惑な話である。

大正八年になって、それまで解りにくいところがあった軍令承行令が改正（九月二十三日内令第二九九号）でつぎのようになった。

1　兵科将校の階級の上下による。召集中の予備役及び後備役兵科将校は同階級の兵科将校に次ぐ。

2　兵科将校不在の場合は機関科将校が軍令を承行する。序列は1に準ずる。

3　軍令承行を行なう各部の長が必要と認める場合は、兵曹長、上級兵曹、兵曹が承行する。

4　別に規定がある場合、または特別の命令がある場合は適用しない。

これだけでもゴタゴタがあって、昭和十七年に「兵科将校」は「将校（兵）」に、「機関将校」は「将校（機）」に表記が変えられたりするが、いかにも苦しまぎれに見える。

経理学校出身の主計士官はどう感じていたか。こちらははじめから兵科には遠慮（？）があり、成り行きを傍観といったほうがいいだろう。しかし、戦場では起こりうる問題であるため経理学校では心得として教えていた。

しかし、戦争中でも若い兵学校出身者の中にはこれを取り違えて、「自分たちは機関科士官や主計科士官よりも偉いんだ」と自意識を持っていて、日ごろから上級者にも生意気な口をきいたり、ガンルームで、ふた言めには「俺たち将校は……」と言う者が実際にいた、とある経理学校出身者から聞いたことがある。

その人（経二十九期）は「そいつに、お前は江田島で何を勉強したんだ、とどやしつけてやった」と言っていた（昭和五十一年に聞いた話）。

これは軍人としてのプライドとかの問題ではなく、指揮権にかかわる序列であり、頭ではわかっていても実際になると難しいところがある。軍医中将が兵科の少尉候補生の指図を受けて動かねばならないのはどう考えてもおかしい。

石踊主計長は、「ボクのときは、下級の兵科士官が気を遣って、大事なことは事前に、主計長、こうしますとか、こうしようと思います、と言ってくれたから命令系統も円満にいった」ということだった。

ようするにこの問題は、良好な人間関係を保つことの大事を認識しているかどうか、個人的資質、自己修養のあり方に帰するようである。個人の思い違い（思い上がり）が用兵にかかわってくるから難しいところがある。どこまでが責任感か、どこからが出しゃばりか、奮戦の中にもそういう主計長たちの判断や行動があったに違いない。

第五章　海上自衛隊の〝給糧艦〟（補給艦）

いま伝えておきたい補給艦誕生のウラ話

昭和二十年十一月三十日をもって日本陸海軍は正式に消滅（陸海軍省廃止）し、海軍は残映だけになったかに見えた。形骸さえも無くなったように見えたかもしれない。

しかし、朝鮮戦争の勃発がきっかけで海上防衛力の大事から、Y委員会というブレーン機構のもとで推進された策が米海軍の支援によってわずかな海上勢力（艦艇）として復活、海上警備隊を経て、昭和二十九年七月一日の海上自衛隊発足となった。

海上防衛と言えば、護衛艦、潜水艦、掃海艇、航空機が主力であるが、各種支援艦も必要になる。昔のような給兵艦や工作艦、砲艦は時代的に要らないが、給油艦は不可欠である。

給油艦「はまな」は昭和三十三年から三十六年度にかけて整備された第一次防衛力整備計画（一次防）によって、昭和三十六年四月に浦賀造船所で起工、わずか一年後の翌三十七年三月に竣工した。こう書くと、海上自衛隊では戦前の反省もあって特務艦の建造を早期に計画したように思われるが、この一次防でも原計画段階では給油艦建造は考えられていなかった。補給艦建造などとても言い出せる雰囲気でなく、専守防衛にはそんなものは必要ないというにきまっている。社会党が自衛隊は要らないと騒いでいるころのことである。

「はまな」の給油オペレーション。護衛艦「まきなみ」から撮った昭和41年の写真（「はまな」記念アルバムから）。筆者はこの2年後に「はまな」で勤務した

しかし三十四年度末には、小なりとも護衛艦はDD型十六隻、DE型六隻、PF八隻、合わせて四十隻を持つスモールネービーになりつつあった。海上部隊の訓練日数、訓練周期を効率的に運用するためには洋上給油が必要だということになって三十五年度追加予算で誕生したというのがウラ話である。ここでもロジスティクスは遅れを取った。

技術研究本部が設計にあたってモデルとしたのは旧海軍の給油艦よりも二次大戦中の米海軍のパタプスコ級給油艦（AOG四千百九十トン）だった。堅牢なスパーンワイヤを使った横曳給油法が手本とするところが多かったからだ。

旧海軍でも給油方式には、縦曳きと横曳きがあったが、燃料といえば石炭から重油に代わったとはいえ、停泊・横付けでの移送（搭載）が主流だった。

竣工したころの給油艦「はまな」（のち補給艦に艦種変更）筆者が乗艦していたのは昭和 43～44 年。舷側には艦名があり、47 年に全艦艇とも標記は消された

〝太平洋戦争〟になると、航走しながら給油艦から駆逐艦等への給油（曳航給油法という）もできるようになったが、海上模様で制約が多かった。

横曳給油方式とは、横並びに航走しながら相手の艦に給油（主として軽油）するというやり方である。

給油艦「はまな」（基準排水量二千九百九十六トン・満載排水量七千五百五十トン）はこうして生まれた。上の写真で見るとおり貨物船タイプに給油用のポスト（ステーション）、給油蛇管などが賑々しく装備されている。当時の自衛艦の主燃料はまだ重油（昭和四十年代後期に軽油に切り替わる）で、「はまな」は補給用重油四千トンタンクを保有できた。

給油艦「はまな」を〝糧食補給艦〟としても使う、という着想がいつからあったのかわからないが、昭和三十六年の建造中からすでにあったと考えて間違いないようだ。海軍時代の主計科士官たちの〝息〟がかかった経理学校出身者の中の、とくに数名、これを推進する熱心な人が居た。

私は昭和三十六年十二月に公募海曹（三等海曹）として江田島の第一術科学校で四ヵ月間の入隊講習を修業し、そのまま一術校の栄養学教官として江田島校内で生活することになった。営舎内居住の生活の場は兵学校時代の養浩館（生徒用売店）が独身寮（俗称チョンガーハウス）で、二十名ばかりの独身隊員が寝起きしていた。

「いま浦賀で造っている給油艦は将来補給艦になるらしい」という噂を聞いたのはチョンガーハウスでのことだった。当時の国産護衛艦には「あけぼの」「いなづま」のような、歩くにも頭がつかえるような狭いDEも呉にはあった。まさか、その数年後に自分が「はまな」の乗組幹部になるとは思ってもいなかった。

糧食洋上補給の研究

私事になるが、その二年後に幹部候補生学校に入校し、翌年から経理補給幹部（昔の主計科士官）として海上自衛隊のロジスティクス部門を専門職域とすることになった。遠洋航海訓練を終えて、海幕厚生課で一年、その後横須賀の駆潜隊で勤務していると、突如「はまな乗組を命ずる」という人事発令を貰った。二等海尉なので「はまな」補給長（昔の主計長）には早いが、「艦長付」という特別配置で一年間糧食洋上補給の研究をするように、という自衛艦隊司令部幕僚からの命題だった。

自衛艦隊司令部から呼ばれ、二人の幕僚から事前説明を受けた。一人は監理主任幕僚（N－1）猪股淑郎一佐、もう一人は後方主任幕僚（N－4）吉田承澄一佐。猪股幕僚は経理学校三十二期（兵学校七十一期コレス）で戦争中は主計中尉として実戦体験もある。吉田幕僚は商船学校出身であるが、海軍のロジスティクスの欠陥をよく知る機関科士官の猛者で、この二人から糧食補給艦整備の急務を説かれた。給油艦「はまな」に給糧艦としての機能も持たせたいという企画はやはり海軍勤務経験のある猪股幕僚や吉田幕僚のような人たちによる計画の推進だったようである。

「研究期間は一年。この課題に取り組んで具体策を答申するように」と、まだ二等海尉の私に命題をあたえて乗組発令をする海幕人事課のプレッシャーを感じながらも呉の給油艦「はまな」に赴任したのが昭和四十三年五月十六日だった。当時はゴールデンウィークも何もない。独り身の身軽さもあった。呉に着いて、まず呉補給所（現在の呉造修補給所）に顔を出すと、糧食調達担当部の係長以下数名が私を持っていて、簡単な今後の予定を聞いたうえで呉港内に停泊している「はまな」に着任した。艦長は兵学校六十七期の富田良治一佐。本書第二章で二百四十八名中の卒業成績が首席だった中村悌次元海上幕僚長のことを書いたが、その中村提督と同期の一人が富田艦長である。

　富田一佐は、卒業成績（近年になってわかったことだが）は二百四十八人中の百一番で、中間よりすこし上位ということになるが、人柄が柔和で、静かな語り口からはとても海戦の修羅場をくぐったとは想像できないタイプの畏敬すべき紳士だった。糧食補給研究については「あなたがやりたいようにやってみたらいい」と言われた。

「はまな」の乗組幹部は、副長は兵学校七十四期であるが、航海長、補給長と私だけが候補生学校出身、ほかは海軍の下士官上がりの人ばかりで、自分の仕事の分野にかけてはベテランなので、温故知新というか、海軍時代のことを聞いて参考になることが多かった。第三章で間宮羊羹を食べたことがあると言っていたのが機関長の山中一尉だった。

「はまな」には大きな冷蔵・冷凍庫が第三甲板（最下区画）中央部に装備されていた。それをどのように洋上補給で活用するか、が私にあたえられた命題の一つだった。

補給用の大容量の真水タンクもある。間宮時代には艦隊泊地で乗組員に人気のあった入浴設備も復活しようという計画で、他艦への給水だけでなく、「はまな」に横付けすれば風呂も待っている。大きなケンパスに河童の絵を描いた大きな横断幕もあって、すでに〝浜名湖温泉〟は佐伯湾や宿毛湾など訓練泊地で有効活用されていた。海軍時代もそうであるが、こういう乗組員に対する福利厚生はCPO(乗組みの先任海曹)たちのアイデアや手作業によるところが多い。機関科員には応急工作員もいて、私が「はまなサブレー」というクッキーを製造して訓練の慰問品にしたい」と言うと、三日後には銅板でサブレーの焼型や焼印を作ってくれた。「はまな洗濯板サブレー」のことは後述する。

遊び心のサービスはともかく、糧食洋上補給はどのようにするか、基本的構想を練った。

燃料は、アメリカが戦前やっていたように〝並んで走りながら〟燃料蛇管を使ってポンプから一時間に六百キロリットルの重油が供給できる。真水ホースも連接すれば、同時に真水を送ることもできる。訓練中は、護衛艦がつぎつぎに乳飲み子のように「はまな」に近接し、はじめにサンドレット(鉛を付けた細紐)の投擲で相手艦と繋いだ細い紐が太いロープに代わり、消火ホースの数倍もある燃料蛇管に代わり、給油するという一連の作業は実戦的訓練でもある。夜明け前から夜の十時ごろまでのこともあり、食事も戦闘食になる。

海軍の生糧品搭載風景。大きな竹ザルなど、容れ物が不統一で、搭載、格納に現在とは格段の苦労があった（昭和12年、重巡高雄）

航走しながらの燃料補給は純然たるオペレーション（作戦行動）であるが、糧食補給は何もわざわざ動きながら補給するほどの緊急性はないので、洋上停泊横付け補給が基準になっていた。それなら糧食を運んで渡すだけだから簡単に思われそうだが、持って行って渡したら腐っていたとか、品質が劣化していた、では後方支援上無責任になる。艦隊行動は出港前に積めるだけ積んで（作戦上は十五日分を基準）母港を出港するから、そのあとが問題になる。「はまな」も少し遅れて訓練海面へ行き、フネの手持ちが少なくなったころ鮮度の良い糧食（生糧品）を円滑に補給するというロジスティクスである。

つまり、停泊して洋上で補給するにしても、やたらに食材を運べばいいというものではなく、補給したあともしばらくの間は食いつないでいける生鮮品でなければならない。そうなると鮮度耐久試験を実際にやってみないといけない――二等海尉の分際（？）で、一人でそんなことを考えた。幸い、直属上司の補給長安村松夫一尉（候補生学校六期先輩＝のち海将補）がいい所見を持つ人で、大事なポイントは把握して私が考えることに理解を示してくれた。この食材艦内保存耐久試験のために、納入業者を通じて食品の流通、梱包包装形態の確認と改善方法について協力を求めることにした。

海軍時代の民活は呉の〝海軍御用達〟にルーツ

〝御用達〟は江戸時代のことで、正式用語ではないが明治維新後も便宜的に使われていた。軍需品は基本的に入札制度であるが、どの基地でも納入業者は最大限の協力態勢で〝海軍御用達〟を誇っていた。とくに呉は軍需部敷地が広く、物流の便もあって海軍への支援には信頼性が高かった。民活（民間活用）というよりも民間活力といえるパワーがあった。

呉市築地に遺る海軍軍需部時代の面影。上は戦後創業の呉糧配倉庫、下は海軍時代のステージ

現在は呉市中心部の西に位置する、国道三十一号線からつづく海岸通から南側一帯の築地町、光町は戦前の呉海軍軍需部として殷賑を極めた大市場だった。最寄りの呉線川原石駅は兵学校生徒や下士官兵の江田島へ渡る川原石桟橋に近く、航空隊のある呉市広町、

市中央通、眼鏡橋、呉駅を経由し川原石に通じる市電もあった。

戦後は民有地として払い下げとなり、様々な企業、ホテル、呉市営青物市場などが混在しているが、海軍軍需部時代の食品積降しステージや倉庫を現在もそのまま企業が流用したりしていて海軍時代の名残りも感じられる。

昭和二十五年に、海軍時代に縁のある納入業関係者が核となって設立された呉糧配株式会社がその一つで、現在は精米、米穀販売、青果物・燃料等多角的営業でシェアも広い。現在も稼働している精米工場も、以前瀬間喬主計士官が言っていた〝海岸通の大きな精米所〟とはここだったのだろう、と近くを通りかかりながら想像する。「呉軍需部ではなんでも揃った」と言っていたことがリアルに感じられる。軍需部勤務のとき瀬間大尉が「ブリ」を「ブク?」と読み違えた話も呉軍需部生糧品渡し場のここでのことだった。

私が「はまな」に着任したとき、呉補給所(組織的に昔の軍需部に近い部隊)で「海軍軍需部時代のことを調べるのなら、まず呉糧配に相談してみるとよい」という助言を受けたのも、まさにそのとおりで、すぐに応じてもらったのが以下述べることに繋がる。

海軍時代の糧食納入容器の形態は様々あるが、木箱、リンゴ箱、ザル、竹カゴ、トロ箱、木桶入りばかり、獣肉は精肉前の凍結した枝肉などなど、ようするに、定型のパッケージというのはない。発泡スチロールはもとより、段ボール箱も戦後かなりたってからの開発である。醤油も味噌も樽《たる》に入っていた。

呉糧配を窓口に、海上自衛隊糧食納入組合を通じて数社の代表者に参集してもらった。

昭和四十三年のことだけに、会議に参加した七、八人の大半はやはり海軍時代からの人で、糧食保存耐久試験の趣旨や目的にすぐに理解を得た。当時は、前記したように食材の梱包形態が不統一で、それも試験の一つとして人参やトマトなどは保存性をよくするために隙間を空けた木の板（廃材の応用）でリンゴ箱程度の箱（当時は多かった）や、まだ開発期の段ボール箱など、数種の形態で梱包した食材を実験用に作ってもらうことにした。

こちらが気を遣って、「こんなこともできますか？」と言うと、組合の代表者が、「そんなこと、お安いことですよ。昔の海軍さんはそんなもんじゃなかったですよ」と笑って応じてくれた。この数年後、横須賀補給所勤務のとき、地元の納入業堀口商店社長からも、「昔の海軍さんはそんなもんじゃ……」という同じ話は前に書いた。昭和十四年から〝海軍御用達〟を誇りにするこの社長しかできない指名契約で、調理員長研修会で中華料理の糖醋鯉魚《タンツウリイユ》（鯉の甘酢あんかけ）の材料の鯉を一尾約二十五センチと指定したら五十尾全部がぴったりの寸法だった。鯉の産地新潟の小千谷から小さな生け簀に入れて取り寄せたらしい。

呉の組合の出席者からは、玉キャベツの保存性を高めるには、「昔は、芯をくりぬいて、穴に水で捏《こ》ねた石灰を詰めていた」という証言、「水で濡らした新聞紙を詰めていた」という業者もあった。根菜類は泥が付いたままが保存は利くのがわかっているが、艦内搭載食品としては適切ではない。潜水艦用の生鮮品はとくに形態が影響する。

スーパーマーケットが全国的に拡大するのはこの頃からで、流通方式も年を追うごとに効率化しているが、民間の物流方式は海上自衛隊の糧食管理にも影響する。

注：スーパーマーケット　アメリカでは一九三〇年（昭和五年）に登場したが、日本は戦後の昭和二十六年に大阪の京橋駅近くの京阪スーパーマーケットが初とされる。翌年、東京・神宮前駅に紀伊国屋の店が出来、全国的に広がる。「市場を超えたマーケット」という意味が名前の由来。スーパーの進出で包装形態も改良され、段ボールの利用価値が高まった。昭和四十三年に食品保存耐久試験をしたときも、段ボール箱の有用性が確認されたが、原価に影響し、海上自衛隊での全面採用には至らなかった。現在は保冷に適する発泡スチロール材も有効に使われているが、この時期はまだ登場しない。

現在の海上自衛隊の一般糧食は各品目とも特別に品質や容器を指定したものはない。潜水艦糧食には取扱い上、やや特殊な梱包などが要求されるため納入業者のほうがよく心得ているようだ。海軍時代の潜水艦糧食の取り扱いには特別なものがあったが、現在は水上艦も潜水艦も中身には差がない。保存性の問題で糧食費にわずかな違いがあるだけである。ようするに国民の一般食生活の食材と同等ということである。海軍時代の入札に関わる規格や納品を通じて後方支援に貢献した当時の指定業者等の努力を忘れてはならない。

生鮮食品艦内保存耐久試験

生鮮食品は保管容器や場所、温度など条件によって持ち（耐久性）が違うのは当然であるが、全般的に、日が経つと品質低下するのはやむを得ない。それを把握し、それに応じて消費時期に合った食品を補給すればいいということになる。

現在のスーパーの在庫管理、とくに生鮮食品管理は昔とは数段に科学的に管理されている。スーパー特有の〝棚割〟といって、どこに、どのくらいおけばカストマーに一定期間安定したサービスができるか、生き残りをかけた経営競争がある。一般消費者にはその専門的ノウハウまではわからない。店員がときどき保冷の位置を変えたり霧吹きをしたりしているのを見るくらいである。食品管理も時代とともに進化したということである。前掲の海軍時代の糧食納入写真とは雲泥の差がある。それはひとえに食品管理学の進歩、冷蔵冷凍機器の改善と流通システムの発達にある。昭和五十年ごろまではもどり秋刀魚の刺身など三陸地方以外では味わうことが出来なかった。舞鶴の術科学校の教官が用務で気仙沼か塩釜へ出張して帰ってきて、「秋刀魚の刺身が宿で出た」と感激（？）していた。当時、日本海側はもちろん西日本でもサンマを刺身で食べることなどできなかった。物流と生鮮食品管理技術がこの四十数年の間に著しく進んだことは間違いない。しかし、四十年代には食品管理もまだ開発期に入ったばかりだった。

昭和四十三年から四十四年にかけての自衛艦「はまな」での生鮮食品鮮度耐久試験は、時代の先取りというほどではないが、呉の糧食納入業界の協力なくしては絶対に実務研究できない貴重な試みになった。

いまではその実験の結果も資料の有効活用の形跡も海上自衛隊には残っていないが、昭和四十五年四月に自衛艦隊司令部が当時の海上部隊全般に宛てて配布した「艦艇糧食補給用資料について」（自艦隊後方部第一一〇号）という通知文書には、約四十ページの別冊が付いていた。自衛艦隊司令部後方主任幕僚・吉田承澄一佐が、「高森二尉の研究の苦労に報いたいと思いなんとか外注印刷をした」と、そのときは防衛大学校訓練教官をしていて「はまな」での一年前のことは忘れかけていた私にも一部配布されてきた。

公文書であるにもかかわらず、頭書に「本研究は〈はまな〉補給士高森直史二等海尉の一か年にわたる研究の成果であり、将来の海上自衛隊における後方支援業務に資する好個の資料として別冊のとおり配布するので活用されたい」と、少し私には面はゆいばかりの文面になっている。海上自衛隊の、こういう血の通ったマネージメントは海軍時代から受け継がれたものが多い。

その資料を私はいまでも大事に保存している。海上自衛隊内には、まず残っていないと思われるその資料に拠って要点だけ本書で紹介する。

ここで、その夏期、秋期、春期に分けて行なった大掛かりな生鮮品艦内保存耐久試験のことを詳しく書いても読者の興味には繋がりそうにはないが、海軍の伝統を継ぐ海上自衛隊で、昭和四十年代にそんな実験もやったというくらいに理解してもらえばいいと思う。

自衛艦隊司令部に最終的に答申した報告書はかなり詳細にわたり、季節別や産地別など、多岐にわたるデータがあるが、複雑すぎるので一部だけ簡単に紹介する。スーパーで買ってきたものを何でも冷蔵庫に詰め込むことの多い家庭には役に立つかもしれない。

家庭でもよく使う生鮮野菜を例にすると、試験結果にはつぎのようなものもある。

・青菜など、葉菜類はビニール袋に入れ炭酸ガス（呼気でもいい）を吹き込んで冷蔵庫に入れておくと同じ庫内でも段ボール箱に入れるよりも四日は保存が延長できる（この頃がビニール袋の食品保存使用試行期だった）。
・牛蒡は泥付きのままムシロに包むと庫内、庫外でも三十日以上保存できる。レタス（冷蔵庫）はビニール袋で密封すると逆に品質低下が速い。段ボール箱に収納するのがよい。
・キャベツは木箱よりも段ボール箱で保管するのが長持ちする（二十四日）。
・大根は新聞紙に包み、野菜庫で段ボール箱に保管すれば木箱よりも一週間以上鮮度が保てる。
・もやしは温度を変えてどのように保管しても三日経つと劣化する。保存食材には適さない。

実際の試験結果は将来の洋上補給の大事な基礎資料となるので、データは五十ページ以上になるが、それをもとに献立を季節別に約八十種つくり、発注要領をカード式で管理するという方法で、実際に洋上で糧食を補給して、その結果をみることになった。

糧食洋上補給の実用試験の結果

糧食洋上補給の試行は昭和四十三年の春、第二護衛隊群の護衛艦数隻に洋上で横付けして生糧品の定量を補給するという実動訓練は順調に実施できた。「はまな」は給油艦として、大型ウィンチ、デリックをはじめ、数種のサドル索、その他物量を移載できる貨物船としての装備があり、当時はベテランの運用員が手動でウィンチを操作していた。波浪で動揺する海上で給油ができるのだから停泊して積荷を移すことなどお手のものだった。大きなネットに糧食を収納し、「安全・確実・迅速」をモットーに数回の糧食補給実務訓練を行なった。

その状況をここで記してもあまり意味がないので、そのときの艦長の所見などの紹介に換える。

糧食洋上補給研究のため給油艦「はまな」で勤務した一年間のちょうど真ん中で艦長交替があった。兵学校六十七期の富田一佐のあとを継いだのは兵学校六十八期の高橋眞吾一佐で、この人は、兵学校卒業成績が二百八十八人中の七番で、恩賜の短剣も下賜された優等生だった。戦争で七割に近い百九十一名が戦死するという生存率の低いクラスで、このあとの六十九期、七十期もほぼ同じである。海軍士官として参戦した時期が大尉か大尉一歩前の中尉で、艦船でも飛行機でも戦闘の第一線に立つ配置が多く、戦死の場所をざっと確認しただけでも、ソロモン、ニューギニア、アッツ、フィリピン、沖縄をはじめ〝太平洋戦争〟の激戦地全域にわたっていることがわかる。

高橋艦長は元潜水艦乗りで、水雷長等で生死の境の戦闘に何度か遭遇している。「はまな」では私は、「艦長付」というこの人の副官のような身分だったので艦長室へ気楽に入れてもらって話を聞く機会があった。クラシック音楽解説は学者並みだった。

兵学校恩賜組にしては（言い方がヘンであるが）、風変わりな人で、海上自衛隊でも〝名物〟だった。祖父君の高橋雄一少佐は兵学校十八期（明治二十四年七月卒）で、日本海海戦で戦死している。高橋艦長は普段は祖父の形見のヨレヨレになった制帽に茶色に変色した帽日覆いを着けたものを被り、航海中の艦橋では、戦後アメリカへ潜水艦を受け取りに行ったときに貰ったという米海軍の、これももとは何色かわからないようなジャンパーを着て指揮を執る姿は象徴的だった。奇人変人的な言動が逆に魅力で、部下を大切にする人なので護衛艦艦長、司令など、この人の行くところどの部隊でも士気が高かった。護衛艦「ありあけ」艦長時代には舷門に「駆逐艦有明」と書かせ、第十護衛隊司令のときも各種競技で常に優秀部隊になるなど精強な部隊に育てた。いまでも故高橋眞吾氏を慕う海上自衛隊ＯＢが多い。

注：米国貸与潜水艦　日米艦艇貸与協定で昭和三十年八月にアメリカから引き渡しを受けた「ミンゴ」という米海軍ガトー級潜水艦で、「くろしお」と命名され、サンディエゴから日本に回航、高橋氏は回航のキイメンバーとして従事した。「くろしお」がその後の海上自衛隊潜水艦の発展の基盤となった。

退官時の高橋眞吾氏（帝国海軍大佐と表記）

この人のロジスティクス論は大いに勉強になった。

「日本海軍には、もともとロジスティクス思想はなかったと思う。そういうことは担当部門任せ。あれじゃダメだよなァ。自衛隊でも、ロジスティクスをうまくやるには正面との整合が大事だよ。このフネだって乗員は削減され、整備も遅れているのに、つぎつぎとあれをやれ、これをやれと横須賀（自衛艦隊司令部）から過密な行動を言ってくるけど、こんなことを続けているとまずいことも起こるよ。お膳立てしてくれなきゃ動けないよ」……そういう主旨の所見だった。この言葉の中にロジスティクスの基本があると、いまになって高橋艦長の言葉がわかる気がする。

自衛艦隊司令部幕僚にとっては、反骨精神旺盛な大先輩〝高橋眞吾海軍大佐〟（高橋氏は「海軍大佐」と自称していた）といえば、一目も二目も置く兵学校の優等生なので、面と向かって言えない遠慮がある。担当幕僚が艦長の本意を確かめようと艦長付の私に何度か電話してきたこともあった。私は艦長と自衛艦隊司令部の板挟みみたいになるが、努めて高橋艦長の気持をそのまま伝えた。

幕僚たちの間では、「確かに高橋眞吾さんが言われるのは正論ではある」という見方も多かったらしい。「力を最大に発揮できるようにお膳立てしたうえで、厳しい任務をあたえる」というのは部隊運用だけでなく、民間企業でも同じことが言えると思う。労働組合のない軍組織ではとくに気をつけねばならないことだろう。

一連の研究業務に取り組み、実務試験を終えて、上級司令部から「将来に役立つ研究である」と評価されたことをいま振り返ってみると、逆に、私は「海軍の人たちがいたから、あのような事が出来たのだ」という思いが深い。現在の海上自衛隊は全般に人的構成も若返り、柔軟な判断にも対応できる反面では規格内に収まった行動しかできない厳しい制約もある。「はまな」では、前記したように、私は「艦長付」という配置だったので、出入港のときは艦長の近くにいて投錨位置などは前夜から航海長と打ち合わせ、海図を見ながら事前勉強をしていた。方位盤で距離を測定しながら、「まもなく錨位」「只今、錨位！」と私が報告しても高橋艦長はどこ吹く風……そのまま数十メートル残速で進み、止まったところで「錨入れ！」と静かな号令。そのあとすこし後進をかけて停めるという流儀だった。プロペラは一つだけのフネの難しさがあるようだ。

アナタハン島遠望（筆者画）

「はなま」は錨泊が多く、錨位（錨を入れる地点）の水深はもとより、周囲の岩礁などよく知っていないといけない。高橋艦長のとき部内幹部候補生課程の修業にともなう小規模遠洋航海支援のためマリアナ諸島海域まで行ったが、給油補給が無事終了し、グアムで一時停泊したのちの帰国途上で北マリアナ諸島を、テニアン、サイパン、アナタハン、パガン、アグリガン、アスンシオンの各島添いに北上した。

単艦行動という利点もあって、航路も艦長次第であるが、「もっと寄れ」と、高橋艦長からしばしば島に近づく指示が出る。国際法上の無害通航権（領海条約第十四条）はあるが、三浦幸治航海長と顔を見合わせながらも、私自身は大いに賛成。孤島と思った椰子の木がまばらな島に掘立て小屋のような民家があり、赤い腰巻の女性が家の前を掃き掃除しているのまで双眼鏡で見えた。あちらは艦尾の自衛艦旗（昔と同じ

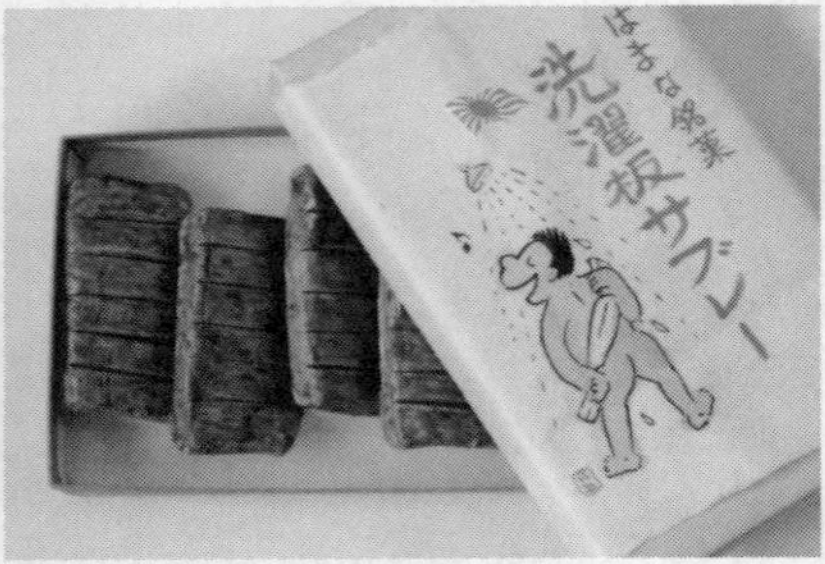

筆者が製造サービスしていた「はまな洗濯板サブレー」（イメージ）。小麦粉、バター、砂糖のクッキー

軍艦旗）を見ても無関心で、手を振るでもなかったが、すっかり『冒険だん吉』の気分になって艦橋でスケッチ帳にいくつか写生した。

サイパン島北部を通過するとき、上甲板にいる乗員はバンザイクリフ方角へ向かって挙手の礼、そのほかの激戦地の島近くでは慰霊の気持ちを込めたことは言うまでもない。

「はまな洗濯板サブレー」

給糧艦間宮には「洗濯板」と呼ばれる菓子があったという。アンコがたっぷりの菓子だったという人と、パンのようなものだったという証言の違いがあっていまではよく分からない。

長めで、表面が波板のように凹凸があったことからの俗称だったことは間違いないだろう。

〝洗濯板〟のことは聞いていたので、「はまな」乗組のとき私のオリジナルで、鎌倉の鳩サブレーの味をモデルにした「はまな銘菓 洗濯板サブレー」という手づくり菓子を時間があるときに作ってストックし、洋上補給の相手艦の士官室、CPO（先任海曹）室への慰問品にしていた。

限定贈答品なので、あやかった人は少ないかもしれないが、喜ばれたり、話題になったようだ。そのお返しに飲物（大抵ウィスキー）が洋上給油中の通信用のロープに付けられて返って来ることが多かった。緊張する訓練のクッションにもなり、こういう場面が海上自衛隊の訓練の合間にもあるのを国民に知ってもらうのもいいな、と思ったものだった。

当時の主力対潜哨戒機 P2V－7

「空から糧食補給はできないか」

この項は、本書のまったくの付けたしになるが、ロジスティクスの一環として海上自衛隊ではこんな実験をしたこともあるということを付記しておきたく、要旨を記すものである。いくつかの食材についての知識は、食品学の分野に属するが、私も栄養専門学校では以下述べるようなことまでは習わなかった。

たとえば、生卵の殻は縦の圧力には強く、横の約五十倍以上あるというが、鶏卵を四百フィートの上空から落としたらどうなるか、という実験は海上自衛隊の実験が日本では（世界でも）初めてだったかもしれない。その結果がどうだったか、それを知ってどうなるかは本文で記す。もともと生卵の強度実験ではなく、野菜や果物を上空から投下したらどのくらい可食部が残存するか、というデータ収集のための実験で、実際、この前年の昭和五十三年に、護衛艦「あきぐも」が太平洋南方海上で任務行動中にさらに任務が追加されて生糧品が払底し、沖縄航空隊（その後、第五航空群に編成替え）が緊急補給として空から生鮮食料品を投下したことがあった。うまくいかなかったようで、将来の救難対策として計画されたもののようである。したがって、救急食材としては、防水包装したパンやビスケットのほか、ビタミン欠乏対策として青果物を補給することで当面の救急策になるが、この問題を拡大して艦艇そのものへの緊急補給の一策としたものだった。生卵は担当幕僚としての私の食品学的な興味からサンプル項目に入れたものだった。

鹿屋にある第一航空群司令部勤務中のとき、護衛艦隊司令部から「航空機から物量傘（パラシュート）を使って艦艇に糧食補給ができないか？」という研究テーマの相談があった。昭和五十三年六月のことで、航空集団司令部を通じて糧食の緊急補給の一法として実験をすることになった。海難事故等で補給が途絶した艦艇や救命筏への救急糧食補給の対策だったらしい。

旧海軍でも昭和初期には航空糧食の研究をやっていたが、海上自衛隊のこの研究は糧食補給の一つの方法として、上空から糧食を支給できないかという研究で、そういう実験は海軍でもやったことはなかったようだ。本書の給糧艦間宮を例とした海軍ロジスティクスの関連で、一度だけの実験に私が企画から実行まで携わったが、結果などはまとめられたものの、せっかくの実験結果も現在では海上自衛隊の補給支援資料の中に埋没して陽の目を見ることもないので、この際、後世に書きのこしておきたいという主旨で要点だけをまとめてみた。

作戦上、どこの軍隊も空から軍需品を落として地上、あるいは海上の友軍部隊に送達する手法がある。落下傘を付けるので物量傘という。そのための容器も出来たものがある。多くは円筒状の強化樹脂製で、直径三十～四十センチ、長さ六十～九十センチ程度である。

小型の容器（コンテナー）もある。陸上への緊急医療品や飲料などを渡すのに適応でき、頭部にはクッションになる保護材が付いている。鹿屋の飛行場で事前試験の立ち合いで、高度四百五十フィートから滑走路の脇の草むらに落とすのを見たが、地上に落ちた瞬間、「ドスン！」という音とともに頭部のクッションで円筒自体が大きく弾んで、容器も少し変形していた。海浜の砂地などならいいのかもしれないが、落とせばいいというものでもなく、水の上でもコンクリートと同じくらいに考えないといけないという。海上で遭難する航空機が大抵バラバラになるのもわかる。

この試験のために既製品のほかに特製容器を作った。航空隊に所属する航空工作所（平成十年「航空修理隊」に改編）があって、航空機の修理や精密な付属部品等の作製ができる、かなり規模の大きい工場である。

ここで作ったのはビニールキャンバス製の大きな方形容器で、保冷用パッケージを数倍大きくしたようなもの。ファスナーで開閉でき、取っ手も付いた頑丈な容器大小合わせて五個だった。この箱型と前記の円筒型容器に青果物を詰めて四百フィート（約百二十メートル）の上空から落下傘を付けて海の上に落として中身の安定度を実験しようというものである。

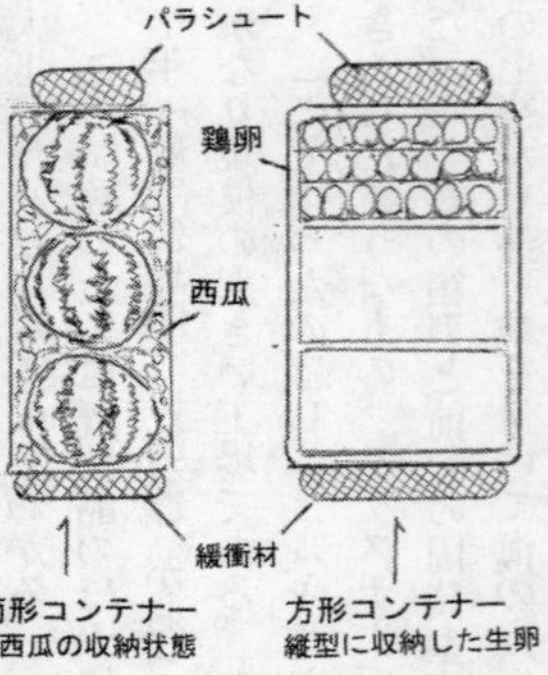

図示による物量傘の例

これらの容器に数種の野菜、果物などを詰めて落とすことになった。当時の大型対潜哨戒機P２Ｖ－７（ピーツーヴィ・セブン）。

中身はつぎの種目だった。

馬鈴薯六八kg　たまねぎ五〇kg　キャベツ四〇kg
レタス二六kg　トマト二九kg　バナナ二八kg
西　瓜三八kg　鶏　卵四八kg　胡瓜ほか二六kg

中身が半端な数値になっているのは、容器と現物の形態、密度をよくした収納要領による。

この実験の経緯を詳しく書いても本書の主旨にそぐわないと思うので投下の状況と試験結果だけを記すにとどめる。

昭和五十三年六月八日。場所：日向沖。使用航空機対潜哨戒機：P２Ｖ－７（二機）。
投下速度：一五〇ノット／h。投下高度：（当日の天候で変更）四百フィート。
物量傘投下場所：爆弾倉。揚収方法：海上で待機する護衛艦五隻の内火艇。
天候：晴風：東６m、うねり：１。

私も担当幕僚としてP２Ｖ－７の一機に搭乗した。ロッキード社製を川崎重工がライセンス生産したこの対潜哨戒機は戦前から何度も改良を重ねただけに乗り心地もいい。

機長と前もってよく打ち合わせしたとおり、コンテナー番号順に小型落下傘を付けてつぎつぎに投下した。落下傘が開いて落ちていき、数秒後に水しぶきが上がるのが窓から確認できた。四百フィートは開傘高度としてはぎりぎりの高さだという。

投下した品目を回収した護衛艦側から日を経ずして試験結果が通知された。その詳細は妙味あることばかりであるが、海上自衛隊内の文書であり、公けに出来ないところもあるので、ここでも食品学の見地から記しても問題ない要旨（そのため数値は割愛する）だけ記す。

・投下試験結果はよく、野菜類のうち、キャベツ、レタス、キュウリ、ピーマンのような、生鮮品として栄養価値の高いものも損傷は少なく、緊急補給食材として供給することができるという結果を得た。葉菜類に痛みが少ないのは中身の持つ適度の空間がクッションとしての効果を生ずると考えられる。

・詰め方にもよるが、馬鈴薯の上部にトマトを詰めたものは落下途中のマイナスGの作用からか予想以上に安泰だった。着水の衝撃さえ極力緩和できれば百パーセント近い安全が確保できる。

・円筒コンテナーにかなりの衝撃緩和材を間に入れた西瓜三個も損壊したものはなかった。水分が多く、表皮が弱い青果（瓜類）であっても容器と緩衝材さえ適切であれば上空からの補給は可能であ

日向灘で対潜哨戒機P2V－7から生鮮野菜類の投下試験の模様。海上へ落下する物量傘（高度400フィート。同乗時、筆者のスケッチ）

る。

・鶏卵は常識的に投下補給品として不適と予想していたが、可食部残存率が九十五パーセントだったことは意外だった。充填要領にもよるが、通常の卵特有のパッケージ（くぼみのある保護材使用）なら数箱重ねても落下の衝撃に十分耐えることがわかった。

このときの投下試験の鶏卵に関するデータだけ添えて、本書を終える。第一章の給糧艦間宮の建造とその実績を重ねて日本海軍のロジスティクス論を展開したが、日本海軍の主計分野をはじめとする関係者の労苦が描かれていれば幸いである。鶏卵投下試験もそういうロジスティクスとの取り組みの末端に属すると考えてもらえればよいのではないかと思う。

鶏卵投下試験の状況抜粋

投下数量：二十八キロ。回収した護衛艦：「ゆうだち」内火艇。着水三分後の回収。

開放結果：段ボール箱三箱中二箱が浸水、鶏卵四百八十個中二十四個が破損。

数値の上では安定度九十五パーセント。

※　護衛艦「ながつき」に投下した二十キロの鶏卵はバナナと混載したため、着水時の衝撃で内容物が移動し、鶏卵は四十五パーセント損壊していた。梱包方法の問題であり、試験対象から除外。

あとがき

「ロジスティックスだけで勝利した戦はないが、ロジスティクスなくして勝てた戦争《いくさ》もない」

いつ、だれの言葉か知らないが、そういう教訓がある。日本ではなく西洋人の言葉らしい。アンリ・ジョミニ（帝政ロシアの将軍）の言葉だと聞いた気がするが、だれが言ったにせよ、言っていることは正しいようである。

ロジスティクスとは本来軍隊用語として用いられる「兵站」とほぼ同じ意味ではあるが、近年は企業でも、いや、むしろ企業で使われることが多くなっているように感じる。「後方支援」も同意語であるが、聞こえがいいからか「ロジスティクス」――略して「ロジ」ということもある。「兵站」は英語では「Military Logistics」といい、本来軍事用語なので現在使われているロジスティクスはその派生語（転用語）になる。

海上自衛隊には海軍時代の略語を流用したり転用したり混成した用語がある。多くは俗称や略語であるが、便利なのでよく使う。首席幕僚は昔の先任参謀が転じてセサ、作戦幕僚はサクサ……これらは昔のままであるが、海上自衛隊になって新しくできた護衛艦隊司令部などの幕僚にギサ、ロジサ、コクサなどがある。技術幕僚、後方幕僚、航空幕僚のことである。だれがいつ決めたのか定かでないが、呼び合うときに便利である。ちなみに、筆者が監理幕僚だったときは〝カリサ〟と呼ばれていた。海上自衛隊にはロジサという幕僚配置があることを言いたくて余談に走った。

日本海軍のロジスティクスを考察するには特務艦（給糧艦）間宮を引き合いにするのがわかりやすい——そういう視点から本書の構成を考えてみた。既述したように、この「間宮」の建造にはさまざまなドラマもあった。まさにこのフネの建造と就役後の活動、終焉こそ日本海軍のロジスティクスを象徴している。兵站の大事はわかっていながら、実行段階となると建造の実務を引き受けるのを躊躇する。国の行政でも企業の会議でも、よく「総論賛成、各論反対」ということがあるが、給糧艦の建造はそれに似ている。

筆者の海上自衛隊勤務時期、とくに前半の昭和三十五年～五十年の十五年間には、いま想えば錚々たる海軍の人たちがいた。

筆者の海上自衛隊入隊は昭和三十五年八月で、短期間だったが最下級階級の二等海士として実務部隊（護衛艦「はるかぜ」）で半年ほど勤務したことがある。横須賀教育隊修業式のときの横須賀地方総監は兵学校五十三期の福地誠夫氏で、後年、私が防衛大学校指導教官のとき福地氏には海洋少年団の訓練のお礼ということで何度か横須賀で夕食会に招かれ、海軍時代の、とくに上海勤務の体験を聞くことができた。五十四期の中山定義氏（のち海上幕僚長）が自衛艦隊司令官のとき、佐世保での相撲大会でその快活な姿を近くで見たこともある。見ただけでなく、講話や訓練で直接話を聞く機会もたくさんあった。

のちの将官クラスだけでなく、海軍時代の水兵や下士官が多数海上警備隊創設期から入り、海上自衛隊の基盤になった。そういう人たちからも、勤務を通じて海軍時代の話を聞く機会もあった。ちょうど、いい時代に私は海上自衛隊で勤務できたと、定年退職後二十五年経ったいまでも思っている。

日本海軍のロジスティクスについて給糧艦間宮の生涯を借りた形で本書を書き進めたが、間宮の誕生から戦没までには入れ替わって勤務した海軍軍人、軍属の数は延べ約二千八百人に及ぶ。形（フネ）はあっても。動かすのは人である。間宮の任務を忠実に、かつ、有効に運用するための力は艦長をはじめ、乗組員たちだった。

間宮艦長加瀬大佐が、フネも乗組員も最期となることが必至のサイゴンでの出撃（昭和十九年十二月二十日）を前にして、第十一特別根拠地隊参謀に「甘味品を置いて行こうか」と言ったという機関参謀の証言を第一章の文末で紹介したが、最期を覚悟した出港という究極の場に至っても艦長が間宮の任務を念頭に置いて行動し、時間が許すかぎり甘味品も艦内で製造していたことがわかる。当然、菓子職人をはじめ、軍属の人たちもいたことになる。

本書執筆には多くの人との出会いから得た海軍の人たちの話を採り入れてある。執筆のための取材というのはほとんどしなかった。筆者が海上自衛隊勤務時代の初期、時期で言えば、昭和三十六年から昭和四十年代後半ごろまでは海軍での勤務経歴を持つ自衛官が身近にたくさんいた。主計科関係者は限定されるが、そういう人たちの体験談や証言をもとに本書を構成した。いまでは皆故人になっているが、その人たちが生前、「機会があったらぜひ書いて」と言われていたものもある。ご本人が言っていたことで、頼まれたというほどではないが、聞いた以上、拙著に入れたいと長年温存していたものが多い。私の胸にとどめておくだけではいずれ風化してしまう。

三十年も前の日記帳や保存資料を手掛かりに、なんとか御遺族を探し出して、事前通報として電話したあと原稿の関係部分だけ送ったりもしてあるので、本書を通じて戦没した親兄弟を偲ぶよすがになるかもしれない。戦没はもとより、辛うじて生還できた人たちの労苦に報いる意味でも上梓出来たことに著者の安堵もある。

本年秋の彼岸時期には例年どおり呉海軍墓地で海軍戦没者慰霊追悼式がある。「間宮」の御遺族も年々少なくなってきたが今年も数家族の列席者があるはずだ。慰霊祭に遠くから呉まで来るような遺族には筆者も俗念なく本書の話ができる。出来たばかりの本書も紹介できる。そのために出版時機も合わせた。潮書房光人新社の川岡篤編集部長にはその事情も理解して発刊時期を考慮してもらったことに感謝申し上げたい。

謹んで本書を海軍特務艦関係戦没者の英霊に捧げる

令和元年九月

高森　直史

ＮＦ文庫書き下ろし作品

NF文庫

日本海軍ロジスティクスの戦い

二〇一九年十月十九日　第一刷発行

著　者　高森直史

発行者　皆川豪志

発行所　株式会社　潮書房光人新社

〒100-8077　東京都千代田区大手町一-七-二

電話／〇三-六二八一-九八九一(代)

印刷・製本　凸版印刷株式会社

定価はカバーに表示してあります
乱丁・落丁のものはお取りかえ
致します。本文は中性紙を使用

ISBN978-4-7698-3138-9　C0195

http://www.kojinsha.co.jp

NF文庫

刊行のことば

第二次世界大戦の戦火が熄《や》んで五〇年――その間、小社は夥しい数の戦争の記録を渉猟し、発掘し、常に公正なる立場を貫いて書誌とし、大方の絶讃を博して今日に及ぶが、その源は、散華された世代への熱き思い入れであり、同時に、その記録を誌して平和の礎とし、後世に伝えんとするにある。

小社の出版物は、戦記、伝記、文学、エッセイ、写真集、その他、すでに一、〇〇〇点を越え、加えて戦後五〇年になんなんとするを契機として、「光人社ＮＦ（ノンフィクション）文庫」を創刊して、読者諸賢の熱烈要望におこたえする次第である。人生のバイブルとして、心弱きときの活性の糧《かて》として、散華の世代からの感動の肉声に、あなたもぜひ、耳を傾けて下さい。